普通高等院校工业工程系列规划教材

生产自动化

龙　伟　主编

科学出版社

北　京

内 容 简 介

生产自动化是生产机械化发展的高级阶段，是工业生产技术现代化的基本方向之一，现已成为大专院校工业工程、机电工程、机械制造及自动化等专业的一门重要课程。本书吸收了当前生产自动化领域的最新成果，全面介绍了工业生产自动化系统所涉及的基本理论与技术方法，重点从系统的角度阐述了产品设计自动化、工艺过程自动化、加工过程自动化、物料传输自动化、产品装配自动化、生产自动化检测技术等方面的理论知识、技术方法、系统结构与运行方式等。

本书不仅可作为工业工程及其相关专业的本科生、研究生的教材与教学参考书，也可供本技术领域的管理人员与工程技术人员参考。

图书在版编目(CIP)数据

生产自动化/龙伟主编.—北京：科学出版社，2011.6
（普通高等院校工业工程系列规划教材）
ISBN 978-7-03-031543-4

Ⅰ.①生… Ⅱ.①龙… Ⅲ.①生产自动化-高等学校-教材 Ⅳ.①TP278

中国版本图书馆 CIP 数据核字(2011)第 113458 号

责任编辑：王鑫光 张丽花 / 责任校对：李 影
责任印制：徐晓晨 / 封面设计：迷底书装

科 学 出 版 社出版
北京东黄城根北街 16 号
邮政编码：100717
http://www.sciencep.com
北京建宏印刷有限公司 印刷
科学出版社发行 各地新华书店经销
*
2011 年 6 月第 一 版 开本：787×1092 1/16
2019 年 7 月第三次印刷 印张：14 1/2
字数：350 000

定价：59.00 元

（如有印装质量问题，我社负责调换）

《普通高等院校工业工程系列规划教材》丛书编委会

本书编委会

主　编　龙　伟

参　编　胡晓兵　黄　劼　郑华林
　　　　　李　明　石宇强　徐　雷

丛 书 序

热烈祝贺“普通高等院校工业工程系列规划教材”的出版！

现代企业有句名言：“三分技术，七分管理。”管理是科学，也是哲学；是工作方法，也是思维方式。伴随工业生产的发展，并同工业生产实践不可分割而成长的工业工程学科本质上就是“管理”。

从弗雷德里克·泰勒创建与倡导的“科学管理运动”以来，工业工程学科发展迄今已经有近百年历史，作为一门融合自然科学、哲学社会科学、工程学与管理学等的交叉型学科，它的核心就是“用软科学的方法获得最高的效率和效益”。工业工程与工业生产实践联系非常紧密，它本身也是源于大工业生产的需求，随着人类社会的工业化文明进程不断发展、完善。在人类社会文明空前繁荣的20世纪，从欧美工业国家的经济发展、日本的战后崛起、亚洲“四小龙”的腾飞、“金砖四国”的高速发展中都能看到工业工程在社会生产中的应用。最初，工业工程主要应用在制造业，大工业时代使工业已成为社会各产业的结合，工业工程从制造业迅速发展到社会其他领域，包括现代农业、政府公共管理事业、服务业等。

我国在计划经济时代，工业工程无用武之地，错过了非常好的发展机会。改革开放后，我国市场经济飞速发展，特别是党中央提出了“以人为本”的科学发展观后，更为工业工程研究提供了极好的土壤和动力，工业工程在这三十年得到了突飞猛进的发展，工业工程技术也得到了非常广泛的应用，并且很多大型企业都设有工业工程方面的职位，社会对工业工程专业人才需求非常旺盛。工业工程的高等教育从1993年高等院校正式招收工业工程专业本科生开始，至今已有17年，最初招生只有两所院校，2000年以后，伴随着高等教育的蓬勃发展，开设工业工程专业的高等院校数量也快速增长，到目前约180多所。

在我国工业工程高等教育发展中，出版的高校教材也层出不穷，对工业工程教学水平的整体提高起到了非常重要的作用。但随着新理论、新领域、新技术、新产品的不断推出，企业、社会对人才的需求与对人才观认识的不断变化，工业工程的教学内容也有了很大变化，迫切需要出版一批适应新形势教学要求的教材。科学出版社历时2年时间，汇聚了国内众多工业工程的著名学者，在对国内外知名大学工业工程课程设置进行深入研讨的基础上，主要面向全国高等院校工业工程及相关专业的本科生，编写了这套《普通高等院校工业工程系列规划教材》。

本系列教材主要有以下特点：

(1) 课程规范，体系完整。对国外工业工程专业名校（如佐治亚理工学院等）的课程体系、人才培养模式进行探讨，结合我国清华大学、上海交通大学、哈尔滨工业大学、西北工业大学等众多名校工业工程教学现状，梳理出了约20门专业核心课程及重要专业课，并明确了每门课程所包含的基本内容及其先修后续课程的衔接内容，形成了一套比较系统、完备的工业工程专业课程体系。

(2) 厚积薄发，培育精品。国内工业工程学科、专业发展时间虽短，但十几年的经济高速发展带来的工业工程经验也非常可观，特别是参与本套丛书的很多作者，在工业工程领域成果丰硕，相应的教材也将尽量体现学科发展及课程改革的最新成果，为培育精品教材奠定基础。

(3) 引进案例教学，重视工程实践。工业工程的应用领域广泛，其本身就是解决工业生产实践的科学，而“实践是创新之根”，因此本系列教材在编写过程中，力求引进工程实际案例，引导学生拓宽视野，重视工程实践，培养解决实际问题的能力。

（4）立体建设，资源丰富。本系列教材除了主教材外，还将逐步配套学习指导书、教师参考书和多媒体课件等，最终形成工业工程教学资源网，方便教师教学，同时有助于学生自学和复习。

随着工业工程学科、专业的发展，编者将对本系列教材不断更新，以保持其先进性与适用性；编者热忱欢迎全国同行以及关注工业工程教育及发展前景的广大读者对本系列教材提出宝贵意见和建议，以利于本系列教材的水平不断提高。

谨为之序。

杨尚子

2010 年 7 月

前　　言

生产系统是一个极为宽泛的概念，我们可以对它从不同的角度进行分类。按照类别来分，有农业生产系统和工业生产系统两大类，工业生产又可分轻工业生产、重工业生产、军工生产等；按照行业来分，有食品生产系统、水产加工系统、轻纺生产系统、化工生产系统、冶金生产系统、医药生产系统、机械加工系统等；按照技术来分，有连续过程生产系统、离散过程生产系统、种植生产系统、饲养生产系统等。

因此，“生产自动化”也是一个很宽泛的概念。虽然上述不同类型的生产在“系统”这个层面上具有许多共同的地方，但在组织方式、生产模式及工艺过程等方面却完全不同。本书讲授的“生产自动化”，主要限定在工业生产的范围内，并重点针对离散加工生产系统，尤其是基于具有典型意义的机械制造系统来展开讨论。在这样一个范畴内，我们通常可以把它简称为“工业生产自动化”。

工业生产自动化是工业生产机械化发展的高级阶段，是工业生产技术现代化的基本方向之一。随着信息技术在工业生产自动化系统中的应用，现代工业生产自动化系统已经发展为一个复杂的机电与信息高度综合的生产组织。工业生产自动化作为制造学科和工业工程领域的一个重要的学科研究方向，它本身并不重点研究生产装置或加工系统的自动化技术，而是在了解这些技术方法的基础上，从系统的角度着重研究生产管理自动化、工艺过程自动化、加工过程自动化、物料传输自动化、产品装配自动化、仓储管理自动化等方面的理论方法、系统模式、组成结构、运行方式等。

本书正是基于对上述问题的理解，着重从工业工程的角度，吸收了当前生产自动化科学领域的最新成果，全面介绍了工业生产自动化系统所涉及的基本理论与技术方法，及其在实际生产系统中的应用。全书共有7章：第1章生产自动化绪论（四川大学龙伟教授），第2章设计自动化系统（四川大学徐雷副教授），第3章工艺自动化系统（西南石油大学郑华林教授），第4章设备自动化技术（四川大学胡晓兵教授），第5章生产物料搬运自动化技术（西南科技大学石宇强副教授），第6章装配自动化技术（西华大学李明副教授），第7章生产自动化检测技术（四川大学黄劼教授）。

本书主要作为工业工程专业的本专科学生及研究生教材，也可作为机械制造及自动化、机械电子工程、材料成形与模具加工、化工设备及自动化、工业生产管理等专业的教材，以及相关领域的研究工作者与技术人员的参考书。

由于工业工程领域的生产自动化，是一门随着信息技术的大规模渗透而正在快速发展之中的技术学科，其理论技术体系正在进一步完善、丰富、发展之中，加之作者的水平有限，本书难免存在疏漏之处，敬请读者批评指正。

编　者

2011年4月

目　录

第1章　生产自动化绪论

1.1　生产自动化的基本概念

1.1.1　生产及其自动化

生产（Production）一词的概念，最初是指人们使用工具来创造各种生活用品和劳动资料的活动，后来“生产”一词发展为泛指人们创造物质财富的过程。经济学意义上的生产概念被定义为：将投入转化为产出的活动，或是将生产要素进行组合以制造产品的活动。所谓生产要素，就是人力、资金、工具设备、自然资源等。而现代生产管理学对生产的定义是，生产是一切社会组织将它的输入转化为输出的过程。可见，生产的基本概念包括人的活动、组织管理、工具设备、生产资料、生产资金等的基本要素。其中一个重要的概念，就是把生产活动作为一个“系统工程”，并引入“组织管理”的理念。《史记·货殖列传》就曾经十分形象地说：“吾治生产，犹伊尹、吕尚之谋，孙吴用兵，商鞅行法是也。”所以，我国在很早以前，就已经把管理的思想赋予“生产”活动之中。

自动化（Automation）一词的概念，是由美国福特公司的机械工程师D. S. 哈德最先提出的，并用来描述发动机气缸的自动传送和加工的过程。所以，自动化的概念最初产生于工业生产。自动化的基本定义可以理解为：机器或装置在无人干预的情况下按规定的程序或指令自动进行操作或控制的过程，其基本的技术目标是能够稳定、准确、快捷地实现预先规定的动作。自动化作为一门科学技术，被广泛用于工业、农业、军事、科学研究、交通运输、商业、医疗、服务和家庭等各个方面。采用自动化技术，不仅可以把人从繁重的体力劳动、部分脑力劳动以及恶劣、危险的工作环境中解放出来，而且还能扩展人的器官功能，极大地提高劳动生产率，增强人类认识世界和改造世界的能力。因此，自动化是工业、农业、国防和科学技术现代化的重要条件和显著标志。

自动化是一门涉及学科较多、应用广泛的综合性科学技术。作为一个系统工程，它由五个单元组成：程序单元，决定做什么和如何做；作用单元，施加能量和定位；传感单元，检测过程的性能和状态；制定单元，对传感单元送来的信息进行比较，制定和发出指令信号；控制单元，进行制定并起调节作用单元的机构。自动化的研究内容，主要有自动控制和信息处理两个方面，包括理论、方法、硬件和软件等。从应用的观点来看，把自动化的理论、方法与技术应用于生产系统中，这就是生产自动化的研究内容。

生产系统是一个非常宽泛的概念，我们可以对它从不同的角度来分类：

按照类别来分，有农业生产系统和工业生产系统两大类，工业生产又分轻工业生产、重工业生产、军工生产等。

按照行业来分，有食品生产系统、水产加工系统、轻纺生产系统、化工生产系统、冶金生产系统、医药生产系统、机械加工系统等。

按照技术来分，有连续过程生产系统、离散过程生产系统、种植生产系统和饲养生产系统等。

所以，生产自动化也是一个很宽泛的概念。虽然这些不同类型的生产，在系统这个层面上具有许多共通的地方，但在组织方式、生产模式、工艺过程等方面却完全不同。因此，本书所讨论的生产自动化，主要限定在工业生产的范围内，并重点针对离散加工的生产系统，尤其是基于具有典型意义的机械制造系统来展开讨论。在这样一个范畴内，我们可以简称为工业生产自动化。

工业生产自动化，是工业生产机械化发展的高级阶段，是工业生产技术现代化的基本方向之一。现在，工业生产自动化已经发展为制造学科和工业工程领域的一个重要的学科研究方向，它本身并不重点研究生产装置或加工系统的自动化技术，而是在了解这些技术方法的基础上，从系统的角度重点研究生产管理自动化、工艺过程自动化、加工过程自动化、物料传输自动化、产品装配自动化、仓储管理自动化等的理论方法、系统模式、组成结构、运行方式等。

1.1.2 工业生产自动化

工业生产自动化（Industry Production Automation），是在工业生产中广泛采用各种自动控制、自动检测、智能设计和生产管理的技术和理论方法，对生产过程进行自动测量、检验、控制、监视，以及对产品的自动设计、工艺处理和系统的运行进行管理。

工业生产自动化覆盖的范围很广，包括加工过程自动化、物料存储和输送自动化、产品检验自动化、装配自动化、产品设计及生产管理信息处理自动化等。在生产自动化的条件下，人的职能主要是系统设计、组装、调整、检验、监控调节生产过程、质量控制以及调整和检修自动化设备与装置。

机械工业生产是一个非连续性的离散过程，其生产自动化的方式，过去更多地依赖机械化的形式来实现。而化工、冶金、轻工等行业的生产，是一个连续不断的过程，其生产自动化的方式，过去更多地依赖过程控制的形式来实现。一般来讲，实现离散过程自动化的难度更大，因此也更具有典型的意义。传统的机械工业生产自动化，通常具有以下四种技术形式。

（1）单机自动化（Single Machine Automation）：借助具有半自动或全自动的机器装置，实现部分生产活动的自动化。传统的半自动机器装置可自动地完成生产工序的基本作业，当一个工作周期结束时能自动停车。但重新开始另一工作周期时，必须由工人启动或借助部分辅助作业来操作。半自动装置启动时，操作工人可以离开设备去操作其他的机器，从而为实现多机看管创造了条件，也促使生产管理的方式发生改变。全自动机器装置是具有一定自我调节功能的工作机，除质量检验和整机调整外，它能自动实现加工循环的所有工作。

（2）自动生产线（Automatic Production Line）：由物料或工件传送装置将多台相同或不同的加工机器连接起来，并具有统一控制装置的连续生产的自动化系统。在自动生产线上，生产过程无须人参与操作。人的工作职能仅仅是监督和周期性地调整、更换加工工具（夹具或刀具）。自动生产线在机械工业的许多方面得到广泛应用，它不仅可以完成零件的机械加工，还可以完成毛坯加工、金属热处理、焊接、表面处理、产品装配和包装等生产过程。采用自动生产线能使离散的生产加工过程，成为高度连续的生产过程，从而显著地缩短生产周期，减少工序间在制品的数量和简化生产计划编制的工作，使工件的加工路径达到最短的限度。

（3）柔性生产线（Flexible Manufacturing Line）：可适应多品种、小批量生产形式的自动化生产系统，也称柔性制造系统。柔性生产系统主要运用成组技术，把特征近似（尺寸、工艺等）的零件合并为一组零件模式。这种零件模式可以用框图设计，并根据需要填上尺寸；也可以利用电子计算机把图形变成数据存储起来，在设计时调出、修改后绘出图样，或直接把数据输入到机床的数控装置。如果把一组数控机床与相应的物料或工件传输装置，以及自动装配系统，连接成作业生产线，就可以根据需要把“设计→工艺→加工→装配”组成一个可编程序的自动生产化系统。当一组零件的生产批量结束时，只要改变或调用相应的软件程序，无须改变机械装置的结构就可以进行另一组零件的加工生产，使得同样的生产系统可以适应不同的零件加工，这就是所谓的柔性生产线。这种生产线既可适应产品更新换代快的特点，又可以利用流水线生产的高效率来降低生产成本。

（4）自动化车间（Automatic Workshop）和自动化工厂（Automatic Plant）：以自动生产线为主体的柔性制造系统，组成自动化车间，加上计算机信息管理和生产管理自动化，就形成了自动化工厂。我们也把这种形式称为集成制造系统（Integrated Manufacturing System，IMS）或计算机集成制造系统（CIMS）。CIMS是综合现代信息技术、自动化技术、先进制造技术、管理学方法等，由计算机控制的集成化自动工厂。CIMS采用计算机辅助设计、数控加工中心、工业机器人、工厂数据集成系统、智能化检测系统等，全面实现计算机分级控制，用集成软件系统使工厂的各个生产单元、管理单元协调运行，从而简化工厂生产的复杂管理过程。这种生产模式是工业生产自动化的高级形式。

1.1.3 生产管理自动化

生产管理（Production Management），是对生产系统的设置和运行的各项管理工作的总称，也被称为生产控制。工业生产管理，是工业工程的最基本、最重要的内容之一，它主要由以下三大部分组成：

（1）生产组织工作。生产组织工作包括选择厂址、布置作业间、组织生产线、实行劳动定额和劳动组织管理以及设计生产管理系统等。

（2）生产计划工作。生产计划工作包括生产计划、生产技术准备计划、生产作业计划、物料计划和资源计划等。

（3）生产控制工作。生产控制工作包括实时调度管理设备装置和生产工具，控制生产进度、生产库存、生产质量和生产成本等。

所以，工业生产管理的主要任务是：①通过生产组织工作，按照企业生产目标的要求，设置技术上可行、经济上合算、物质技术条件和环境条件允许的生产系统；②通过生产计划工作，制订生产系统优化运行的方案；③通过生产控制工作，及时有效地调控生产过程各个环节的进度，使生产系统的运行符合既定生产计划的要求，实现预期生产的品种、质量、产量、出产期限和生产成本的目标。生产管理的目的，就在于做到投入少、产出多、取得最佳经济效益。

生产管理自动化（Production Management Automation），就是通过自动化的技术与理论方法，对生产管理所涉及的主要内容和环节实现自动运行，改变传统手工操作的运行方式，从而提高生产管理的效率、减少人为失误、实现生产管理的标准化和自动化，以及能够方便地实现生产管理者提出的新思想、新理念和新生产管理模式等。生产管理自动化是工业生产自动化的一个非常重要的研究内容，也是工业工程科学专业必须具备的知识点。尽管生产管理自动化是生产自动化的研究内容之一，但它几乎涵盖了生产自动化涉及的所有方面。也就是说，生产自动化的所有方面，都会涉及生产管理自动化的内容，这也是我们为什么在生产自动化的众多内容中要特别介绍生产管理自动化概念的原因。

现代生产管理自动化，主要借助于现代生产管理的理论方法、电子计算机信息技术（数据库、网络、软件）以及多媒体技术等，针对工业生产系统，在计划管理、采购管理、制造管理、品质管理、效率管理、设备管理、库存管理、人员管理及生产模式管理这九大模块实现自动化。所以，现代生产管理自动化技术，更注重吸收最新的科学理论和技术方法，更注重提高系统的自动化程度和智能性。

1.1.4 生产自动化的技术领域

现代工业生产自动化所涵盖的技术范围，已经大大超出了传统生产自动化的内容，形成了一个涉及自动化技术、生产管理学、工程控制、系统规划、制造技术、信息技术、物料管理、财务会计等多学科技术综合交叉的应用型学科领域。工业生产自动化作为一个应用学科领域，本身并不具体去研究这些学科领域的理论与技术，而是针对微观的工业生产系统综合运用这些学科领域的理论方法与技术，其最终目的是：在生产过程中减少人的劳动量，提升管理水平，提高生产效率，保障产品质量，降低生产成本，确保整个生产系统各环节的协调运行等。

综合起来，工业生产自动化主要涉及如表 1-1 所示的五大技术领域。这五大技术领域，构成了工业工程中生产自动化研究的基本内容，也是工业生产自动化所要解决的关键理论与技术方法。

表 1-1 生产自动化的主要技术领域

自动化技术	生产管理学	制造技术	信息技术	统筹与规划
设计自动化 设备自动化 过程自动化 检测自动化 装配自动化 管理自动化	生产财务管理 生产组织管理 作业计划管理 生产过程管理 生产物料管理 企业资源管理 产品数据管理 生产信息管理	产品设计技术 生产工艺设计 加工制造技术 生产组织模式 生产制造模式	产品数据库 车间局域网 网络化制造 可视化设计 可视化管理 可视化检测 制造物联网 瘦客机技术	生产系统规划 生产作业计划 生产过程优化 作业计划统筹 作业计划调度

1.2 生产自动化的发展历史

1.2.1 自动化技术的发展概述

自古以来，人类就产生了创造自动装置以减轻或代替人劳动的想法。自动化技术的产生和发展经历了漫长的历史过程。古代中国的铜壶滴漏、指南车以及 17 世纪欧洲出现的钟表和风磨等，都是人类早期发明的自动控制装置，这些对自动化技术的形成起到了先导作用。

广义的自动化概念，是指在人类的生产、生活和管理的一切过程中，通过采用一定的技术装置和策略，使得用较少的人工干预甚至做到没有人工干预，就能使系统达到预期目的的过程，从而减少了人的体力劳动和代替了人的部分脑力劳动，提高了工作效率。可见，自动化涉及几乎人类活动的所有领域，因此自动化技术是人类自古以来永无止境的梦想和追求目标。

自动化技术的发展历史，从人类实施的系统规模来分，大致可以分为装置自动化、局部自动化和综合自动化三个时期；从技术发展的程度来分，大致可以分为工匠技能、技术化和理论化、数字化和智能化等几个阶段。

1. 工匠技能阶段

有许多历史记载和传说表明，人类很早就进行了简单的自动装置的探索，这是人类发展自动化技术的初始阶段。中国的指南车是我们比较熟知的古代发明之一，它大约诞生于西汉时期甚至更早，我们现在看到的只是复制品。但可能是由于自身的固有缺陷或是有了更为方便的指南工具，指南车并没有真正在实际中应用起来。除了指南车外，还有记里鼓车，古代科学家张衡发明的浑天仪、水运气象台，以及公元 3 世纪希腊人发明的水钟和 17 世纪欧洲的风磨控制装置等。据说，达·芬奇还为路易十二制造过供玩赏用的机器狮，这可以说是最简单的机器人。其实，直至 18 世纪中期之前，这些原始的自动装置大都是靠工匠的技能来实现的，在技术上和理论上都没有得到真正的突破。

2. 技术化和理论化阶段

标志人类社会进步的工业革命，开始于英国机械师瓦特在 1788 年发明的蒸汽机，这也是自动化领域技术化和理论化阶段的开始。

有效的自动控制系统是瓦特蒸汽机得以成功的必要条件之一。在瓦特之前，虽然人们已经发明了各种各样的蒸汽机及相关的控制装置，但都没有真正地解决蒸汽机的转速控制问题，主要原因是原始蒸汽机的进气和排气是用手动来进行操纵的，其工作转速十分不稳定。瓦特的发明解决了蒸汽机的转速控制问题，从而把人类带入了机械动力的时代。图 1-1 和图 1-2 是典型的蒸汽机离心速度调节的示意图。

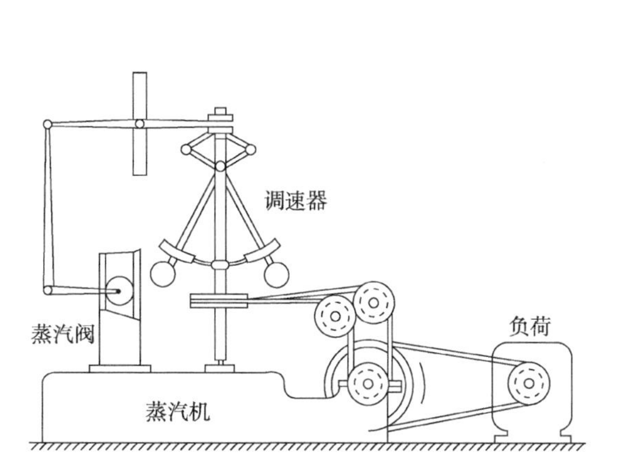

图 1-1　蒸汽机离心速度调节示意图之一

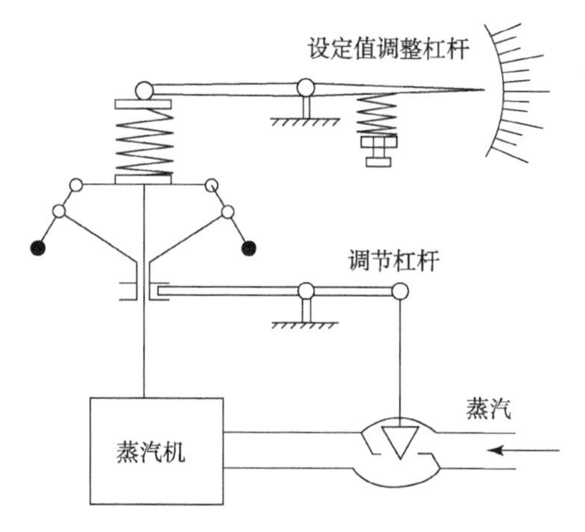

图 1-2　蒸汽机离心速度调节示意图之二

1765 年，俄国机械师波尔祖诺夫，发明了用于蒸汽锅炉水位自动控制的浮子阀门式水位调节器。1868 年，J. C. 麦克思威尔发表了著名的关于调节器反馈理论的论文。与此同时，法国工程师 J. 法尔科发明了具有反馈作用自动调节器。到了 1920 年，由反馈理论产生的调节器，被广泛应用于电子放大器中。美国出现了 PID（比例积分微分）调节器，并应用到实际的连续流程生产系统，如化工和炼油生产过程中。

除了工业革命使自动化技术得到较为广泛的应用外，第一次和第二次世界大战极大地刺激了各工业国的军工生产的发展，这在某种意义上推动了自动控制技术与理论成熟的步伐。到了 1948 年，自动控制的经典理论，如控制系统的稳定性分析方法、根轨迹法、频率分析法等逐步成熟。特别是 1946 年，世界上第一台电子计算机 ENIAC 的问世，促使自动化向数字化和智能化的方向发展。

3. 数字化和智能化阶段

1948年，N. 维纳的《控制论》一书，标志着自动化的理论基础——控制论正式诞生。同年，C. E. 香农发表了《通讯的数字原理》，标志着数字信息理论的诞生。1946年电子计算机的问世，又推动自动化技术进入了数字化和智能化的新阶段。尤其是以计算机为核心的信息技术的飞速发展，大大推动了计算机数字控制系统的应用。这些科学理论和技术成果，标志着人类社会继农业革命和工业革命之后，开始了又一次伟大的变革——信息技术革命的开始。

人类关于控制理论最初的发展，源于广泛的生产劳动和工业生产活动，并主要应用于生产活动之中。然而，自动控制论并不仅仅是工业和工程领域的科学，它也是一种思想和方法，普遍适用于几乎所有的领域，各个领域的哲学家、数学家、军事家、政治家等都曾经对它产生过极大的兴趣。控制论的应用可分为四大领域：工程控制论、生物控制论、经济控制论、社会控制论。

在这四大领域中，生物控制论和社会控制论面对的是一个非常复杂的系统，涉及诸多学科领域，其发展十分缓慢，因而应用的程度也十分有限。经济控制论的研究较为深入，其理论成果已经较为广泛地应用于社会的宏观经济与微观经济的活动中。而工程控制论则是其中发展最完善、应用最广泛的一个科学领域。

1954年，我国著名科学钱学森发表了《工程控制论》，标志着工程控制学科的正式诞生。工程控制包括各种工程领域，从被控制对象的性质来划分，可分为过程控制和电气控制两大类。过程控制的特征，是被控对象中所加工的材料主要是液体、气体和粉体等流体，这就是人们所说的化工、冶金、轻工等领域的连续过程控制，即过程自动化。传统的电气控制的特征，是被控对象所加工的是元器件、零部件及产品装配，这就是人们所说的机械制造等领域的离散过程控制，即工业生产自动化。可见，控制论的过程控制和电气控制，是工业生产自动化发展的基础，但不是其全部内容。工业生产自动化还包括管理学、规划论、系统论，甚至包括行为学等学科领域的内容。

20世纪80年代，随着计算机功能不断提高和完善，以及大规模数字集成电路的问世，计算机向微型化方向的发展，用计算机代替传统调节器成为自动化技术发展的趋势。同时，在计算机软件技术和人工智能技术的推动下，使得自动化技术进一步向着数字化和智能化的方向发展。

到20世纪末和21世纪初，随着信息技术和互联网技术加速发展和普及，管理自动化开始发挥越来越大的作用。在工业领域，生产装置的自动控制与生产管理自动化正在向融为一体的方向发展。在信息处理技术的核心——计算机技术没有充分发展之前，人类关于人工智能、机器人、无人车间、全球制造等领域的研究只能是美好的梦想，而今天这些梦想部分已经成为现实，标志着一个数字化、智能化和网络化的自动化时代已经到来。

1.2.2 生产自动化的发展历史

随着科学技术的发展，先进的自动化技术渗透到工业生产的各个环节，推动了生产自动化的快速发展。生产自动化的发展，除工程控制技术的发展外，主要分为生产过程自动化的发展、生产管理自动化的发展、生产自动化软件技术的发展等几个方面。

1. 生产自动化技术的发展

1）单机自动化向自动化生产线过渡

生产自动化技术的发展，是从人类的生产活动开始的。可是，近代工业自动化技术的发展，是从有着世界工业工程之父、生产管理奠基人之称的F. W. 泰勒开始的。美国的泰勒在20世纪初，首先提出了工业生产的“分工原理”，并设计了机械零件加工的“零件分类编码”系统，从而产生了传统制造的按工序批量生产的技术。1920年，美国福特汽车公司就是按照泰勒的方法，建成第一批自动生产线，使劳动生产率提高了10倍，而汽车成本却降低了40%。

这一阶段，生产自动化技术发展的特征，是从以机电装置为基础的加工设备的单机自动化，到以生产流水线为主的系统自动化，目的是针对单品种的批量化生产组织模式，其发展路径是：手工操作万能机床→万能的半自动机和自动机→专用的半自动机和自动机→组合机床→组合机床组成的自动流水线→万能自动机组成的自动生产线→半自动机→综合的自动线→自动生产线组成自动化车间。

2）向柔性和集成的综合化发展

20世纪50年代，苏联的米特洛凡诺夫系统地提出了成组技术（Group Telchnology，GT）的理论和方法，使得传统的机械制造技术有了多品种小批量的生产模式。在同一时期的1952年，美国麻省理工学院研制出世界上第一台能够进行三维轮廓加工的数控铣床（NC机床），实现了产品的自动化加工。

直到1958年，自动化刀库的发明，产生了能自动换刀的数控加工中心（MC）。1962年，美国研制并成功用于工业生产的第一台工业机器人，实现了加工生产过程的物料传送自动化和装配自动化。20世纪60年代的电子计算机的问世，标志着传统制造方式向现代制造技术的过渡与发展。

1967年，英国莫斯林公司成功研制了世界上第一个柔性制造系统（FMS）。1971年，以电子计算机支持库存与生产进度计划管理系统为核心的生产物料需求计划（MRP）技术在英国问世。与此同时，美、日、德三国分别于1968年、1970年和1971年开发了首套FMS。到20世纪90年代，全世界拥有1200套左右的柔性生产系统，其中日本拥有400套，美国拥有150套，德国拥有100套。自1985年到1990年FMS的年平均增长率达到了28.7%。

1973年，美国的Harrington博士在他的*Computer Integrated Manufacturing*（下文简称CIM）一书中，首次预言性地提出了计算机集成制造（CIM）的概念。Harrington博士的这一具有前瞻性的思想，促使美国、日本、欧共体在20世纪80年代都把CIMS的研究开发列为工业生产自动化发展的一个战略目标。

20世纪80年代，数控机床、加工中心和工业机器人的普遍应用，使工业生产自动化产生新的变革，取得了迅速发展。各种适应多品种中小批量生产的柔性生产系统相继出现，并开始把各自独立发展起来的计算机辅助设计和制造、机器人、自动化仓库、管理信息系统（MIS）等技术综合为一体。

这一阶段，生产自动化技术发展的特征，是向数字化、柔性化、系统化和信息集成化发展，并把生产过程控制与生产计划管理结合起来，形成整个工厂生产的自动化管理，目的是适应多品种的批量化生产组织模式。

3）新的制造理念与自动化管理模式不断涌现

20 世纪 90 年代初期，联邦德国的研究与技术部（即现在的联邦教研部）制定了一个被称为 Workshop Oriented Production（WOP）的计划，提出了面向车间的、以独立制造岛为基础的新型工业生产模式，并在一些专业生产企业推行“独立制造岛”的生产自动化技术模式。

90 年代中期，美国里海大学在政府资助的《21 世纪制造业发展战略》的研究报告中，明确地提出了敏捷制造（Agile Manufacturing，AM）的概念。与此同时，日本在工业生产领域普遍推行“用户至上，人为中心，精简生产过程”的理念，追求零缺陷的终极目标，实行准时供货（Just In Time，JIT）的生产管理，力求最小库存和最少在制品的精益生产（Lean Production，LP）。

进入 21 世纪，随着人类科学技术水平的不断进步与提高，特别是信息技术、互联网技术的发展与渗透，工业生产自动化技术进入了快速发展阶段，诸如供应链管理、并行制造工程、快速原型生产系统、准时生产、智能制造、虚拟制造、绿色制造、循环生产、企业动态联盟等各种新的制造模式、生产管理思想和先进制造技术（Advanced Manufacturing Technology，AMT）不断涌现。这一时期，管理信息系统（MIS）、物料需求计划（MRP）系统和制造资源计划（ERP）系统，是生产自动化向企业信息工程发展的主要方向，其目的是促进物料加工与库存系统、柔性制造与各种计算机辅助工程系统的一体化集成。

这一阶段，生产自动化技术发展的特征，是在以计算机、网络、数据库为核心内容的 IT 技术的推动下，各种新的思想理念和生产管理模式应运而生，生产自动化技术进一步向智能化、综合化、集成化的方向发展，生产自动化也摆脱了过去单纯地面向装置控制、生产过程控制的局面。

2. 生产自动化软件技术的发展

自 20 世纪中期电子计算机问世以后，微型计算机、工控机代替传统的机械式调节器，生产自动化的软件技术也从程序控制向数字控制方向发展。20 世纪 80 年代初期，生产自动化控制软件的组态模式应运而生。

组态软件作为一种应用软件，是随着个人计算机（PC）的兴起而不断发展的。早期的生产自动化组态软件，摆脱了纸带介质的控制程序，主要运行在计算机磁盘操作系统（Disk Operating System，DOS）的环境，产生像 Onspec、Paragon500、FIX 等一类的组态软件，其特点是图形界面的功能不强，软件中包含了大量的控制算法，这是因为 DOS 具有很好的实时性。

20 世纪 90 年代，随着美国微软公司的 Windows 3.0 风靡全球，以微软公司的 Intouch 为代表的人机界面软件开创了 Windows 下运行工控软件的先河。由于 Windows 3.0 不具备实时性，许多自动化软件公司在操作系统的支持上，将组态软件从 DOS 向 OS/2 和 WinNT 移植，以此来不断增强工控软件的实时性和控制能力。

自动化软件主要包括人机界面软件（Human-Computer Interface，HMI），它是一种基于 PC 的控制软件，也称为 PLC 控制软件或软逻辑程序，如 Intouch、iFix、亚控的 KingAct、西门子的 WinAC 等。但是这些组态软件都还停留在作业装置的设备控制层。自 2000 年以来，自动化软件的功能已经扩展到生产系统的执行与管理层，产生了许多功能完善的生产执行管理软件，人们把这类软件称为 MES（Manufacturing Execution System），如有 Intellution 公司的 iBatch、微软公司的 InTrack 等。当然，与通用办公自动化软件相比，生产自动化软件还增加了其他许多相应的辅助功能。比如，工业生产过程的动态可视化，数据采集与管理，过程监控与报警，实时报表功能，为其他企业级管理程序提供实时数据、SPC过程质量控制等。

我们几乎可以说，自电子计算机问世以来，工业控制与生产自动化的软件技术是20世纪工业生产领域中最重要的技术之一。进入21世纪以后，现代企业生产面临越来越激烈的市场竞争、产品的多变性、质量的高要求和不断提升的生产效率，要求生产自动化软件将由过去单纯的组态模式，向更高和更广的系统层面发展。生产自动化软件技术的未来发展，主要表现在以下几个方面。

1）开放性技术

对于生产自动化软件来讲，开放性就是系统的兼容性和扩展性。生产自动化软件正逐渐成为协作生产制造过程中不同阶段的核心系统，无论是用户还是硬件供应商都将自动化软件作为企业范围内信息收集和集成的工具，这就要求自动化软件大量采用标准化技术，如OPC、DDE、ActiveX控件、COM/DCOM等，这样使得自动化软件演变成软件平台，在软件功能不能满足用户特殊需要时，用户可以根据自己的需要进行二次开发。自动化软件采用标准化技术还便于将局部的功能进行互连。在企业范围内，不同厂家的自动化软件也可以实现互连。

2）互联网环境的信息平台

进入21世纪以来，企业信息化工程在工业生产领域蓬勃兴起，尤其是企业资源管理（ERP）在企业的财务、生产、销售、物流等方面的应用和计算机集成制造技术的实施。生产自动化软件作为连接生产过程系统和信息管理系统的中间环节，面临着企业网络环境的挑战。在国内外的企业生产中，还没有多少企业能够完全将生产信息和ERP系统整合到一起，也就是说工业现场和ERP之间还存在着鸿沟，严重影响了生产效益和管理效率。如何使生产实时数据能够进入企业信息管理系统，是现代信息工厂迫在眉睫的问题。随着大型数据库技术的日益成熟，全球主要的自动化厂商已发展了相关平台，使自动化软件向着生产制造和管理信息系统的方向发展。自动化软件已经成为构造企业信息平台的承上启下的重要组成部分。在未来的企业信息化进程中，自动化软件将成为中间件，在既能满足企业加工工艺、过程控制、生产制造的需求，又能完成工业现场实时数据的收集与记录，并为ERP提供生产数据方面有着得天独厚的优势。比如，组态王7.0的企业版，就是一个以大型工业实时数据库为基础的MES功能的软件包。

3）物联网技术

物联网概念起源于2000年，形成于2005年。国际电信联盟于2005年11月在突尼斯举行的国际信息社会峰会上，发布了《ITU互联网报告2005：物联网》的报告，正式提出了物联网的概念。物联网概念是在互联网的基础上，将用户端延伸和扩展到任何物品与物品之间，进行信息交换和通信的一种网络概念。它基本定义是：通过射频识别（RFID）、红外感应器、全球定位系统或激光扫描器等信息传感设备，按约定的协议，把物品与互联网相连接，进行信息交换和通信，以实现智能化识别、定位、跟踪、监控和管理的一种网络概念。

物联网技术一问世，便开始显现出它的巨大应用前景，其中就是在工业生产系统中的应用。在各国大力推动工业化与信息化融合的大背景下，物联网技术会在工业生产乃至更多行业信息化过程中，将是一个带有主流方向的突破口。可以预见，传统的生产自动化软件技术，也将会在物联网技术的牵引和推动下形成与之相适应的新发展方向。

在生产自动化领域，软件技术与信息技术（IT）的联系最为紧密，其发展最为迅速，也最令人眼花缭乱。自动化软件技术短短20年的发展，其内涵和外延都已大大扩展。除了上面简述的几个方面以外，生产自动化软件技术，在诸如瘦客户技术、蓝牙技术、无线网及界面技术、多媒体技术等层出不断的新理念、新技术的推动下得到更快的发展。

1.3 生产自动化的发展趋势

人类在工业生产领域的发展历史表明，生产自动化的发展与工业生产技术的发展相生相伴。在过去半个世纪以来，在信息革命浪潮的推动下，生产自动化随着工业生产技术，尤其是机械制造系统的发展取得了长足的发展。可以预计，工业生产自动化将仍然在以计算机、数据库、互联网为核心的信息技术（IT）的推动下，伴随着机械制造技术的进步而继续向前发展。未来工业生产自动化技术发展呈现出以下几大新特点、新趋势。

1. 供应链管理的发展趋势

现代生产企业的发展，面临着越来越激烈的市场竞争。企业经营更加依赖具有自主核心技术的主导产品，它一方面使得企业向专业化和细分化方向发展，另一方面使得企业更加注重与自身产品关联生产企业之间的协调，从而使得生产自动化管理向供应链的组织模式发展。因此，企业未来的竞争，不完全是单个企业之间的竞争，而是供应链与供应链之间的竞争，这对企业的生产自动化管理提出了向“联盟化”方向发展的要求。

供应链生产管理的最终目标，是实现生产成本最小和效益最优。供应链管理的主要内容，是根据实施供应链战略的过程目标、绩效目标、终极目标，所开展的一系列的生产管理活动。供应链模式的生产自动化管理的发展方向，将主要侧重在战略层次、运作层次和执行层次这三个方面。

（1）战略层次：侧重系统规划的战略管理，具有综合性。

（2）运作层次：侧重供应链关联业务管理，具有关联性。

（3）执行层次：侧重链上企业的业务管理，具有协调性。

2. 柔性化的发展趋势

柔性自动化生产技术起源于机械制造的切削加工，至今已遍及到工业生产的各个领域，包括：电火花加工、激光加工、板材剪切、冲压和成型、喷射加工、焊接与装配和连续的流程生产系统等。柔性自动化生产技术的高效性、灵活性和时效性等优点，使之成为准时生产、敏捷制造、并行工程、精益制造和智能制造等先进制造系统的基础，也将继续引导生产自动化技术向柔性化、敏捷化的方向发展。

生产自动化针对柔性单元（FMC）、柔性系统（FMS）、柔性生产线（FML）和柔性工厂（FA）的联线技术和管理方法，将更加体现对市场的灵敏性。国外柔性自动化生产技术总的发展趋势可归为 3F 和 3S。

3F 是指柔性化（Flexibility）、联盟化（Federalization）、新颖化（Fashion）。

3S 是指系统化（System）、软件化（Software）、特效化（Speciality）。

具体来说，3F 和 3S 的发展方向大致体现在以下五个方面：

（1）根据不同的应用场合，创制新一代敏捷生产自动化系统，既有适合加工自动化的简约型高速数控机床，又有用于模具加工的超高速精密加工中心、复杂零件加工的多功能复合机床以及新颖的并联机构数控（虚拟轴机床）等。

（2）利用物联网技术和瘦客机技术，发展分布式数字控制和管理（DNC）的生产自动化系统，以适应大批量、短节拍的由数控机床组成的自动生产线，使之具有多品种分批量生产的经济性和灵活性优势。

（3）进一步提高制造系统的生产规划和控制软件的面向对象的特性，以增强系统的柔性和信息集成性，适应构建 CIMS 等更高层次柔性自动化系统的需要。

（4）研制敏捷制造单元，使之具有高度的自律性和良好的重组性，成为分布式网络集成的智能体，作为实现供应链模式与动态联盟企业实施异地远程协调生产的基础。

（5）发展面向物流管理、企业资源管理与制造信息集成的生产自动化系统，增强企业资源响应市场需求的能力，创制分布式网络集成制造系统和快速重组制造系统，以提高企业的市场竞争能力和快速响应能力。

3. 面向洁净生产的发展趋势

制造业作为国家经济的支柱，在给社会创造巨大财富的同时，也带来对有限资源的损耗和环境的污染破坏等重大问题。因此，洁净制造是先进制造技术非常强调的一个重要方面，也是现代制造研究发展的一个重要课题。

洁净制造是指：在产品全生命周期中，利用现代科学技术，按照政策法规，严格实施资源约束、人与环境无害的制造，其产出品是环保型绿色商品，因而又称绿色制造。

随着各国对制造资源和生产环境的政策法规的建立和完善，工业生产系统已经成为一个约束型系统。图 1-3 是洁净生产系统的过程约束构造。

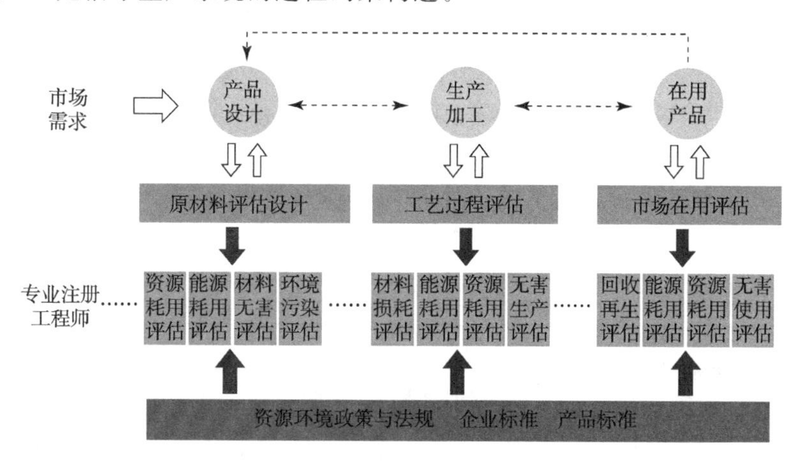

图 1-3　洁净生产系统的过程约束构造

洁净生产的概念，覆盖生产对象的全生命周期，即产品的设计阶段、产品的在用周期。因此，工业生产自动化技术，必然会在洁净生产要求的牵引下，在结构和功能上产生重要的变化。

4. 面向循环制造的发展趋势

进入 21 世纪以后，为了解决人类所面临的日益枯竭的资源问题，低耗循环生产的制造模式应运而生。低耗循环制造模式，也称为循环再制造的生产组织模式。循环制造的生产自动化，主要按照减量化（Reduce）、再利用（Reuse）、再循环（Recycle）、再制造（Remanufacture）的 4R

原则，来组织产品的生产过程。

对于机械制造业，尽管它本身在工业生产中的能源消耗比例并不算大，并且在工业生产中的资源消费比例也不是很大，但是机械制造生产的许多产品是耗能大户，制造业自身的装备与产品也是资源大户，机械制造业的上游产品更是资源与能源大户。由此，人们可以找到传统机械装备制造业实施低耗生产的三条直接路径：一是制造过程的节能降耗技术措施，即在产品设计、工艺流程、动力配置的过程中实施减量化的原则；二是提高各种低能耗产品的自主创新能力，即淘汰落后、粗放、高耗产品的生产制造方式；三是加快制造模式向再利用、再循环、再制造的循环生产方式转变，最大限度回收利用退役、损坏、废旧产品，最大限度降低装备制造对原材料的需用量，从而减少上游产品生产对能源和资源的消耗，减少装备制造链上对能源和资源的消耗。

目前，面向循环再制造的生产自动化的组织结构，主要有两种模式：一是嵌入原型生产的组织结构模式，二是专业化再制造的组织结构模式，但无论哪种模式都是对传统制造模式的革新。相对于传统制造来讲，循环再制造的结构模式是一种闭环的生产组织结构，如图 1-4 所示。

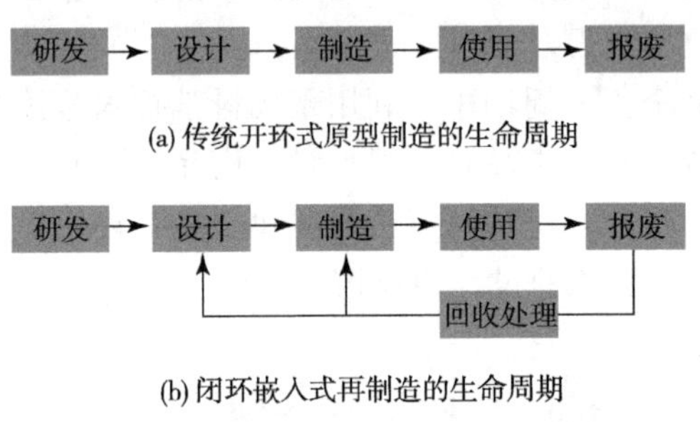

图 1-4　循环再制造与传统生产方式的比较

嵌入原型生产的组织结构，是将产品的循环再制造物料（零部件）嵌入到该产品原有的生产系统中，如图 1-5 所示。这种生产组织模式，主要适合用于汽车发动机、汽车整机、燃气轮机、工程机械、柴油机、洗衣机、冰箱等同类系列产品的再制造生产组织。

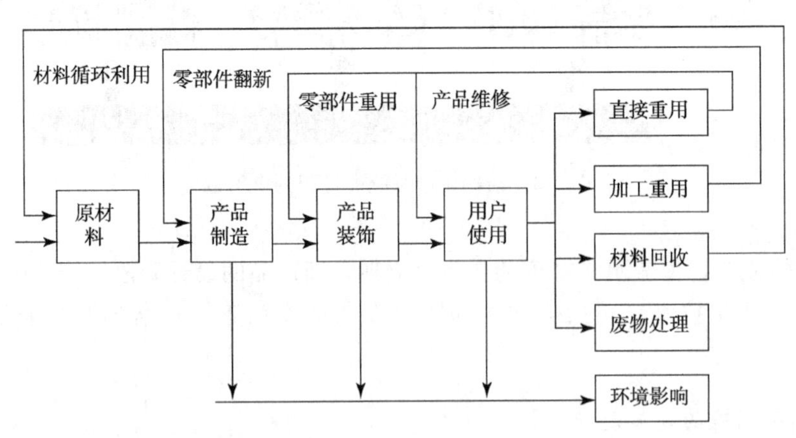

图 1-5　嵌入原型生产的再制造组织模式

但是，对于对高端特种装备一类的产品，如航空发动机、装甲车辆、舰船动力装置等，则不适合采用嵌入原型生产的制造结构模式，这就需要采用专业化的再制造方式，图 1-6 是一个典型的专业化再制造的生产组织结构。

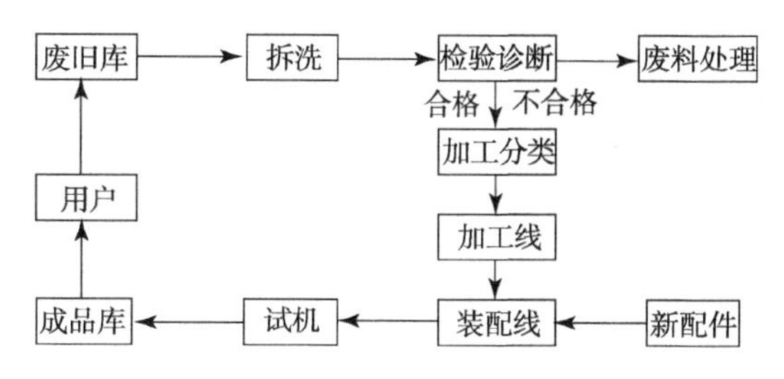

图 1-6　专业化再制造的生产组织模式

5. 透明化的发展趋势

现代生产系统的数字化生产和信息化管理，不断提高制造系统的集成度，从根本上改变了传统的离散制造过程的生产模式，同时也为生产过程的透明化管理提供了可能，使得制造过程的透明程度越来越高。

制造过程的透明程度，决定其企业经营管理的深度和广度，决定对市场客户享有的信誉程度。开放制造过程作为一种营销策略，也是生产自动化系统未来发展的一个趋势。制造过程对用户的透明度越高，越有利于增加企业的市场信用度，从而有助于提高产品的市场占有率；越有利于增加市场用户参与产品的生产管理过程，从而能够进一步满足用户的动态需求；表明企业对自主技术、生产水平、产品质量及其管理能力的信心越强，越能获得市场用户的信赖。

制造过程透明化管理发展的几个主要方面：

(1) 对管理决策层透明。主要包括：①设计过程对管理人员及决策层透明；②生产过程对管理人员及决策层透明；③营销过程对管理人员及决策层透明；④在用产品对管理人员及决策层透明。

(2) 对设计人员透明。主要包括：①营销过程对设计人员透明；②在用产品对设计人员透明；③生产过程对设计人员透明。

(3) 对用户透明。主要包括：①设计过程对客户透明（或互动透明)；②生产过程对客户透明；③产品质量对客户透明；④材料配购对客户透明（或互动透明)。

6. 集成化的发展趋势

现代生产制造的科学技术发展有两个根本的理论思想：

(1) 生产制造系统的各个业务环节，即市场分析、产品设计、加工生产、经营管理、销售服务等环节，是一个不可分割的统一体。

(2) 生产制造过程，是一个信息采集、信息传递、信息处理的过程，其最终的物质形态就是满足市场需要的产品。

这一理论思想是美国的 Harrington 博士于 20 世纪 70 年代中期，在 CIM 一书中首先提出来的。其生产制造统一体和信息过程的思想作为集成制造系统的核心内容，一直牵引现代制造系统朝着不断提高集成度的方向发展，也使得现代生产自动化技术成为先进制造技术研究发展的一个主要方面。

在信息技术、控制技术和现代管理技术发展的影响下，生产制造已经从单机自动化、自动生产线、柔性制造系统等发展到集成制造系统，即制造过程不断集成化。所以，现代集成制造系统，是在自动化技术、信息技术、制造技术、管理技术的基础上，主要通过计算机、数据库、信息网络，将产品全生命周期的设计制造、生产管理、产品营销及相关生产活动的所有业务环节，进行有机的集成，实现高自动、高柔性、高效益的智能制造系统。

集成制造系统中的生产自动化的核心内容包括：

（1）以计算机辅助开发设计为核心的工程信息系统；

（2）以计算机辅助制造为主的自动化生产工艺系统；

（3）以计算机辅助质量控制为重点的质量信息系统；

（4）以计算机辅助管理经营为中心的管理信息系统。

这四大自动化功能系统组成的综合系统，又称为计算机综合制造系统。未来生产自动化系统面临制造集成化的发展方向，将进一步向上述各个系统的无缝连接的方向发展，即实现“设计/工艺/加工”的一体化和“管理/生产/销售”的一体化。

思 考 题

1. 现代意义的生产包括哪些要素？
2. 工业生产自动化的主要内容是什么？
3. 工业生产自动化所研究的内容包含加工技术吗？
4. 为什么生产管理自动化几乎涵盖了生产自动化涉及的所有方面？
5. 简要阐述生产自动化技术发展三个主要阶段的特征。
6. 为什么生产自动化的发展与机械制造系统的发展相生相伴？
7. 工业生产自动化的主要技术领域是哪几大方面？
8. 为什么企业未来的竞争不完全是单个企业之间的竞争？

参 考 文 献

库兹涅佐夫等. 1983. 生产过程自动化. 魏鹏霄译. 北京：机械工业出版社

刘兴良. 2000. 无所不在的文明使者：自动化技术. 福州：福建教育出版社

龙伟. 1994. 数控机床及加工编程. 成都：成都科技大学出版社

申开智，龙伟等. 2006. 模具设计与制造. 北京：化学工业出版社

张根保，王时龙等. 1996. 先进制造技术. 重庆：重庆大学出版社

第2章　设计自动化系统

2.1　产品开发中的自动化技术

产品的设计和开发是人类从事的一项创造性工作。随着社会的不断发展，产品的开发能力不断增加，因此也改变了人们的生活生产条件。

1943年底，英国人为了破译德国的密码系统建造了一台名叫Colossus的电子计算机。同时，在美国康恩（Corn）有几个大学和研究所为了进行高速度的数值计算也在研制计算机。1946年，世界上第一台电子计算机——电子数字积分计算机（Electronic Numerical Integrator And Computer，ENIAC）在美国宾夕法尼亚大学问世，标志着人类科学技术发展到了一个新的里程碑，对人们的生产、生活带来了深远影响；标志着人类开始进入了以0和1为特征的信息社会。

在经济全球化的大趋势中，每个国家都处于全球化竞争的市场中，而经济竞争归根结底是制造技术和制造能力的竞争。激烈的市场竞争对制造企业提出了很多新的挑战，如产品的复杂程度不断增加；产品生命周期不断缩短；设计风险和各种不确定因素增加；产品设计中更多考虑环境和社会等因素。

企业要适应这些挑战，在激烈的市场竞争中占据一席之地，就必须要依赖于相关技术的发展。正确适时地运用高新技术，可以使掌握先进技术的制造企业获取高额利润，反之，对高新技术不恰当投入和对市场的不当预测，会使企业面临巨大风险。在这种情况下，在产品设计中发展新的产品设计和制造方法得到了普遍重视。

近年来，以计算机为基础的各种数字化技术广泛应用到产品的开发中，成为企业提高综合竞争力的有效手段。数字化开发技术有丰富的内涵和研究内容，在产品设计制造过程的各个阶段中引入计算机技术，便产生了计算机辅助设计（Computer Aided Design，CAD）、计算机辅助工程（Computer Aided Engineering，CAE）分析、计算机辅助工艺设计（Computer Aided Process Planning，CAPP）和计算机辅助制造（Computer Aided Manufacturing，CAM）等单元技术（CAX）。由于以有限元分析为特征的商品化软件相对自成体系，故统称为CAE软件，但产品设计过程应包含产品的性能分析计算，所以CAD一般都涵盖了CAE的内容。事实上，设计工艺与制造过程是相互关联的有机整体，因而在单元技术基础上产生了CAD/CAPP/CAM一体化技术，国际上习惯简写为CAD/CAM技术。为了对设计制造过程和CAD/CAM产生的电子信息文档进行有效管理，在20世纪90年代初期产生了产品数据管理（Product Data Management，PDM）技术和相应软件系统。CAD/CAPP/CAM/PDM在CIMS体系结构中被称为技术信息系统（Technology Information System，TIS）。

各种CAX技术在产品开发过程的各个阶段中的作用和功能如图2-1所示。为了实现企业信息共享与资源集成，在单元技术基础上形成了CAD/CAE/CAPP/CAM集成技术，国际上习惯简写为CAD/CAM技术。

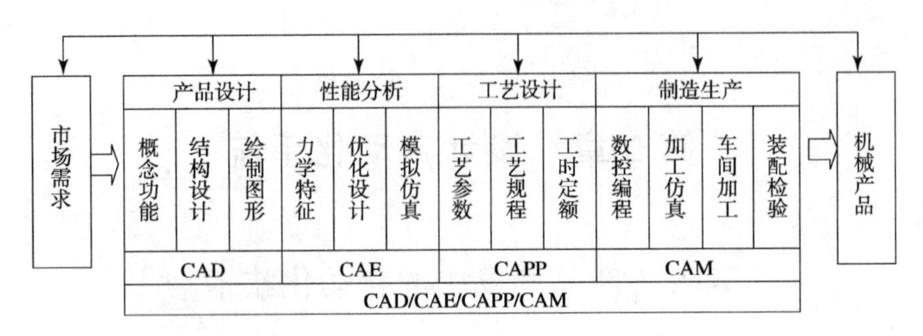

图 2-1　机械产品开发与 CAX 技术系统

2.2　产品开发过程分析

产品的开发过程是指从产品需求分析到产品最终定型的全过程，包括产品的设计、分析、测试、制造、装备等全过程。企业的产品开发通常分为两种类型：新产品设计与产品改型设计。不论哪种设计，其过程都是一个创造性思维的过程。总体而言，一个产品的开发过程可划分为设计与制造两部分。设计过程从客户和市场需求入手，进行产品的总体方案构思。通过分析设计要求，参考、比较国内外同类产品的性能特点，确定出新设计的总体方案、结构和实现方法。然后分别进行各个零部件的详细设计。因此，设计过程主要包括概念设计与分析、结构设计与分析、工程图样绘制等阶段。而制造过程从产品的设计文档开始，经过工艺编制、工装制造、零件制造、装配制造、检验、包装、运输等环节。

就产品的设计过程而言，可以大体划分成综合和分析两个阶段。

（1）综合阶段。在产品设计阶段的早期，如市场需求描述和分析、相关设计信息的收集和整理、概念方案的制定等，这些属于综合阶段。在综合阶段，设计人员对各种可能的方案进行讨论和评价，确定产品的初步布局和草图，定义产品各部件之间的内在联系及约束关系。这个阶段主要用于确定产品的工作原理和功能，在很大程度上降低了产品开发的成本，对于整个设计过程的作用至关重要。但是在综合阶段所涉及的信息多是定性的，计算机系统对于定性信息的描述、接受和利用是比较困难的。一般采用专家系统和基于知识的系统来处理定性问题。

（2）分析阶段。在产品的概念化设计完成之后，就进入了分析阶段。设计人员应该综合各种手段，包括算法和软件，对概念模型进行详细设计，通过建立产品模型，对产品模型进行分析、评价和优化，决定最终的产品设计方案。分析阶段的信息多半可以用定量方法进行描述，比较容易在计算机环境中进行处理。

制造过程以设计过程中产生的设计文档为基础。从工艺规划开始，确定采用的加工工艺、路线和加工方法，确定合理的工艺参数，根据生产条件选择合适的加工设备。最后产生生产计划、物料需求计划以及工装夹具设计等。工艺规划制订完毕后，将按照实际的质量要求对零件进行加工和检测。合格零件将被进行装配，并经过功能测试、包装等环节，最终运送到市场，通过营销送到消费者手中。从工艺规划到制造同样存在很多不确定因素，如人的经验、定性决策等。

从产品构思、概念表达、结构设计、力学性能分析到最终的技术要求和制造工艺的编制等，设计中的各个环节均需要设计师运用设计知识，经过计算、分析、综合等创造性思维过程，将设计要求转化为对产品结构、组成、性能参数、制造工艺等的定义和表示，最后得到产品的设计结果。设计结果以一定的标准形式表达，如二维工程图或产品三维模型。完成设计工作之后，需对产品的几何形状和制造要求作进一步分析，设计产品的加工工艺规程，进行生产准备，随后加工制造、装配、检测。由此可以得出以下三点结论：

第一，设计、制造过程可以划分为几个阶段，各个阶段可包含若干个步骤，具有相对的独立性。正因为这个规律的存在，为程式化工作的计算机引入设计、制造领域，为实现设计自动化提供了客观可能性。

第二，由于设计过程的复杂性，所以，设计工作尤其是在性能分析计算、模拟、仿真、实体装配等方面，极其需要与计算机技术相结合。

第三，产品设计制造的各个环节也是一个相互依存且信息交换频繁的系统，需要一种有效的信息处理和交互反馈工具的支持，这样就促进了数字化设计与制造技术的产生和应用。

2.3 数字化设计与制造系统

数字化设计与制造系统是设计、制造过程中的信息处理系统，克服了传统手工设计的缺陷，充分利用计算机高速、准确、高效的计算功能、图形处理和文字处理功能，以及对大量的、各类的数据的存储、传递、加工功能，在运行过程中结合人的经验、知识及创造性，形成一个人机交互、各尽所长、紧密配合的系统。

2.3.1 数字化设计与制造系统的工作过程

数字化设计与制造系统主要研究对象的描述、系统的分析、方案的优化、计算分析、工艺设计、仿真模拟、NC 编程以及图形处理等理论和工程方法，输入的是系统的设计要求，输出的是制造加工信息，整个流程如图 2-2 所示。数字化设计与制造系统的工作过程包括以下几个步骤：

(1) 通过市场需求调查以及用户对产品性能的要求，向系统输入设计要求，利用几何建模功能，构造出产品的几何模型，计算机将此模型转换为内部的数据信息，存储在系统的数据库中。

(2) 调用系统程序库中的各种应用程序对产品模型进行详细设计计算及结构方案优化分析，以确定产品的总体设计方案及零部件的结构和主要参数；同时，调用系统中的图形库，将设计的初步结果以图形方式输出在显示器上。

(3) 根据屏幕显示的结果，对设计的初步结果作出判断，如果不满意，可以通过人机交互的方式进行修改，直至满意为止，修改后的数据仍存储在系统的数据库中。

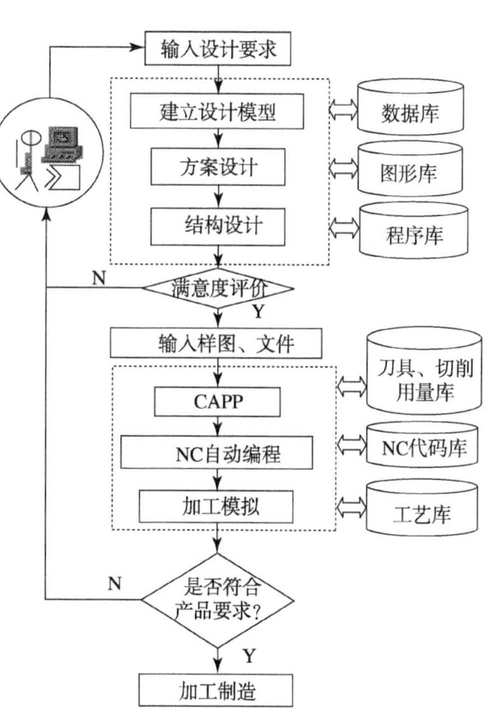

图 2-2 数字化设计与制造系统的工作过程

(4) 系统从数据库中提取产品的设计制造信息，在分析其几何形状特点及有关技术要求后，对产品进行工艺规程设计，设计的结果存入系统的数据库，同时在屏幕上显示输出。

(5) 用户可以对工艺规程设计的结果进行分析、判断，并允许以人机交互的方式进行修改。最终的结果可以是生产中需要的工艺卡片或以数据接口文件的形式存入数据库，以供后续模块读取。

(6) 利用外部设备输出工艺卡片，使其成为车间生产加工的指导性文件，或利用计算机辅助制造系统从数据库中读取工艺规程文件，生成 NC 加工指令，在有关设备上加工制造。

(7) 有些数字化设计与制造系统在生成了产品加工的工艺规程之后，对其进行仿真、模拟，验证其是否合理、可行。同时，还可以进行刀具、夹具、工件之间的干涉、碰撞检验。

(8) 在数控机床或加工中心上制造出有关产品。

由上述过程可以看出，从初始的设计要求、产品设计的中间结果，到最终的加工指令，都是信息不断产生、修改、交换、存取的过程，系统应能保证用户随时观察、修改阶段数据，实施编辑处理，直到获得最佳结果，因此设计自动化系统应当具备支持上述工作过程的基本功能。同时，还需要对产品设计、制造全过程的信息进行处理，包括设计与制造中的数值计算、设计分析、绘图、工程数据库的管理、工艺设计、加工仿真等各个方面。

2.3.2 数字化设计与制造系统的内涵

1. 几何造型

在产品设计构思阶段，系统能够描述基本几何实体及实体间的关系；能够提供基本体素，以便为用户提供所设计产品的几何形状、大小，进行零部件的结构设计以及零部件的装配；系统还应能够动态地显示三维图形，解决三维几何建模中复杂的空间布局问题。另外，还能进行消隐、彩色浓淡处理等。利用几何建模的功能，用户不仅能构造各种产品的几何模型，还能够随时观察、修改模型或检验零部件装配的结果。几何建模技术是 CAD/CAM 系统的核心，为产品的设计、制造提供基本数据，同时也为其他模块提供原始的信息，例如几何建模所定义的几何模型的信息可供有限元分析、绘图、仿真、加工等模块调用。在几何建模模块内，不仅能构造规则形状的产品模型，对于复杂表面的造型，系统还可采用曲面造型或雕塑曲面造型的方法，根据给定的离散数据或有关具体工程问题的边界条件来定义、生成、控制和处理过渡曲面，或用扫描的方法得到扫视体、建立曲面的模型。汽车车身、飞机机翼、船舶等的设计，均采用此种方法。

2. 计算分析

CAD/CAM 系统构造了产品的形状模型之后，能够根据产品几何形状，计算出相应的体积、表面积、质量、重心位置、转动惯量等几何特性和物理特性，为系统进行工程分析和数值计算提供必要的基本参数。另一方面，CAD/CAM 系统中的结构分析需进行应力、温度、位移等的计算和图形处理中变换矩阵的运算以及体素之间的交、并、差计算等，同时，在工艺规程设计中还有工艺参数的计算。因此，要求 CAD/CAM 系统对各类计算分析的算法要正确、全面，有较高的计算精度。

3. 工程绘图

产品设计的结果往往是机械图的形式，CAD/CAM系统中的某些中间结果也是通过图形表达的。CAD/CAM系统一方面应具备从几何造型的三维图形直接向二维图形转换的功能，另一方面还需有处理二维图形的能力，包括基本图元的生成、标注尺寸、图形的编辑（比例变换、平移、图形复制、图形删除等）以及显示控制、附加技术条件等功能，保证生成满足生产实际要求、符合国家标准的机械图。

4. 结构分析

CAD/CAM系统中结构分析常用的方法是有限元法，这是一种数值近似解方法，用来解决复杂结构形状零件的静态、动态特性，以及强度、振动、热变形、磁场、温度场强度和应力分布状态等的计算分析。在进行静、动态特性分析计算之前，系统根据产品结构特点，划分网格，标出单元号、节点号，并将划分的结果显示在屏幕上。进行分析计算之后，系统又将计算结果以图形、文件的形式输出，例如应力分布图、温度场分布图、位移变形曲线等，使用户方便、直观地看到分析的结果。

5. 优化设计

CAD/CAM系统应具有优化求解的功能，也就是在某些条件的限制下，使产品或工程设计中的预定指标达到最优。优化包括总体方案的优化、产品零件结构的优化、工艺参数的优化等。优化设计是现代设计方法学中的一个重要的组成部分。

6. 工艺规程设计

设计的目的是为了加工制造，而工艺设计是为产品的加工制造提供指导性的文件，因此CAPP是CAD与CAM的中间环节。CAPP系统应当根据建模后生成的产品信息及制造要求，自动决策出加工该产品所采用的加工方法、加工步骤、加工设备及加工参数。CAPP的设计结果一方面能被生产实际所用，生成工艺卡片文件；另一方面能直接输出一些信息，为CAM中的NC自动编程系统接收、识别，直接转换为刀位文件。

7. 数控功能

在分析零件图和制订出零件的数控加工方案之后，采用专门的数控（Numerical Control，NC）加工语言（例如APT语言），制成穿孔纸带输入计算机，其基本步骤通常包括：①手工或计算机辅助编程，生成源程序；②前处理，将源程序翻译成可执行的计算机指令，经计算求出刀位文件；③后处理，将刀位文件转换成零件的数控加工程序，最后输出数控加工纸带。

8. 模拟仿真

在CAD/CAM系统内部建立一个工程设计的实际系统模型，例如机构、机械手、机器人等。通过运行仿真软件，代替、模拟真实系统的运行，用以预测产品的性能、产品的制造过程和产品的可制造性。如利用数控加工仿真系统从软件上实现零件试切的加工模拟，避免了现场调试带来的人力、物力的投入以及加工设备损坏等风险，减少了制造费用，缩短了产品设计周期。模拟仿真通常有加工轨迹仿真、机械运动学模拟、机器人仿真和工件、刀具、机床的碰撞、干涉检验等。

9. 产品数据管理

在传统的产品研制中，设计制造的基础依据是产品图样。建立在二维基础上的图样管理是与档案管理联系在一起的。然而，在数字化设计与制造系统中，基础依据是产品的数字化模型。由于CAD模型是非结构化信息，其管理成为新的问题。一般地，数字化设计与制造中的数据集成是对产品数据的统一管理和共享，通过产品数据管理来实现。1995年2月，主要致力于PDM技术和相关计算机集成技术的国际权威咨询公司CIMdata公司总裁Ed Miller在*PDM Today*一文中给出了PDM的定义："PDM是一门用来管理所有与产品相关信息和所有与产品相关过程的技术；与产品相关的所有信息，即描述产品的各种信息，包括零部件信息、结构配置、文件、CAX技术文档、流程组织信息以及权限审批等信息；与产品相关的所有过程，包括产品形成的过程和产品的完善和改制过程，对这些过程的定义和管理，以及相关信息的发放。"从这些功能可以看出，PDM是一门管理所有与产品相关信息和与产品相关过程的技术。

2.3.3 数字化设计与制造系统的组成

1. 数字化设计与制造系统的硬件组成

在系统结构中，以图形处理为主、以CAD应用为目的的独立硬件环境称为CAD工作站。对于一个数字化设计与制造系统来说，可以根据企业的具体情况、系统的应用范围和相应的软件规模，选用不同规模、不同结构、不同功能的计算机、外设及其生产加工设备，如图2-3所示。系统规模一开始可能比较简单，面对高速发展的计算机技术及企业应用的增多，数字化设计与制造系统在理论方法、体系结构与实施技术上均在不断更新和发展，其规模也会不断扩展，组成相应也会比较复杂。

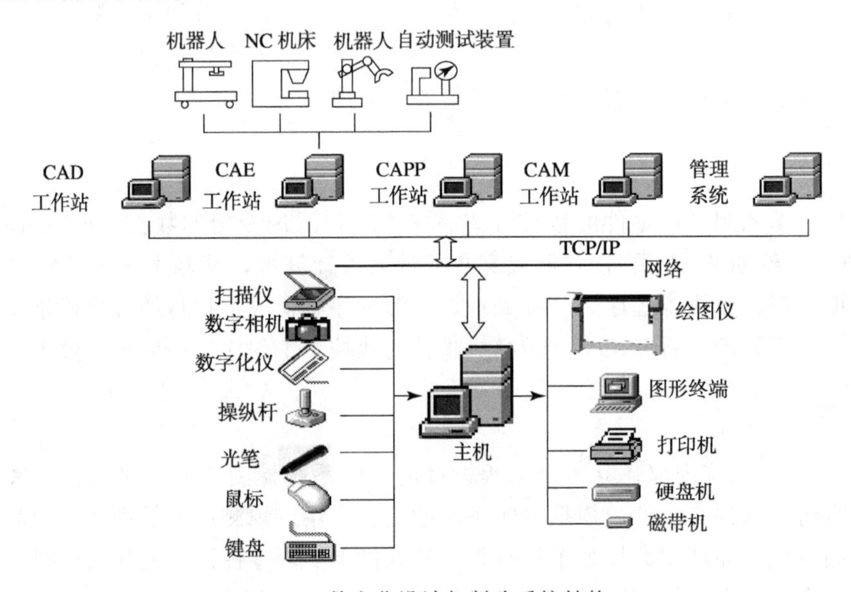

图2-3 数字化设计与制造系统结构

CAD工作站是指安装了CAD软件的计算机，用于产品的设计。CAE工作站是指安装了CAE软件的计算机，用于计算分析和优化。CAPP工作站是指安装了辅助工艺设计的CAPP软件的计算机，用于产品的工艺设计。同理，CAM工作站是指安装了CAM软件的计算机，用于数控编程和仿真。目前大部分商业化的大型CAD软件都是集成软件，集成了CAD、CAE、CAM的功能，那么安装了这些软件的工作站可以同时承担上述三个工作站的工作。不过，一般情况下，CAD、CAE、CAM、工程管理等工作分别由不同部门的工程师承担，是分工合作的关系。

打印机、扫描仪、绘图仪、硬盘机等外设并不是经常使用，所以可以通过网络共享给众多用户。机器人、NC机床等设备是机械制造的主要工作，它们接受数字化设计与制造系统提供的指令和程序，接受管理系统的管理，最终生产出产品来。

2. CAD/CAM系统的软件体系结构

软件是用于求解某一问题并充分发挥计算机计算分析功能和交流通信功能的程序的总称。这些程序的运行不同于普通数学中的解题过程，它们的作用是利用计算机本身的逻辑功能，合理地组织整个解题流程，简化或者代替在各个环节中人所承担的工作，从而达到充分发挥机器效率，便于用户掌握计算机的目的。软件是整个计算机系统的灵魂。CAD/CAM系统的软件可分为系统软件、支撑软件和应用软件三个层次。

1）系统软件

系统软件主要用于计算机的管理、维护、控制以及计算机程序的翻译、装入与运行，它包括各类操作系统和语言编译系统。操作系统包括如Windows、Linux、Unix等；语言编译系统用于将高级语言编写的程序翻译成计算机能够直接执行的机器指令，目前CAD系统应用得最多的语言编译系统包括Visual Basic、Visual C/C＋＋、Visual J＋＋等。

为了方便用户进行二次开发，根据需要定制软件功能模块，目前多数CAD/CAM软件都提供二次开发语言和工具。例如，Autodesk公司提高Autolisp语言用于用户的二次开发；Solidworks软件提高了应用程序接口（Application Programming Interface，API），可以调用Delphi、Visual Basic、VB. NET、C＋＋等程序文件，以便用户开发、定制特定的功能模块。

操作系统是CAD/CAM系统的灵魂，它是用户与计算机之间的接口，负责全面管理计算机资源、合理组织计算机的工作流程，使用户更方便地使用计算机，提高计算机的利用率。当今流行的操作系统以Unix、Windows系列及Macintosh为主，近年迅速发展起来的Linux也正受到用户的青睐。

（1）Unix。Unix是由美国斯坦福大学AT&T开发而发展起来的，Unix操作系统曾有过辉煌的历史。其系统以优越的资源管理及网络功能而成为工程工作站的操作系统，并因此风靡世界。Unix系统主要是用C语言编写的程序，其特点为：系统功能强；由于系统大部分程序是用C语言编写的，因此，对整个系统的修改、维护和移植是很方便的；在系统的支持下，在其外层提供可用多种语言编程和编译的功能。但软、硬件的价格高昂、操作复杂、系统维护困难、配套的应用软件匮乏等，限制了其进一步的发展。事实表明，Unix主要应用领域正逐步被Windows所取代。其应用将转移到大型机与小型机适用的银行、金融、通信等专业领域。

（2）Linux。Linux是近年发展起来的自由操作系统，其发展的势头对Windows系统造成有力的威胁。主要的问题是相应的应用软件还不是太多，但这种局面正在逐渐改变，无论是世界计算机巨头还是小型的应用软件开发商，都对Linux加以关注。Linux作为免费的自由软件，在各方面都具有很大的优势，人们对 Linux 软件寄予厚望。目前，越来越多公司投入到 Linux 的技术完善和应用软件开发的工作中来，相应的，Linux 正成为 Windows 在市场上最强劲的对手。

（3）Windows。微软成功地占据了 80%以上的计算机操作系统市场。Windows 系列产品友好的用户界面、稳定的性能、低廉的价格、众多的用户、丰富的应用软件资源是其生命力的最佳体现。今后无论操作系统如何变革，都不会置 80%以上的用户群于不顾。应该说 Windows 已经确立了其主流地位。近年来在网络技术上的巨大成功，以及借 PC 功能的迅速提高，高性能计算机与 Windows NT 所组成的 NT 工作站系统，开始冲击工程工作站的传统应用领域。

（4）Macintosh。这是美国 Apple 计算机公司的著名产品，以其优越的视窗功能应用于图像处理、印刷出版及教育等领域。但因系统的封闭性，痛失发展良机，Macintosh 已经不可能成为操作系统的主流产品。

从软件平台的发展情况来看，Windows 成为 CAD 应用的主要操作界面。CAD 系统充分利用 Windows 的资源，完全在 Windows 环境下开发；一些从 Unix 环境移植到 NT 工作站的软件，最初保留了大量的 Unix 环境的痕迹，现也向全面改造成 Windows 版本推进。当然，也有一些人对 Unix 操作系统寄予厚望。

2）支撑软件

支撑软件是为满足 CAD/CAM 工作中一些用户的共同需要而开发的通用软件。由于计算机应用领域迅速扩大，支撑软件的开发研制已有了很大的进展。商品化支撑软件层出不穷，通常可分为下列几类：

（1）图形核心系统（Graphics Kernel System，GKS）。定义了独立于语言的图形系统的核心，提供应用程序和图形输入/输出设备之间的功能接口，包含了基本的图形处理功能，处于与语言无关的层次。

（2）工程绘图系统（Drawing System）。它支持不同专业的应用图形软件开发，常用的基本功能有：①基本图形元素绘制，如点、线、圆等；②图形变换，如缩放、平衡、旋转等；③控制显示比例和局部放大等；④对图形元素进行修改和编辑；⑤尺寸标注、文字编辑、画剖面线；⑥存储、显示控制以及人机交互、输入/输出设备驱动等功能。目前，微机上广泛应用的 AutoCAD 就属于这类支撑软件。

（3）几何造型（Geometry Modeling）软件。几何造型软件用于在计算机中建立物体的几何形状及其相互关系，用于完整、准确地描述和显示三维几何形状，为产品设计、分析和数控编程提供必要的信息，因为后续的这些处理和操作都是在此模型基础上完成的，所以几何造型软件是 CAD/CAM 系统中不可缺少的支撑软件。

几何造型方法根据所产生几何模型的不同，可以分为线框模型、表面模型和实体模型三种形式。相应产生的模型分别为线框模型、表面模型和实体模型。目前多数开发系统都同时提供上述三种造型方法，而且三者之间可以相互转换。目前，特征造型技术成为产品造型的重要发展方向，它可提供产品的形状特征、精度特征、材料特征、加工特征等信息，为 CAD/CAM 集成提供必要的条件。几何造型软件通常具有消隐、着色、浓淡处理、实体参数计算、质量特性计算等功能。CAD/CAM 系统中的几何建模软件有 I-DEAS、Pro/E、UGⅡ等。

（4）有限元分析软件。它利用有限元法对产品或结构进行静态、动态、热特性分析，通常包括前置处理（单元自动剖分、显示有限元网格等）、计算分析及后置处理（将计算分析结果形象化为变形图、应力应变色彩浓淡图及应力曲线等）三个部分。目前世界上已投入使用的比较著名的商品化有限元分析程序有 COSMOS、NASTRAN、ANSYS、ADAMS、SAP、MARC、PATRAN、ASKA、DYNA3D 等。这些软件从集成性上可划分为集成型与独立型两大类。集成型主要是指 CAE 软件与 CAD/CAM 软件集成在一起，成为一个综合型的集设计、分析、制造于一体的 CAD/CAE/CAM 系统。目前市场上流行的 CAD/CAM 软件大都具有 CAE 功能，如 SDRC 公司的 I-DEAS、EDS/Unigraphics 公司的 UGⅡ软件等。

（5）优化方法软件。这是将优化技术用于工程设计，综合多种优化计算方法，为求解数学模型提供强有力数学工具的软件，目的为选择最优方案，取得最优解。

（6）数据库系统软件。CAD/CAM 系统上几乎所有应用都离不开数据，产品的设计和开发从本质上讲就是信息输入、分析、处理、传递以及输出的过程。这些数据中有静态数据，如各种标准、设计的规范数据等；也有动态数据，如产品设计中不同版本的数据、数字化仿真的数据结果、各子系统之间的交换数据等。所以数据管理在 CAD/CAM 产品开发中非常重要。

早期通常通过文件系统对产品开发中产生的数据进行管理。例如，将各种标准以数据文件的形式存放在磁盘中，各模块之间的信息也通过文件进行交换。文件管理简单易行，但是不能以记录或数据项为单位共享数据，导致数据出现冗余和不一致的情况。数据库是在文件系统的基础上发展起来的一门新型数据管理技术，它的工作模式与早期的文件系统的工作模式存在本质的不同，这种区别主要体现在系统中应用程序与数据之间关系的不同，如图 2-4 和图 2-5 所示。在文件系统中，数据以文件的形式长期保存，程序与数据之间有一定的独立性，应用程序各自组织并通过某种存取方法直接对数据文件进行使用。在数据库系统中，应用程序并不直接操作数据库，而是通过数据库管理系统对数据库进行操作。因此，与文件系统相比，数据库系统具有数据存储结构化、最低的数据冗余度、较高的数据独立性和共享性以及数据的安全保护、完整控制、并发控制及恢复备份等特点。利用数据库系统管理数据时，数据按照一定的数据结构存放在数据库中，由数据库管理系统管理。数据库管理系统提供各种管理功能，利用这些命令可以完成各种数控操作。

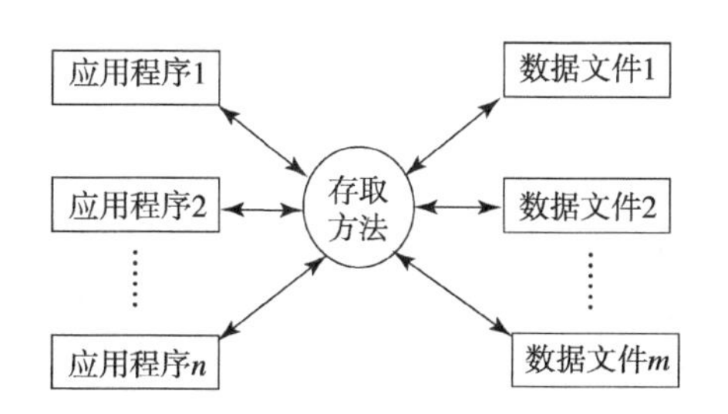

图 2-4　文件系统阶段的数据处理

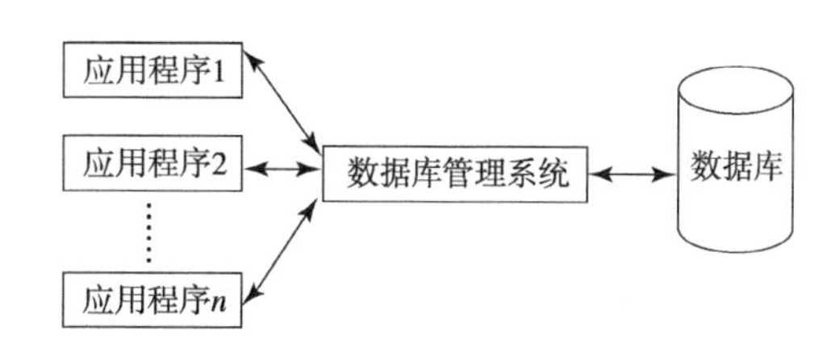

图 2-5　数据库系统阶段的数据处理

目前比较流行的数据库管理系统有 FoxPro、ORACLE、INGRES、Informix、Sybase 等。为保证产品开发过程中各模块数据信息的一致性，现有的开发软件广泛采用单一数据库技术，即当用户在某个模块中对产品数据作出改变时，系统会自动地修改所有与该产品相关的数据，以避免数据不一致而产生差错。

（7）系统运动学/动力学模拟仿真软件。仿真技术是一种建立真实系统的计算机模型的技术。利用模型分析系统的行为而不建立实际系统，在产品设计时，实时、并行地模拟产品生产或各部分运行的全过程，以预测产品的性能、产品的制造过程和产品的可制造性。动力学模拟可以仿真分析计算机械系统在某一特定质量特性和力学特性作用下系统运动和力的动态特性，运动学模拟可根据系统的机械运动关系来仿真计算系统的运动特性。这类软件在CAD/CAM/CAE技术领域得到了广泛的应用，例如ADAMS机械系统动力学自动分析软件。

3）应用软件

用户利用计算机所提供的各种系统软件、支撑软件编制的解决用户各种实际问题的程序称为应用软件。目前，在模具设计、机械零件设计、机械传动设计、建筑设计、服装设计以及飞机和汽车的外形设计等领域都已开发出相应的应用软件，但都有一定的专用性。应用软件种类繁多，适用范围不尽相同，但可以逐步将它们标准化、模块化，形成解决各种典型问题的应用程序。这些程序的组合，就是软件包（Package）。开发应用软件是CAD工作者的一项重要工作。

国外原版软件并不是针对中国企业的，在标准规范、技术习惯、技术思维等方面均存在差异，而且不公开其核心技术，不利用二次开发。能直接用于国内企业的国外原版CAD软件非常少。国产CAD/CAM软件结合国内实际，能够解决用户的大部分问题，不同软件各有所长。经过二次开发的国内CAD软件，具有自主版权，结合国内实际，适合企业技术人员学习与应用，但大多数在商品化方面还有一些差距，主要表现在系统的稳定性、可靠性、功能等方面。一般来说，基于国外平台软件开发的二维应用软件，具有更好的兼容性，并且在系统的稳定性和软件功能方面都有一定的优势，但在价格方面，国内自主平台的软件具有相当的优势，因为前者不但需要购买国外的平台软件，还要购买二次开发软件，这种费用是两次的，而且国外平台软件的费用更是不低。

2.3.4 CAD系统的软硬件选型

CAD系统的硬件配置与通用计算机系统有所不同，其主要差距在于CAD系统硬件配置中，应具有很强的人机交互作用和图形处理能力。先进的CAD系统的硬件由计算机及其外围设备和网络组成。CAD/CAM的硬件设备是CAD/CAM运行环境的基础，要求硬件系统的设备具有高性能的计算机、大容量的存储器、灵活的人机交换能力、逼真的图形输出能力及良好的网络通信功能。

1. 计算机主机

计算机主机是控制和指挥整个系统执行运算及逻辑分析的装置，是系统的核心。主机由中央处理器（Central Processing Unit，CPU）和主存储器（Main Memory，MM，也称内存）两部分组成，用于指挥、控制整个系统完成运算、分析工作。按照主机功能等级的不同，可将CAD/CAM系统计算机分为大中型机、小型机、工程工作站及微机等不同档次。主机的类型及性能很大程度上决定了CAD/CAM系统的使用性能。

大中型机通常用于解决复杂的工程和科学问题，如流体力学分析、热传导分析以及应力分析中的交互式计算。小型机的功能次于大型机，但价格较便宜，适用于商业和工业中，也可作为大型检测设备的一部分。工程工作站可以完成复杂的设计任务，例如大型机械产品的设计与组装，或者半导体芯片的设计。在这些任务中，图形应用密集度高，相应的应用软件很少具有负载均衡能力，无法利用多台机器完成同一件事情，为了获得最大的效率，要求单机的计算能力和图形显示能力比较强大，尤其是三维图形显示能力要达到极限。一般而言，功能较强的CAD系统都选用工作站作为系统的主机。但是，工程工作站一直是传统的Unix操作系统以及RISC处理器的天下，大量的著名工作站厂商，如SUN、HP、SGI等，依靠的都是这种体系。

Unix 操作系统虽然是一个开放的工业标准，但各工程工作站厂商由于种种原因在工程工作站上提供的 Unix 操作系统互不兼容。这必然造成应用软件无法互换，造成人力物力的浪费。专有的零配件如 SGI 的图形卡不能在 HP 工作站上使用。这种模式下任何厂家都无法进行较大规模的生产，无法降低综合成本，其结果造成价格居高不下。

随着 Intel 公司和 AMD 公司不断推出性能更高的第七代中央处理器以及微软公司纯 32 位 Windows 操作系统的出现，再加上 X86 平台图形加速卡的飞速发展，基于 X86 处理器的工作站性能开始接近传统的 RISC 工程工作站。

自从 20 世纪 90 年代以后，PC 的性能得到了飞速发展，其主频速度直追传统工程工作站的速度，领域几乎覆盖了计算机应用领域的 80％以上。高配置的 PC 工作站与传统的工程工作站的图形、图像处理能力不相上下，而系统价格只有传统工程工作站的五分之一左右。而且简单易学、易于维护的系统结构，促进了企业 CAD/CAM 的普及推广。以 PC 作为 CAD 的硬件平台，具有以下特点：性价比高；维护方便，PC 应用广，互换性好，容易升级，易于修理；容易操作；其他辅助工作的软件丰富。

目前，可用于 CAD 应用的硬件系统有两大类：PC 和工作站。近来，在传统的工作站和 PC 之间又出现了一支新军：PC 工作站。一方面证明，Intel/Windows 系统的性能已经接近或达到传统 Unix 系统的指标，另一方面也意味着用户可以用较低的成本实现 CAD 应用。据专家建议，国内中小企业可用四五十万元人民币甚至更少基本实现“CAD 化”，整个系统即采用 PC 或 PC 工作站，但 PC 系统目前在做高精度大型复杂计算时还不尽如人意。专家同时建议，大型企业用户最好还是选用稳定性和速度都较为出色的中高档 Unix 工作站。

存储设备外存储器是补充内存、减轻主机负荷的一种辅助存储设备，用来存放大量暂时不用而等待调用的程序和数据，它通过内存参与计算机的工作，容量比内存大，而存储速度慢。通常对存储器的评价必须考虑容量、价格、存取速度等指标。目前，最常用的存储设备有硬盘、软盘、光盘、磁带、闪存（U 盘）。

2. 图形输入设备

输入设备是能够将各种外部数据转换成计算机能识别的电脉冲信号的装置。对于交互式 CAD/CAM 系统来说，除需要具有一般计算机系统的输入设备，还应能提供其他功能。目前 CAD/CAM 系统常用的输入设备包括键盘、鼠标、触摸屏、数据手套、扫描仪、数码相机和数码摄像机、语音输入设备等。

（1）键盘是计算机最基本的输入设备之一，可用来输入文字、坐标数值、命令等。

（2）鼠标是一种高效的手动指点输入装置，十分适合窗口操作方式。目前鼠标有机械式、光学式、光机式三种，其中机械式鼠标最为便宜。

（3）触摸屏又称为触感型终端，是一种特殊的显示屏。与普通显示器不同的是它附加了坐标定位装置，能够感知接触点的位置，而功能和图形板与普通显示器相同。触感可由红外式、电容式、机械式传感系统获得，当手指触摸屏幕时，通过相应的电路就可以检测到该点的位置。例如，将应用软件的菜单显示在屏幕上，利用触摸技术，手指直接“点菜”，既直观又方便，还不易出错。

（4）数据手套是虚拟现实系统中最常用的输入装置，利用光导纤维的导光量来测量手指角度。当光导纤维随手指弯曲时，传输的光将会有损失，弯曲越大，损失越多。数据手套可以帮助计算机测试人手的位置与指向，从而可以实时地生成手与物体接近或远离的图像。

(5) 扫描仪是通过电阅读装置将图样信息转化为数字信息输入计算机的一种快速输入设备。

(6) 数码相机和数码摄像机是新出现的计算机图像输入设备。它们采用光电装置将光学信号转换为数字信号，然后将其存储在磁性存储介质中，与计算机连接后可以方便地把信号输入计算机，并可对输入的信号进行编辑和修改。

(7) 语音输入设备是将人类说话的语音直接输入计算机的设备。声音通过话筒变成模拟电信号，再将模拟信号通过调制变成数字信号。语音输入的难点是如何理解、识别语音，目前的水平处于定量词语、定人语音识别的程度。已有公司开发出操作系统的语音输入系统，用户只需读出进入选项的名称，系统会自动识别用户语音而选择相应的操作，其效果与鼠标选择是相同的。

(8) 位置传感器应用在虚拟现实技术的CAD/CAM系统中，为了提高真实感，必须知道浏览者在三维空间中的位置，尤其是必须知道浏览者头部的位置和方向。位置传感器用于检测和确定浏览者的位置和方向，通常包括电磁场式、超声波式、机电式、光学式等。

3. 图形输出设备

CAD常用的图形输出设备有可以分为两大类：一类是与图形输入设备相结合，构成具有交互功能的可以快速生成和修改图形的显示设备；另一类是在纸上或其他介质上输出可以永久性保存的绘图设备，也称为硬拷贝设备。CAD系统常用的硬拷贝设备有打印机和绘图仪。

(1) 打印机按与计算机的通信方式可分为串行打印机和并行打印机。前者从RS-232口往打印机传递字符，一位一位串行传递；后者则通过打印机接口（LPT）按每个字符的8位一次并行传递，所以速度较快。目前绝大多数打印机都是并行打印机。按打印机所使用的打印技术，打印机可分为点阵式打印机、喷墨打印机与激光打印机。点阵式打印机采用机械击打的方式，结构简单，耗材成本较低，但是噪声大、打印速度慢，打印质量也较差。喷墨打印机与激光打印机均属于非击打式打印机，采用热敏、化学或光电技术来完成打印工作，它们的特点是打印质量好、打印速度快、噪声小。目前喷墨打印机的价格最低，但耗材较贵。激光打印机的打印质量较好，耗材加工也比较适中，是理想的图纸输出设备。工程上使用的激光打印机最好为宽行打印机，最大可输出A2图纸。遇到更大幅面的图纸，可以将图形分割，输出后再进行拼接。常见打印机实物外形如图2-6所示。

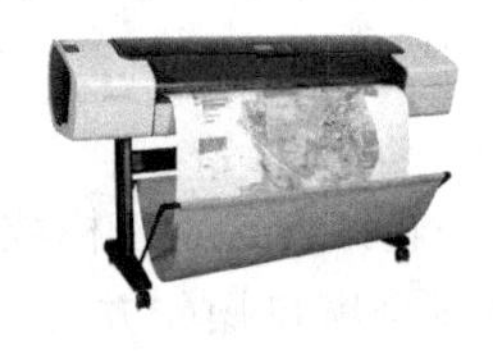

图2-6　打印机

(2) 绘图仪被广泛应用在设计部门作为CAD系统的图形输出设备。绘图仪大体上可分为笔式绘图仪、静电绘图仪和喷墨绘图仪等。喷墨绘图仪绘图速度快、噪声小，应用较多。

2.3.5　CAD系统的设计原则

使用单位在引入CAD系统时往往要投入大量的资金，花费较大的时间和精力。但是CAD系统是否会产生效益与系统的整体设计、软硬件的选型有很大的关系。科学、合理的选型将为CAD/CAM的成功应用打下良好的基础，并推动CAD/CAM应用沿着良性循环的轨迹前进并健康发展；而选型不当，其结果是CAD/CAM系统被闲置，应用软件无人问津，造成财力与资源的浪费，为进一步推广应用CAD/CAM技术设置了障碍。因此CAD的正确选型尤为重要。

1. 总体选择原则

（1）软件优于硬件。硬件设备是看得见、摸得着的，因此很多单位在引进CAD系统时，非常重视购置硬件，软件则不大重视，甚至不予购买，这是非常错误的。软件是决定CAD系统能力的最主要因素。它是计算机的灵魂，也是评价CAD系统的最关键因素。正确的选型思想是，根据本单位产品开发的要求，先分析需要什么样的应用软件，再考虑配备什么样的硬件，最后组成CAD系统。一般而言，软件的种类和复杂程度远远超过硬件，软件决定了系统的主要功能，在软件上花费的资金要比硬件多，软件的生命周期比硬件长，硬件需要根据软件的要求来选定。但是各种CAD软件间存在着差异，各有其技术特色与专业分工。因此，只有在分清各种软件的特点、分清不同功能配置上的差异的基础上，才能正确认识软件，作出科学的决策。

（2）整体设计分步实施。CAD是不断积累、可持续发展的应用技术，在选型阶段就应该充分考虑发展的因素。CAD系统自身不断发展，配置上可适应发展，在价格策略上要有利于发展，创造出一个良性循环的应用基础。需要清醒认识的是CAD系统是作为工具存在的，该工具是为满足企业特定方面的需求而存在的，所以企业没有必要追求那些当时最为高端的硬软件产品，而要根据企业的需要以及需求的发展状况。一般广义上的企业CAD应用分为四个步骤：①二维图形设计绘制，一般为实现“甩图板”的初级目标；②三维图形设计绘制，是更进一步的应用，但还未超越基本目标；③CAE应用，通过计算机辅助分析，可使设计者不仅知道怎样设计产品，而且明白为什么这样设计，从而可进一步完善产品细节；④PDM应用，对产品数据进行管理，CAD应用经验积累到一定的基础，使之发生质变，真正实现设计制造的系统化。事实证明，企业要真正用好CAD，需要一个长期的过程，非一日一时之功可实现；另外，还得多作调研，向有CAD使用经验的同类企业多作咨询。

（3）加强技术人员培训。CAD系统的功能很强，但是要熟练掌握CAD系统，利用CAD系统解决机械工程中的实际问题绝不是一件容易的事。技术人员不仅需要掌握机械工程设计的专业知识，而且还要具备计算机的基础知识。此外，由于目前国内的先进CAD系统主要是从国外引进的，操作人员具备一定的外语基础也是必要的。

（4）注重合作伙伴资质。在购买到适用的技术外，CAD系统实施更重要的是购买服务。一些可经常得到技术支持的用户，甚至可以达到降低80%生产成本的效益，因此，厂商的服务实力是保障系统运行的重要基础。

2. 硬件设备选择原则

（1）满足系统功能要求。计算机硬件平台是CAD技术的基础，把握硬件平台的发展趋势，正确选择主流产品。CAD系统的硬件选型相对于其他的计算机系统有特殊的功能要求。首先，CAD系统与用户的交互过程非常频繁，当设计过程需要计算机做复杂的计算时，用户需要等待一段时间才能得到计算结果。因此要选择速度快的硬件产品，使用户等待的时间尽量缩短，就能有效提高设计效率。此外，CAD软件进行图形处理工作，要求硬件有很好的图形显示效果（分辨率、色彩种类等）和处理能力（二三维显示、动画仿真能力），同时对采集和硬拷贝能力、网络通信能力、接口类型也有一定的要求。在键盘、鼠标、扫描仪、坐标测量仪的选购上，需要考虑的因素有输入/输出的精度、速度和工作范围等。

（2）硬件不要赶时髦。在选购硬件设备时，采购者要做到全面了解，既要知道所选购设备的特点、性能和用途，更要知道本单位所选购的设备用在什么环境和安装什么软件。在信息技术飞速发展的今天，计算机的性能每18个月翻一番，而CAD软件系统的变化也很快，软硬件一两年就要升级一个版本，功能不断增强，价格却有所下降。一般而言，软件要购买最新的版本，硬件购买则选性价比较高的。在这个技术大变革的时代，在硬件上用户最好不要赶时髦，一味追求高性能、高指标。在购置硬件时，要做到切合实际，定量选购。根据实际要求和发展趋势选择适中的产品，不要进行设备囤积，以免闲置贬值。

3. 软件选用原则

（1）系统功能与集成。引进CAD系统的目的就是为了更好地设计开发产品，因此购买的软件要能满足企业现实和未来发展的需要。在选择CAD软件时，首先考虑是选择能够提供一体化解决方案的厂商的产品还是选择具有高度集成性并且在技术和功能等方面都更为优秀的产品。集成是企业需要考虑的问题，如果企业的规模达到一定程度并且对系统集成有需求的话，企业还需要考虑软件的功能与企业的需求问题。一般来说，如果一个厂商能够提供一体化的解决方案，在集成性方面应该是没有太大的问题，但问题在于，构成一体化方案的每个单元是否都是功能强大、满足企业需求呢？实际情况是这样的：有的公司在CAD方面比较强，有的公司在CAPP方面处于领先地位，有的公司在PDM方面优势明显，而做MIS或ERP等管理软件的公司一般来说是不做设计制造类软件的，而许多软件在开发过程中就考虑到了集成问题，预留了集成用的接口，这同样可以解决集成的问题。那么企业用户在选型时，一定要全面考虑各个厂商的软件，对功能和集成性等问题进行综合考虑。

（2）开放性。企业对CAD的要求是多种多样的，一开始引进CAD系统时不可能将今后一段时期的软件功能都买齐了。随着时间的推移，不断会有新的需求，而且各种软件的特点各不相同，其功能各有千秋，一般会购置多家厂商的软件以满足不同的需要。软件现有的功能再强，也不可能完全满足用户的要求。所以，一方面软件应具有较好的数据转换接口，以更好发挥不同应用软件的作用；另一方面，软件应有比较好的二次开发工具，可方便地进行应用开发，并集成到CAD软件中。

（3）扩展能力。随着应用规模的扩大，软件应有升级和扩展的能力，保证原有系统能在新系统中继续应用，保护用户的投资不受损失。

（4）可靠性和维护性。可靠性是指软件在规定的时间内完成规定任务的能力。软件在规定时间内完成规定任务的概率越高，平均无故障工作时间越长，平均修复时间越短，系统的性能就越好。据统计，由于软件的维护阶段占整个生命周期的67%以上，所以软件纠正错误或故障以及为满足新需要改变原有系统的难易程度也是系统选型的重要指标。维护工作是否完善、有效，决定了整个系统的运行效果。

（5）软件公司的背景和销售商的技术能力。买软件不仅要买软件强大的功能，还要买软件的技术支持。软件公司的背景对软件的前途有很大的影响，这关系到用户的投资是否能够得到保护。一般而言，软件销售商应具备工程应用方面的知识和实际工作经验，这样能很好地帮助用户解决实际问题，并能使用户很快地掌握CAD软件的应用。

2.3.6 数字化设计与制造系统的特点

数字化设计与制造以计算机软硬件为基础，以提高产品开发质量和效率为目标的相关技术的有关集成。与传统产品开发手段相比，它强调计算机、数字化信息和网络技术在产品开发中的作用，具有以下特点。

（1）数字化设计与制造技术不是传统设计、制造流程和方法的简单映像，也不局限于在个别步骤或环节中部分地使用计算机作为工具，而是将计算机科学、信息技术与工程领域的专业技术以及人的智慧和经验知识有机结合起来，在设计、制造的全过程中各尽所长，尽可能地利用计算机系统来完成那些重复性高、劳动量大、计算复杂以及单纯靠人工难以完成的工作，辅助而非代替工程技术人员完成产品设计制造任务，以期获得最佳效果。

（2）从计算机科学的角度来看，设计与制造的过程是一个关于产品信息的产生、处理、交换和管理的过程。人们利用计算机作为主要技术手段，对产品从构思到投放市场的整个过程中的信息进行分析和处理，生成和运用各种数字信息和图形信息，进行产品的设计与制造。所以传统上把制造过程看成是物料转变过程的观念更新为主要是一个复杂的信息生成和处理过程。数字化设计与制造是一种从设计到制造的综合技术，能够对设计制造过程中信息的产生、转换、存储、流通、管理进行分析和控制，所以它是一种有关产品设计和制造的信息处理系统。

（3）数字化设计与制造系统能有效提高产品质量、缩短开发周期、降低成本。利用计算机强大的信息存储能力可以存储各方面的技术知识和产品开发过程所需的数据，为产品设计提供科学依据。人机交互的开发环境，有利于发挥人机的各自特长，使产品设计及制造方案更加合理。还可以利用各种计算机分析工具，如有限元分析、优化、仿真，及早发现产品缺陷，优化产品的拓扑、尺寸和结构，克服以往被动、静态、单纯依赖于人的经验的缺点。数控自动编程、刀具轨迹仿真和数控加工保证了产品的加工质量，大幅度减少了产品开发中的废品和次品。

（4）数字化设计与制造只涵盖产品生命周期的某些环节。随着相关软硬件技术的成熟，数字化设计与制造技术越来越多地渗透到产品开发过程中，成为产品开发不可或缺的手段，但是，数字化设计与制造只是产品生命周期的两大环节。除此之外，产品生命周期还包括产品需求分析、市场营销、售后服务以及生命周期结束后材料的回收利用等环节。此外，在产品的数字化设计与制造过程中，还涉及订单管理、物料需求管理、产品数据管理、生产管理、人力资源管理、财务管理、成本控制、设备管理等数字化管理环节。这些环节与数字化设计与制造技术密切管理，直接影响产品数字化开发的效率和质量。

2.4 现代产品快速开发方法

现代机械产品由于用户的要求越来越高，产品结构日益复杂，科技含量越来越高，所以使得产品的开发周期日趋延长。如何解决好产品市场寿命缩短和新产品开发周期延长的尖锐矛盾，已经成为决定企业成败兴衰的生死攸关问题。因此现代产品快速开发技术的研究与应用近年来得到了广泛关注，尤其是虚拟现实（Virtual Reality）技术、虚拟原型（Virtual Prototyping）技术、反求工程（Reverse Engineering）、快速原型（Rapid Prototyping）制造等实现产品快速开发的重要技术得到快速发展。

2.4.1 产品开发集成快速设计平台

快速设计技术是一种涉及产品开发和快速变形设计等方面内容的现代设计支持技术，它包括计算机辅助设计技术（CAD/CAPP/CAM/CAE、产品设计方法学、虚拟原型技术、虚拟设计技术）、CSCW（计算机支持的合作工作方式）、反求工程、快速原型技术等。当前，国内外针对快速设计的反求设计技术、快速原型技术、系列化模块化技术、基于模块模板的广义模块化设计技术、基于知识的工程（Knowledge Based Engineering，KBE）与智能设计、大规模定制设计和虚拟制造技术等进行了深入的研究工作，发展十分迅速。集成化快速设计平台的一般体系结构如图 2-7 所示。

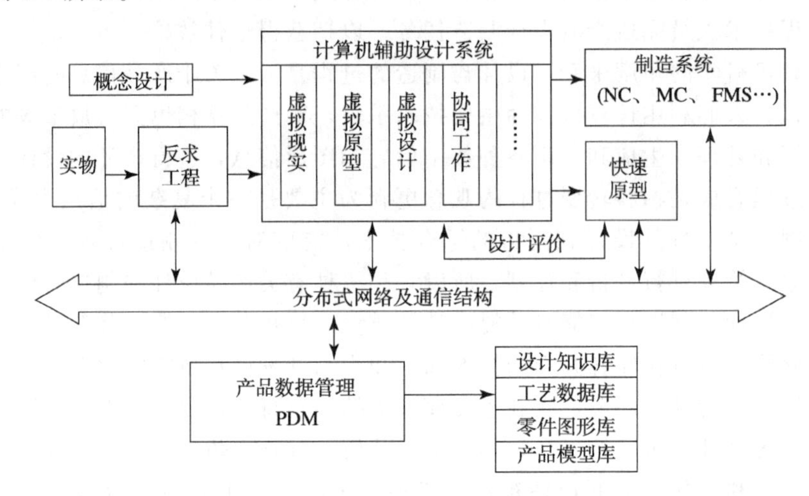

图 2-7 产品开发集成快速设计平台的体系结构

2.4.2 虚拟产品开发与虚拟环境技术

虚拟产品开发是以 CAD 技术为基础，集计算机图形学、智能技术、并行工程、虚拟现实技术和多媒体技术为一体，由多学科知识组成的综合系统技术。而当今的 CAD 系统已发展到以实体造型为主的时代，比如 CATIA、UG、PRO/E 以及 I-DEAS 等软件，但就用户界面而言，无一例外地遵循 WIMP（Windows Icons Menu Pointer）的操作方式，其系统采用二维显示方式，设计者与系统的交互依赖于键盘、鼠标等设备；这种输入以串行性和精确性为特征，设计者每次只能利用一种输入设备来指定一个或一系列完全确定的指令或参数。三维的设计常常不得不分解为二维甚至一维的操作，这使得三维设计过程异常复杂、乏味，约束了交互的效率。人们一直期望一种具备自动交互方式的全新 CAD 技术。基于虚拟现实技术的 CAD 技术问世，使虚拟产品开发系统更加人性化。

1. 虚拟产品开发的特点

虚拟产品开发是现实产品开发在计算机环境中数字化的映射，它使现实产品开发全过程的一切活动及产品演变过程都基于数字化模型，并对产品开发的行为进行预测和评价。应用虚拟现实技术，可以达到虚拟产品开发环境的高度真实化，并使之与人有着全面的感官接触和交融。虚拟产品开发具有如下特点：

（1）数字化。虚拟产品开发技术要求全局产品的信息定义必须是用计算机能理解的方式给出的产品生命周期全过程的数字化定义。

（2）集成化。虚拟产品开发不再是单一的CAD、CAM或CAPP系统，而是一种在计算机技术和网络通信技术支持下的集成的、虚拟的开发环境。

（3）智能化。通过设立中间软件平台，使虚拟产品开发系统既能支持共性知识的获取，又能有效地支持专业化知识的获取。

（4）并行化。开发人员、开发工具软件和虚拟资源可以分布于不同的区域，一旦需要，通过一些决策软件就能实现强强联合、优势互补、资源共享和协同设计，从而缩短开发时间，提高产品竞争力。

（5）高度的可视化和直觉感受。由于采用虚拟现实技术，开发人员和用户在产品实物制造前就可以感知产品的外形、色彩、质地、结构等。

（6）良好的交互性。在虚拟产品开发过程中，不仅开发人员可以方便地修改和优化设计结果，用户也可以参与设计并提出修改意见，从而大大增强了产品开发的灵活性。

2. 虚拟现实系统的分类

虚拟现实系统按照交互和浸入程度的不同可分为四类：桌面式、沉浸式、叠加式、分布式。

1）桌面式虚拟现实系统

桌面式虚拟现实系统（Desktop VR）也称为非沉浸式虚拟现实系统，是指利用个人计算机和低级工作站实现模拟，把计算机的显示屏作为参与者观察虚拟环境的一个窗口，同时，用户可以利用各种输入设备或位置跟踪器，包括鼠标、键盘和力矩球等控制该虚拟环境，并且操纵在虚拟场景中的各种物体，如图2-8所示。在桌面式虚拟现实系统中，参与者利用位置跟踪器和手持输入设备，通过计算机屏幕观察360°范围内的虚拟环境。

2）沉浸式虚拟现实系统

沉浸式虚拟现实系统（Immersive VR）是利用头盔显示器和数据手套等各种交互设备把用户的视觉、听觉和其他感觉封闭起来，让使用者真正成为虚拟世界的一部分，通过这些设备可以对虚拟环境中的对象进行交互和操作，让使用者有一种身临其境的感觉，如图2-9所示。

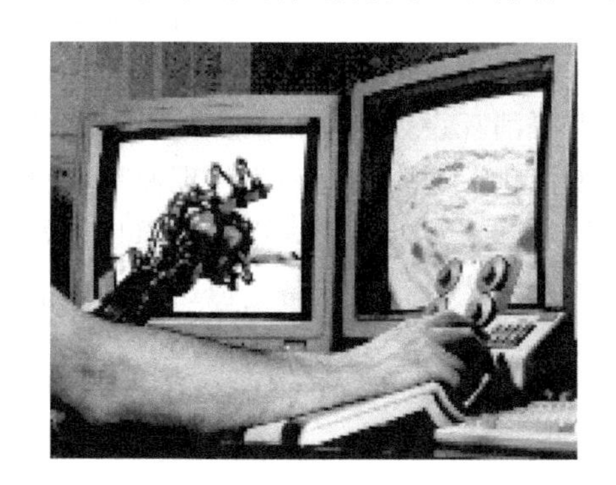

图2-8　桌面式虚拟现实系统

图2-9　沉浸式虚拟现实系统

3）叠加式虚拟现实系统

叠加式虚拟现实系统也称为补充现实系统，是指允许用户对现实世界进行观察的同时，将虚拟图像叠加在现实世界之上。例如，战斗机驾驶员使用的头盔可让驾驶员同时看到外面世界及安装在驾驶员面前的穿透式屏幕上的合成图形。这样有利于驾驶员对真实环境的感受，以便更能准确、有效地对周围物体的定位和操作。叠加式虚拟现实系统在很大程度上依赖于对使用者及其视线方向的精确三维跟踪。

4）分布式虚拟现实系统

分布式虚拟现实系统（DVR）是一种基于网络的虚拟现实系统，它可使一组虚拟环境连成网络，使其能在虚拟域内交互，同时在交互过程中意识到彼此的存在，每个用户是虚拟环境中的一个化身（Avatar）。它的基础是网络技术、实时图像压缩技术等。它的关键是分布交互仿真协议，必须保证各个用户在任意时刻的虚拟环境视图是一致的，而且协议还必须支持用户规模的可伸缩性，常用的分布式协议是 DIS 和 HLA。

分布式虚拟现实技术主要运用于远程虚拟会议、虚拟医院、虚拟战场等。国外许多大学和研究机构很早就致力于分布式虚拟现实系统的研究并开发了多个试验性的分布式虚拟现实系统，如美国斯坦福大学的 PARADISE/Inverse 系统、瑞典计算机科学研究所的 DIVE、加拿大 Albert 大学的 MR 工具库等。我国在分布式虚拟现实系统方面也有一定的研究，如国家“863”计划和北京航空航天大学共同研发的分布式虚拟环境网络（DVENET），并在其基础上开发了直升机仿真器、虚拟坦克仿真器等。

2.4.3 产品虚拟原型技术

原型是一个产品的最初形式，它不必具有最终产品的所有特性，只需具有进行产品某些方面（如形状的、物理的、功能的）测试所需的关键特性。在设计制造任何产品时，都有一个叫“原型机”的环节。所谓原型机，是指对于某一新型号或新设计，在结构上的一个全功能的物理装置。通过这个装置，设计人员可以检验各部件的设计性能以及部件之间的兼容性，并检查整机的设计性能。产品原型分物理原型、数字原型和虚拟原型三种。

1. 物理原型

开发一种新产品，需要考虑诸多的因素。例如，在开发一种新型水泵时，其创新性要受到性能、人机工程学、可制造性及可维护性等多方面要求的制约。为了在各个方面作出较好的权衡，往往需要建立一系列小比例（或者是全比例）的产品试验模型，通过重新装配试验模型并进行试验，供设计、工艺、管理和销售等不同经验背景的人员进行讨论和校验产品设计的正确性。为了反映真实产品的特性，这种试验模型通常需要消耗设计人员相当多的时间和精力才能制造出来，甚至还可能影响系统性能的确定和进一步优化，通常称这种为物理原型或物理原型机。对物理原型机进行评价的各部门人员不仅希望能看到直观的原型，还希望原型最好能够被迅速、方便地修改，以便能展现出讨论的结果，并为进一步讨论作准备，但这样做要消耗大量的时间和费用，有时甚至是不可行的。

2. 数字原型

数字原型（Digital Prototyping）是应用 CAD 实体造型软件和特征建模技术设计的产品模型，是物理原型的一种替换技术。在 CAD 模型的基础上，可进行有限元、运动学和动力学等工程分析，以验证并改善设计结果。这些分析程序可以提供有关产品功能的详细信息，但只有专业人员才能使用。然而，在产品开发的早期阶段，例如在进行概念设计时，往往不需要进行详细的分析，这一阶段所考虑的重点是外观、总体布置以及一些诸如运动约束、可接近性等特征。这样，基于传统 CAD/CAM 的数字原型就不能满足要求了。

3. 虚拟原型的定义

虚拟原型（Virtual Prototyping）是通过构造一个数字化的原型机来完成物理原型机功能的，在虚拟原型上能实现对产品进行几何、功能、制造等方面交互的建模与分析。它是在 CAD 模型的基础上，使虚拟技术与仿真方法相结合，为原型的建立提供的一种方法。这一定义包括以下各个要点：

（1）对于指定需要虚拟的原型机的功能应当明确定义并逼真仿真。

（2）如果人的行为包含于原型机指定的功能之中，那么人的行为应当被逼真地仿真或者人被包含于仿真回路之中，即要求实现实时的人在回路中的仿真。

（3）如果原型机的指定功能不要求人的行为，那么离线仿真即非实时仿真是可行的。同时，定义指出，虚拟原型机还有如下要点：首先，它是部分的仿真，不能要求对期望系统的全部功能进行仿真；其次，使用虚拟原型机的仿真缺乏物理水平的真实功能；第三，虚拟原型就是在设计的现阶段，根据已经有的细节，通过仿真期望系统的响应来作出必要判断的过程。同物理样机相比，虚拟样机的一个本质不同点就是能够在设计的最初阶段就构筑起来，远远先于设计的定型。

当然，虚拟原型不是用来代替现有的 CAD 技术，而是要在 CAD 数据的基础上进行工作。虚拟原型给所设计的物体提供了附加的功能信息，而产品模型数据库包含完整的、集成的产品模型数据及对产品模型数据的管理，从而为产品开发过程各阶段提供共享的信息。

4. 虚拟原型技术

虚拟原型技术是一种利用数字化的或者虚拟的数字模型来替代昂贵的物理原型，从而大幅度缩短产品开发周期的工程方法。虚拟原型是建立在 CAD 模型基础上的结合虚拟技术与仿真方法而为原型建立提供的新方法，是物理原型的一种替换技术。

在国外相关文献中，出现过 Virtual Prototype 和 Virtual Prototyping 两种提法。Virtual Prototype 是指一个基于计算机仿真的原型系统或原型子系统，比较物理原型机，它在一定程度上达到功能的真实，因此可称为虚拟原型机或虚拟样机。Virtual Prototyping 是指为了测试和评价一个系统设计的特定性质而使用虚拟样机来替代物理样机的过程，它是构建产品虚拟原型机的行为，可用来探究、检测、论证和确认设计，并通过虚拟现实呈现给开发者、销售者，使用户在虚拟原型机构建过程中与虚拟现实环境进行交互，称其为虚拟原型化。虚拟原型化属于虚拟制造过程中的主要部分。而一般情况下简称的 VP 则是泛指以上两个概念。美国国防部将虚拟原型机定义为利用计算机仿真技术建立与物理样机相似的模型，并对该模型进行评估和测试，从而获取关于候选的物理模型设计方案的特性。

开发虚拟原型的目的是便于用户对产品进行观察、分析和处理。同物理原型机相比，虚拟原型机的一个本质不同点就是能够在设计的最初阶段就构筑起来，远远先于设计的定型。

美国密歇根大学（University of Michigan）的虚拟现实实验室曾经在克莱斯勒汽车公司的资助下对建立汽车虚拟原型的过程进行了研究，包括如何从一个产品的 CAD 模型创建虚拟原型以及如何在虚拟环境中使用虚拟原型，同时还开发了人机交互工具、自动算法和数据格式等，结果使创建虚拟原型所需的时间从几周缩短到几小时。

建立虚拟原型的主要步骤如下：

（1）从 CAD/CAM 模型中取出几何模型；

（2）镶嵌——用多面体和多边形逼近几何模型；

（3）简化——根据不同要求删去不必要的细节；

（4）虚拟原型编辑——着色、材料特性渲染、光照渲染等；

（5）粘贴特征轮廓，以更好地表达某些细节；

（6）增加周围环境和其他要素的几何模型；

（7）添加操纵功能和性能。

2.4.4 反求工程

反求工程亦称为逆向工程（Reverse Engineering，RE），是近年来随着计算机技术的发展和成熟以及数据测量技术的进步而迅速发展起来的一门新兴学科与技术，它是消化、吸收和提高先进技术的一系列分析方法和应用技术的组合。在机械领域中，反求工程是指在没有设计图样或者设计图样不完整以及没有 CAD 模型的情况下，按照现有模型，利用各种数字化技术及 CAD 技术重新构造形成 CAD 模型的过程。它是以设计方法学为指导，以现代设计理论、方法、技术为基础，运用各种专业人员的工程设计经验、知识和创新思维，对已有模型进行解剖、深化和再创造，是已有设计的设计。反求工程所涵盖的意义不只是重制，也包含了再设计的理念。反求工程为快速设计和制造提供了很好的技术支持，已经成为制造业信息获取、传递的重要和简捷途径之一。以往单纯的复制或仿制制造已不能满足现代化生产的需要，反求工程主要是将原始物理模型转化为工程设计概念或设计模型，重点是运用现代设计理论和方法去探究原型的精髓和再设计。一是为提高工程设计、加工、分析的质量和效率提供足够的信息，二是充分利用先进的 CAD/CAM/CAE 技术对已有的物件进行再创新工程服务。

反求工程的体系结构如图 2-10 所示，它由离散数据获取技术、数据预处理与三维重建以及快速制造等部分组成。

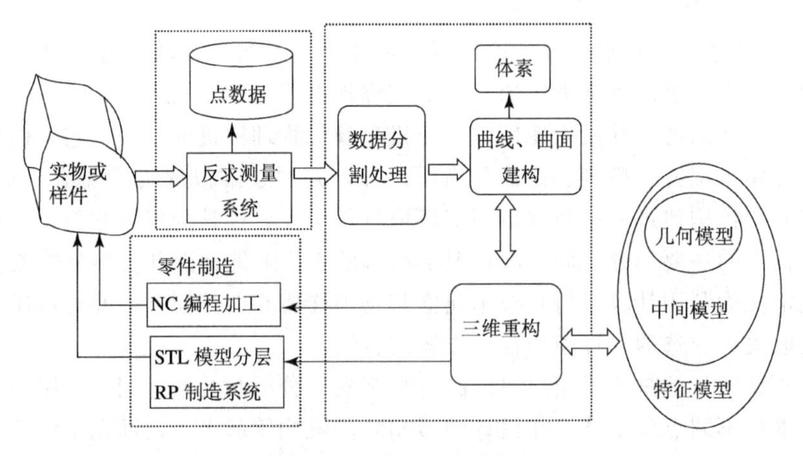

图 2-10 反求工程结构框图

反求工程与传统的正向工程主要区别在于：正向工程是由抽象的较高层概念或独立实现的设计过渡到设计的物理实现，从设计概念到 CAD 模型具有一定明确的过程；反求工程是基于一个可以获得的实物模型来构造出它的设计概念，并且可以通过重构模型特征的调整和修改来达到对实物模型/样件的逼近或修改，以满足生产要求，从数字化点的产生到 CAD 模型的产生是一个推理的过程。通过对模型/样件的复杂曲面的数字化及处理再重新构造 CAD 模型有着正向工程不可替代的作用，使得这一技术得到深入广泛的发展和应用，已成为快速产品开发技术不可缺少的重要手段。反求工程与正向工程的流程区别如图 2-11 所示。

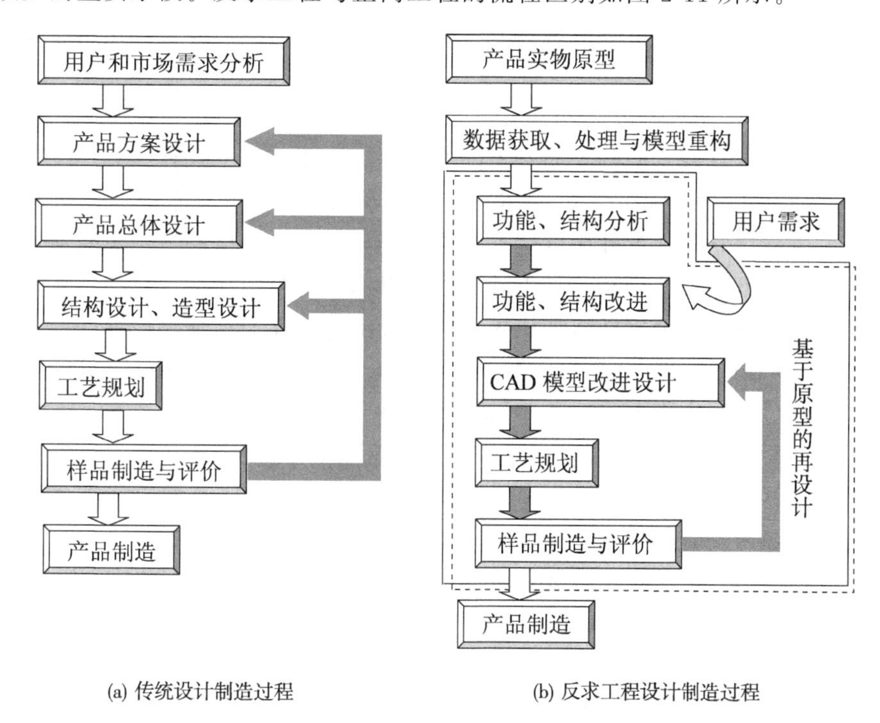

图 2-11　传统设计制造与反求工程设计制造工程

目前反求工程在制造业的应用领域大致可分为以下几种情况：

（1）在没有设计图样或者设计图样不完整以及没有 CAD 模型的情况下，在对零件原型进行测量的基础上，使其原型再现，形成零件的数字化模型，通过性能分析及结构改进，最后形成 CAD 模型，并以此为依据进行快速原型制造或编制数控加工的 NC 代码，加工复制出一个相同的零件。

（2）对现有的产品某个零件艺术品进行修复时，需要反求工程获得现有产品零件的 CAD 模型，对 CAD 模型进行各种性能及尺寸分析，从而确定该零件结构信息和工艺信息，或者借助于反求工程技术抽取零件原型的设计思想，指导新的设计。这是由实物逆向推理出设计思想的一种渐进过程。

（3）当设计必须通过实验测试才能定型的工件时，通常也采用反求工程的方法。譬如在航天航空领域，为了满足产品对空气动力学等的性能要求，首先要求在初始设计模型的基础上经过各种性能测试（如风洞实验等）与修改，建立符合要求的试验模型。为将这试验模型转换为产品模型，应用反求工程技术能够很好地满足这个要求。

（4）对于外形难以直接用计算机进行三维造型的设计（如复杂的艺术造型），一般用黏土、木材或者塑料进行初试外形设计，并经反复修改形成最终的事物模型。这时就需要通过反求工程将实物转化为三维 CAD 模型。

（5）当设计制作人体拟合产品时，如头盔、太空服、假肢以及人体活性骨骼等，可以应用反求工程技术。

2.4.5 快速原型技术

快速原型（Rapid Prototyping，RP）技术是一种基于离散堆积成形思想的新型成型技术，是集计算机、数控、激光和新材料等多种新技术于一体的、先进产品设计与制造技术。

1. 快速原型技术的概念

快速原型技术因其具有不同特点而有不同的名称，主要有以下几种。

（1）快速原型（Rapid Prototyping，RP）。该名称源于RPM技术的应用初期，主要用树脂作造型材料。由于树脂的强度和刚度远远不及金属材料，故只能制造满足几何形状要求的原型零件。现在，除了可以制造原型零件以外，还可以用各种材料作造型材料，在一定程度上制造既满足几何形状又满足其他性能（如机械性能）要求的功能原型或功能零件。

（2）直接CAD制造（Direct CAD Manufacturing，DCM），另外还有CAD Orient Manufacturing，Design Controlled Automated Fabrication（Des CAF）等术语。这些术语的本质都是从实体的CAD模型开始，通过编制NC加工程序直接制造工件。

（3）桌面制造（Desk Top Manufacturing，DTM）。这一名称与未来的制造概念相关：快速制造技术将被普遍采用，就像在办公室使用桌面激光打印机一样容易。

（4）分层制造（Layered Manufacturing）。这一概念源于RPM技术是一层一层地建造这一过程。

（5）实体自由制造（Solid Freeform Fabrication，SFF）。这一术语强调RPM技术可无须模具和工具，自由制成用其他制造技术无法实现的复杂形面。

（6）材料增长制造（Material Increase Manufacturing，MIM）。这一术语源于RPM技术在制造过程中工件材料既没有变形，也没有被切除，而是通过不断增加工件材料来获取所要求的工件形状的特点。

2. 快速原型的工作原理

在CAD/CAM技术的支持下，采用黏结、熔结、聚合作用或化学反应等手段，有选择地固化液体（或黏结固体）材料，从而快速制作出所要求形状的零部件。其制造方式有薄层制造（Layered Manufacturing）、自由形状粉末造型（Free From Power Modeling）等，特点是不断地把材料按照需要添加在未完成的工件上，直至零件制作完毕，即所谓“使材料生长而不是去掉材料的制造过程”。快速原型技术的出现，开辟了不用刀具制作零件的新途径，为尚不能用传统方法制作或难以制作的零件和模型提供了一种新的制造手段。

由此可见，分层制造原理是快速原型技术的共同几何物理基础。从几何上讲，将任意复杂的三维实体沿某一确定方向用平行的截面去依次分层截厚度为Δh的制造单元，可获得若干个层面，而将这些层面叠加起来又可得到原来的三维实体。依据这一原理，在实际操作中可先用点和线制作一层薄片毛坯，然后用多层薄片毛坯逐步叠加成复杂形状的零件，其过程如图2-12所示。由于它的基本原理是将复杂的三维加工分解成二维加工的叠加，所以也称为叠层制造（Layered Manufacturing）。RPT既解决了制造中的几何干涉问题，又使制造不受零件形状复杂程度的限制。它的目标是在CAD技术的驱动下，快速完成复杂形状零件的成形，其主要技术特征是：①直接CAD软件驱动，无须设计针对不同零件的工装夹具；②零件制造全过程快速完成；③不受复杂三维形状所限制的工艺方法的影响。

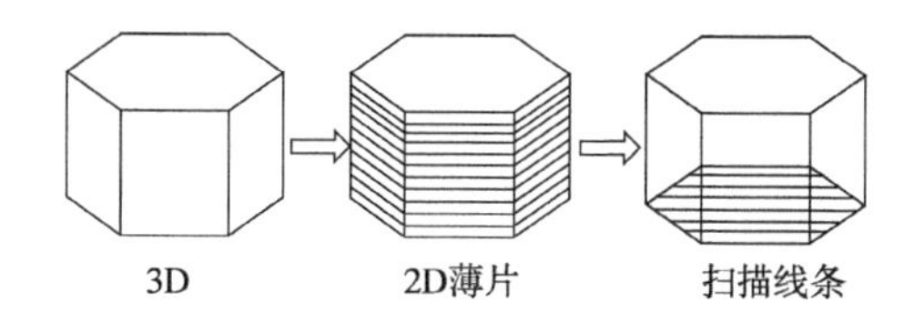

图2-12 叠层制造的基本原理

3. 快速原型技术的特点

(1) 快速性。从CAD设计到原型零件制成，一般只需几个小时至几十个小时，速度比传统的成形方法快得多，这使得快速成型技术尤其适合于新产品的开发与管理，一般制造费用降低50%，加工周期缩短70%以上。

(2) 设计制造一体化。落后的CAPP一直是实现设计制造一体化较难克服的一个障碍，而对于快速成型来说，由于采用了离散堆积的加工工艺，CAPP已不再是难点，CAD和CAM能够很好地结合。

(3) 自由成形制造。自由的含义有两个：一是指可以根据零件的形状，无须专用工具的限制而自由地成形，可以大大缩短新产品的试制时间；二是指不受零件形状复杂程度限制，在加工复杂曲面时更显优越。

(4) 高度柔性。高度柔性是指在原型制作中仅需改变CAD模型，重新调整和设置参数，即可生产出不同形状的零件模型，零件的复杂程度和生产批量与制造成本基本无关。

(5) 材料的广泛性。材料的广泛性是指制造原型所用的材料不受限制。快速成型技术可以制造树脂类、塑料类原型，还可以制造出纸类、石蜡类、复合材料以及金属材料和陶瓷材料的原型。

(6) 技术的高度集成。快速成型技术是计算机、数控、激光、材料和机械的综合集成。只有在计算机技术、数控技术、激光器件和功率控制技术高度发展的今天才可能诞生快速成型技术，因此快速成型技术带有鲜明的时代特征。

而由可视化需求发展起来的快速原型制造（Rapid Prototyping Manufacturing，RPM）技术按离散堆积成型的原理提出了一种全新的制造概念，它借助计算机辅助设计，或用实体反求方法采集得到相关原型或零件的几何形状、结构和材料的组合信息，从而获得目标原型的概念并以此构建数字化描述模型，并通过数字化模型驱动计算机控制的机电集成制造系统，通过逐点、逐面进行材料的“二维堆砌”成型，再经过必要的处理，使其在外观、强度和性能等方面达到设计要求，以实现快速、准确地制造原型或实际零部件的现代化方法。它在制造过程中工件材料既没有变形，也没有被切除，而是通过不断增加工件材料来获取所要求的工件形状。

思考题

1. 什么是数字化设计与制造？它们分别涵盖哪些环节和内容？
2. 论述数字化设计制造与产品开发之间的关系。
3. 数字化设计与制造系统对于计算机硬件有什么要求？
4. 在数字化设计与制造系统的选型中应考虑哪些因素？
5. 概述虚拟现实技术的概念及其实现的关键技术。

6. 虚拟现实技术的实现形式有哪些？

7. 典型虚拟现实系统的基本构成是什么？

8. 概述虚拟原型的概念及其在产品开发中的意义。

9. 反求工程与正向工程的区别在哪里？其中主要的数据处理技术有哪些？

10. 简述快速原型制造技术的原理及基本工艺方法。

参考文献

Amirouche F. 2006. 计算机辅助设计与制造. 崔洪斌译. 北京：清华大学出版社

苏春. 2006. 数字化设计与制造. 北京：机械工业出版社

殷国富. 2008. 计算机辅助设计与制造技术. 武汉：华中科技大学出版社

殷国富. 2010. 机械 CAD/CAM 技术基础. 武汉：华中科技大学出版社

第3章 工艺自动化系统

3.1 工艺自动化系统概述

3.1.1 工艺设计自动化的意义

工艺设计是机械制造过程技术准备工作中的一项重要内容，是产品设计与车间生产的纽带。以文件形式确定下来的工艺规程是指导生产过程的重要文件及制订生产计划调度的依据，它对组织生产、保证产品质量、提高生产率、降低成本、缩短生产周期、改善劳动条件等都有着直接的影响，是生产中的关键性工作。

工艺设计是典型的复杂问题，包含了分析、选择、规划、优化等不同性质的各种业务工作和功能要求；工艺设计又与具体的生产环境及个人经验水平密切相关，因此是一项技术性和经验性很强的工作。长期以来，工艺设计都是依靠工艺设计人员个人积累的经验完成的。这种工艺设计方式已经严重地阻碍了设计效率的提高，不能适应现代制造技术发展的需要，主要表现在以下各方面：

（1）传统的工艺设计是人工编制的，劳动强度大，效率低，是一项烦琐重复性的工作，烦琐而重复的密集型劳动会束缚工艺人员的设计思想，妨碍他们从事创造性工作，不利于其工艺水平的迅速提高。

（2）难以保证数据的准确性。工艺设计需要处理大量的图形信息、数据信息，并通过工艺设计产生大量的工艺文件和工艺数据；由于数据繁多且很分散，因此，工作烦琐、易出错。

（3）工艺设计优化、标准化较差，设计效率低下，存在大量的重复劳动。由于每个工艺规程都要靠手工编写，当产品更换时，原有的工艺规程就不再使用，必须重新设计一套产品的工艺规程，即使新产品中某些零件与过去生产的零件相同，也必须重新设计。

（4）无法利用 CAD 的图形、数据。CAD 技术在企业中的应用已十分普及，各部门之间可通过电子图档进行交流，然而由于工艺设计部门仍采用人工方式进行设计，这样就无法有效利用 CAD 的图形及数据。

（5）不便于计算机对工艺技术文件进行统一的管理和维护。

（6）信息不能共享。随着企业计算机应用的深入，各部门所产生的数据可以通过计算机进行数据交流和共享。如果工艺部门仍采用手工方式，就只能通过手工方式查询其他部门的数据，工作效率低且易出错；同时产生的工艺数据也无法方便地与其他部门进行交流和共享。

（7）不便于将工艺专家的经验和知识收集起来加以充分地利用。

（8）传统的手工设计方式无法实现集成制造。

随着科学技术的飞速发展，产品更新换代日益频繁，多品种、小批量的生产模式已占主导地位，传统的工艺设计方法已不能适应机械制造业的发展需要，计算机辅助工艺过程设计（CAPP）受到了工艺设计领域的高度重视，用 CAPP 系统代替传统的工艺设计具有重要意义，主要表现在：

（1）CAPP可以使工艺设计人员摆脱大量、烦琐的重复劳动，将主要精力转向新产品、新工艺、新装备和新技术的研究与开发。

（2）CAPP有助于工艺设计的最优化、标准化及自动化工作，提高工艺的继承性，最大限度地利用现有资源，缩短工艺设计周期，降低生产成本，提高产品的市场竞争能力。

（3）CAPP有助于对工艺设计人员的宝贵经验进行总结和继承。

（4）CAPP是企业推行信息集成和制造业信息化工程的重要基础之一。

3.1.2 CAPP的基本概念

CAPP（Compuer Aided Process Planning）是计算机辅助工艺过程设计的英文简称，它是指在人和计算机组成的系统中，依据产品设计信息、设备约束和资源条件，利用计算机进行数值计算、逻辑判断和推理等功能来制订零件加工的工艺路线、工序内容和管理信息等工艺文件，将企业产品设计数据转换为产品制造数据的一种技术，也是一种将产品设计信息与制造环境提供的所有可能的加工能力信息进行匹配与优化的过程。

CAPP理论与应用从20世纪60年代出现至今，已取得了重大的成果，但到目前为止，仍有许多问题有待进一步研究。尤其是CAD/CAM向集成化、智能化方向发展及并行工程、CIMS等先进模式的出现对CAPP提出了新的要求。因此，CAPP的内涵也在不断发展。从狭义的观点来看，CAPP是完成工艺过程设计，输出工艺规程。但是在CIMS系统中，特别是并行工程工作模式下，PP不再单纯理解为：Process Planning，而应增加Production Planning的含义，于是就产生了CAPP的广义概念，即CAPP一端向生产规划最佳化及作业计划最佳化发展；CAPP另一端扩展能够生成NC指令。当然，本章讨论的重点仍然在传统的CAPP认识范围内。

20世纪80年代以来，随着机械制造业向CIMS或IMS的发展，CAD/CAM集成化的要求越来越强烈，CAPP在CAD、CAM中起到桥梁和纽带作用。在集成系统中，CAPP必须能直接从CAD模块中获取零件的几何信息、材料信息、工艺信息等，以代替人机交互的零件信息输入，CAPP的输出是CAM所需的各种信息。随着CIMS的深入研究与推广应用，人们已认识到CAPP是CIMS的主要技术基础之一，因此，CAPP从更高、更新的意义上再次受到广泛的重视。在CIMS环境下，CAPP与CIMS中其他系统的信息流如图3-1所示。

（1）CAPP接收来自CAD的产品几何拓扑、材料信息以及精度、粗糙度等工艺信息；为满足并行产品设计的要求，需向CAD反馈产品的结构工艺性评价信息。

（2）CAPP向CAM提供零件加工所需的设备、工装、切削参数、装夹参数以及反映零件切削过程的刀具轨迹文件、NC指令；同时接收CAM反馈的工艺修改意见。

（3）CAPP向工装CAD提供工艺过程文件和工装设计任务书。

（4）CAPP向ERP提供工艺过程文件、设备工装、工时、材料定额等信息；同时接收由ERP发出的技术准备计划、原材料库存、刀量具状况及设备更改等信息。

（5）CAPP向MAS（制造自动化系统）提供各种过程文件和夹具、刀具等信息；同时接收由MAS反馈的工作报告和工艺修改意见。

（6）CAPP向CAQ（质量保证系统）提供工序、设备、工装、检测等工艺数据，以生成质量控制计划和质量检测规程；同时接收CAQ反馈的控制数据，用以修改工艺过程。

由以上可以看出，CAPP对于保证CIMS中信息流的畅通，实现真正意义上的集成是至关重要的。

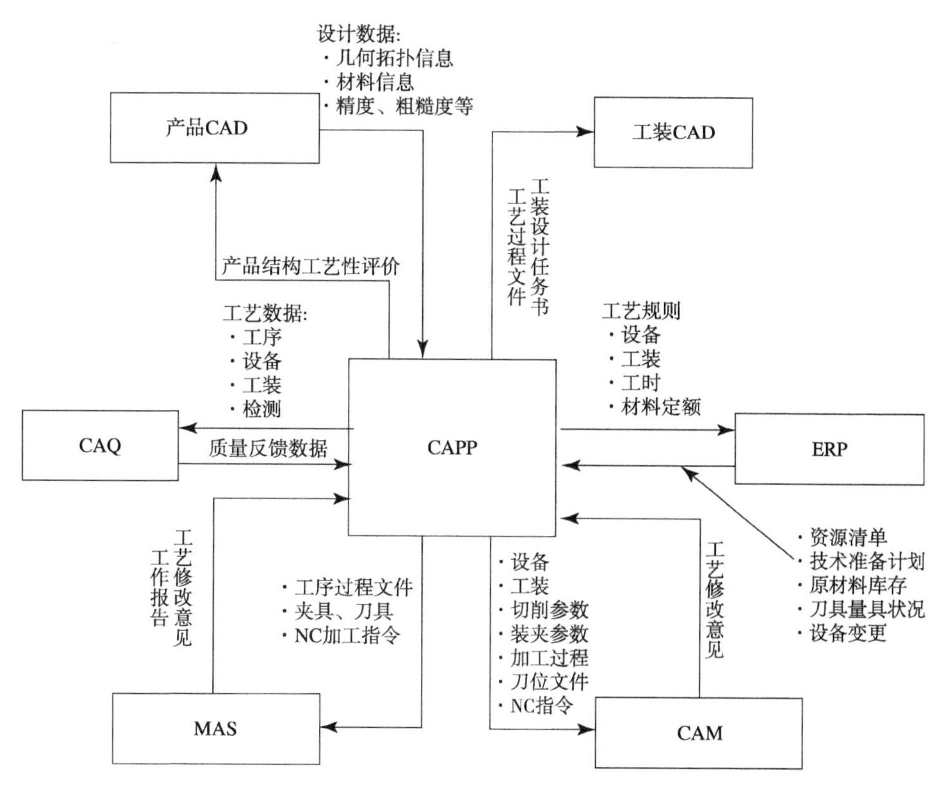

图 3-1 CAPP 与 CIMS 中其他系统的信息流

3.1.3 CAPP 的结构组成

CAPP 系统的构成，视其工作原理、开发环境、产品对象、规模大小不同而有较大差异。图 3-2 所示的系统构成是一个比较完整的 CAPP 系统，其基本模块如下：

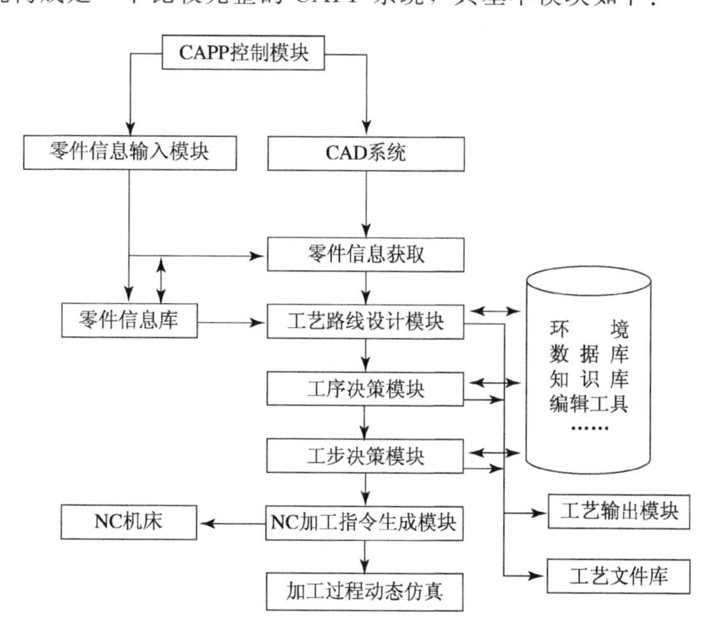

图 3-2 CAPP 系统的构成

（1）控制模块。对整个系统进行控制和管理，协调各模块的运行，是实现人机信息交互的窗口。

（2）零件信息输入模块。零件信息输入可以有两种方式：一是人工交互输入，二是从CAD系统直接获取或来自集成环境下统一的产品数据模型。

（3）工艺过程设计模块。进行加工工艺流程的决策，生成工艺过程卡。

（4）工序决策模块。生成工序卡。

（5）工步决策模块。对工步内容进行设计，形成NC指令所需的刀位文件。

（6）NC加工指令生成模块。根据刀位文件，生成控制数控机床的NC加工指令。

（7）输出模块。输出工艺过程卡、工序卡、工序图等各类文档，并可利用编辑工具对现有文件进行修改后得到所需的工艺文件。

（8）加工过程动态仿真。可检查工艺过程及NC指令的正确性。

上述的CAPP系统结构是一个比较完整、广义的CAPP系统，实际上，并不一定所有的CAPP系统都必须包括上述全部内容。例如，传统概念的CAPP不包括NC指令生成及加工过程动态仿真，实际CAPP系统组成可以根据生产实际的需要而调整。但它们的共同点应使CAPP的结构满足层次化、模块化的要求，具有开放性，便于不断扩充和维护。

3.1.4 CAPP的基础技术

（1）成组技术（Group Technology，GT）。我国CAPP系统的开发可以说是与GT密切相关，早期开发的CAPP系统大多为以GT为基础派生式CAPP系统。

（2）产品零件信息的描述与获取。CAPP与CAD、CAM一样，其单元技术都是按照自己的特点而各自发展的。零件信息（几何拓扑及工艺信息）的输入是首要的，即使在集成化、智能化、网络化、可视化的CAD/CAPP/CAM系统，零件信息的描述与获取也是一项关键问题。

（3）工艺设计决策方法。其核心为特征型面加工方法的选择、零件加工工序及工步的安排及组合。其主要决策内容包括工艺流程决策、工序决策、工步决策、工艺参数决策、制造资源决策。为保证工艺设计达到全局最优化，系统把这些内容集成在一起，进行综合分析，动态优化，交叉设计。

（4）工艺知识的获取及表示。工艺设计是随着设计人员、资源条件、技术水平、工艺习惯的变化而变化。要使工艺设计在企业内得到有效的应用，必须总结出适应本企业零件加工的典型工艺及工艺决策方法，按所开发CAPP系统的要求，用相应的形式表示这些工艺经验及决策逻辑。

（5）工序图及其他文档的自动生成。

（6）NC加工指令的自动生成及加工过程动态仿真技术。

（7）工艺数据库的建立。

3.1.5 CAPP系统的类型

CAPP系统按照系统工作原理、零件类型、工艺类型和开发技术方法可以对CAPP系统进行不同分类，如图3-3所示。例如，依据工艺决策的工作原理可将CAPP系统分为交互式CAPP系统、派生式（Variant，也称变异式、修订式、样件式等）CAPP系统、创成式（Generative）CAPP系统、混合式（Hybrid）CAPP系统、基于知识的CAPP系统等类型，3.3节将对CAPP系统的工作原理作概要介绍。

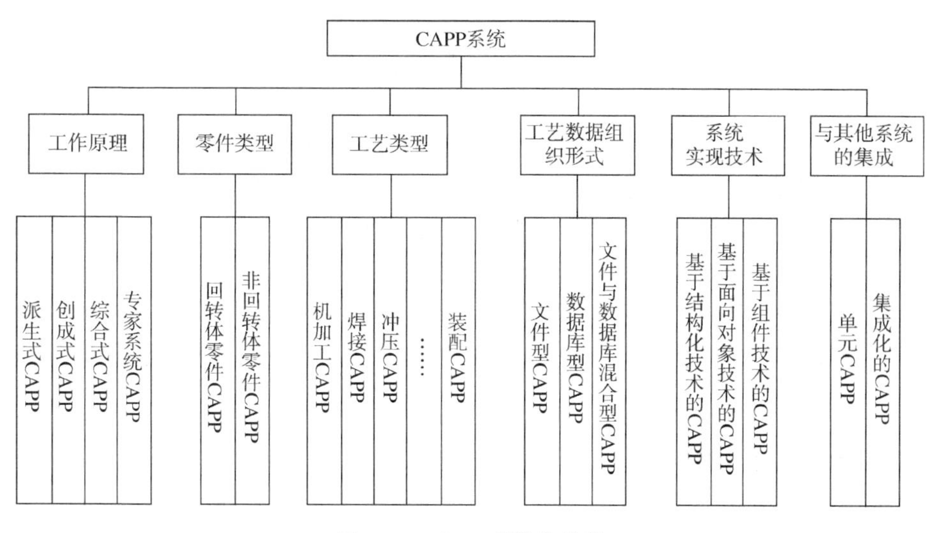

图 3-3 CAPP 系统的分类

3.1.6 CAPP 系统应用的社会经济效益

将 CAPP 与传统工艺设计方法比较，可以得到如下应用 CAPP 系统的效益。

首先，实践经验较少的工艺人员应用 CAPP 系统能设计出较好的工艺过程，这样不仅可以弥补有经验高级工艺师的难求和不足，而且能使大量有经验的工艺师从目前烦琐的重复劳动中解放出来，去从事研究新工艺和改进现有工艺的工作，促进工厂技术进步，提高生产率。

其次，采用 CAPP 系统不仅可以充分发挥计算机高速处理信息的能力，而且由于将工艺专家的集体智慧融合在 CAPP 系统中，所以保证了迅速获得高质量优化的工艺规程。据一些工厂统计，一般可将工艺设计时间缩短到原来的 1/10～1/7。此外，设计出的工艺规程是规范化和高质量的。工艺过程标准化、优化、工艺用语和文件的规范化也将促进企业文明生产。

最后，应用 CAPP 系统还可获得综合的经济效益。按美国联邦技术研究中心的报告称，一个先进的 CAPP 系统可以在工艺过程设计费、材料费、工时费、刀具费、管理费等多个方面获得节约。例如，在一个零件的成本中，其费用组成以及运用 CAPP 系统的部分收益如表 3-1 所示。

表 3-1 运用 CAPP 系统的部分收益

项　　目	费用占总费用的百分比/%	节省的百分比/%
工艺过程设计费	8	58
材料费	23	4
工时费	28	10
返修及其废品费	4	10
刀具费	7	10
管理、利润等	30	10

根据表 3-1 中的数字可以算出，采用 CAPP 系统可以使零件生产成本降低 12.46%。

3.2 成组技术

成组技术（Group Technology，GT）是现代集成制造系统的基础。它从20世纪50年代出现的成组加工，发展为60年代的成组工艺，出现了成组生产单元和成组加工流水线，其范围也从单纯的机械加工扩展到整个产品的制造过程。70年代以后，成组工艺与计算机技术、数控技术相结合，发展为成组技术，出现了用计算机对零件进行分类编码、以成组技术为基础的柔性制造系统，并被系统地运用到产品设计、制造工艺、生产管理等诸多领域，形成了计算机辅助设计、计算机辅助工艺过程设计、计算机辅助制造和有成组技术特色的计算机集成制造系统。

3.2.1 成组技术的基本原理

成组技术是一个关于制造的哲学概念，其基本原理是对相似的零件进行识别和分组，相似的零件归入一个零件族，并在设计和制造中充分利用它们的相似性，以获得所期望的经济效益。例如，在机械加工中，利用成组技术原理将若干种零件按其工艺相似性划分零件族，这样每一族零件都具有相似的加工工艺，同一零件族中分散的小批量零件汇集成较大的成组生产批量。然后按照大批量生产的方法对零件进行加工，从而获得接近于大批量生产的经济效果，为多品种、小批量生产提高经济效益开辟了一条有效的途径。

零件的相似性是指零件所具有的特征的相似性。零件在几何形状、尺寸、功能要素、精度、材料等方面的相似性为基本相似性。以基本相似性为基础，在制造、装配等生产、经营、管理等方面所导出的相似性，称为二次相似性或派生相似性。因此，二次相似性是基本相似性的发展，具有重要的理论意义和实用价值。零件相似性组成如图3-4所示。

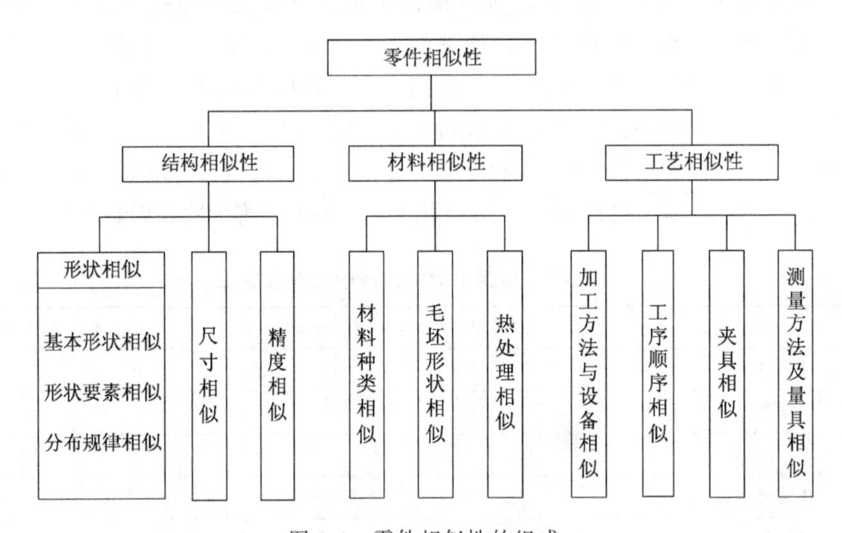

图3-4 零件相似性的组成

成组技术不仅可用于零件加工、装配等制造领域，而且可用于产品零件设计、工艺设计、工厂设计、市场预测、劳动量测定、生产管理等各个领域，是一项贯穿整个生产过程的综合性技术。因此，成组技术更为广义的定义是：成组技术是一门生产技术科学和管理技术科学，研究如何识别和发展生产活动中有关事物的相似性，充分利用成组技术把各种问题按彼此之间的相似性归类成组，并寻求解决这一组问题相对统一的最优方案，以取得所期望的经济效益。

3.2.2 零件分类编码系统

1. 零件分类编码系统概述

零件分类编码系统是实现成组技术的重要工具，是成组技术的重要组成部分。没有零件分类编码系统，成组技术就不能有效地进行。

1）零件分类编码系统的定义

零件分类编码系统是用数字、字母或符号对零件各有关特征（如几何形状、尺寸和工艺特征）进行描述和标识的一套特定的法则和规定。按照分类编码系统的规则，用数字或字符描述和标识零件特征的代码就是零件分类编码，也叫 GT 码。

2）零件分类编码系统的建立

在建立零件的分类编码系统时，必须考虑如下因素：①零件类型（回转体、菱形件、箱体、拉伸件及钣金件等）；②代码所表示的详细程度、码位之间的结构（链式、分级结构或混合式）；③代码使用的数制（二进制、八进制、十进制、十六进制、字母数字制等）；④代码的构成方式（代码一般由一组数字组成，也可以由数字和英文字母混合组成）；⑤代码必须是非二义性的；⑥代码应该是简明的。

3）零件分类编码系统的结构形式

零件分类编码系统按照不同的分类标准，可分为不同的类型，这里仅从码位之间的结构关系和编码系统的表达形式两方面来分。

（1）从码位之间的结构关系来分。零件分类编码系统的结构有三种形式：树式结构（分级结构）、链式结构（并列结构）以及混合式结构。

①树式结构。码位之间是隶属关系，即除第一码位的特征码外，其他各码位的确切含义都要根据前一码位来确定，如图 3-5（a）所示。树式结构的分类编码系统所包含的特征信息量较多，能对零件特征进行较详细的描述，但结构复杂，编码和识别代码不太方便。

②链式结构。每个码位的各特征码具有独立的含义，与前后位无关，如图 3-5（b）所示。链式结构所包含的特征信息量比树式结构少，结构简单，编码和识别代码也比较方便。

③混合式结构。它是链式和树式结构的混合。大多数分类编码系统都使用混合式结构，混合式结构如图 3-5（c）所示。

（2）从零件分类编码系统的表达形式来分。零件分类编码系统可分为表格式分类系统和决策树式分类系统。表格式分类系统是用表格形式来表达的分类系统，是目前应用最广泛的分类系统。决策树式分类系统是一种新颖的表达形式，图 3-6 是决策树式分类系统结构示意图。由图 3-6 可知，决策树式分类系统逻辑性强，能有效避免分类标志“二义性”的问题。在决策树中，每个节点处的分类标志是确切的，经过各节点，只有“是”或“否”两种选择，非此即彼。

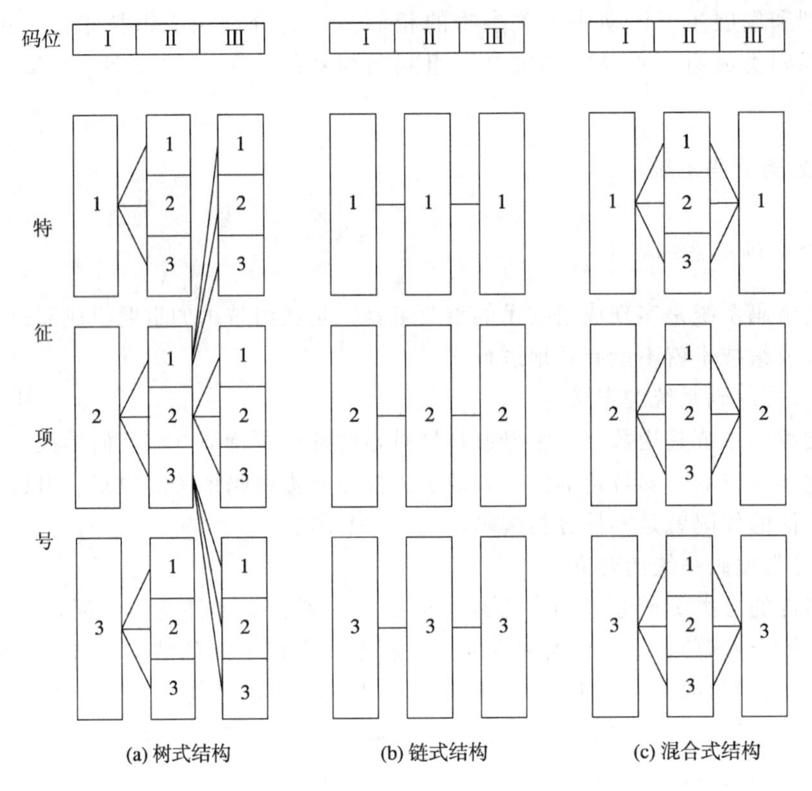

图 3-5 码位之间的结构关系

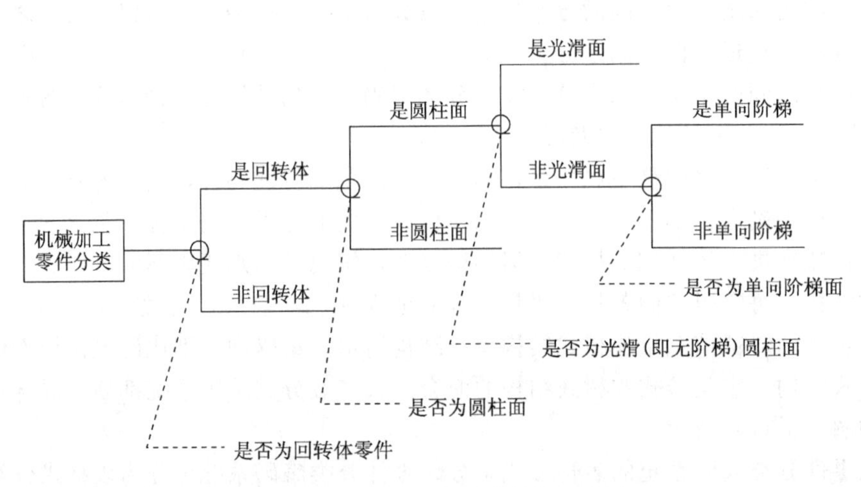

图 3-6 决策树式分类系统结构示意图

2. 机械零件分类编码系统实例简介

目前，世界上已有几百种用于成组技术的机械零件分类编码系统，例如：OPITZ 系统由 9 位数字组成；日本的 KK-3 系统长度为 21 位；荷兰的 MICLASS 系统长度达 30 位；前德意志民主共和国建立了由 72 位数字组成的分类编码系统，并且当作法律来执行。但是必须注意的是：无论采用何种零件分类编码系统，它们都不能详细地描述零件的全部信息。在现有的分类编码系统中，OPITZ 系统、日本的 KK-3 系统以及我国的 JLBM-1 系统应用较为广泛。

1）OPITZ 分类编码系统

（1）OPITZ 系统的总体结构。OPITZ 系统是世界上最著名的系统，它是由前西德 Aachen 工业大学 Opitz 教授负责开发的。该系统简单方便、实用，已被国内外很多单位或公司采用或参考，有些编码系统则是以 OPTIZ 系统为基础发展起来的。OPITZ 分类编码系统的结构如图 3-7所示。

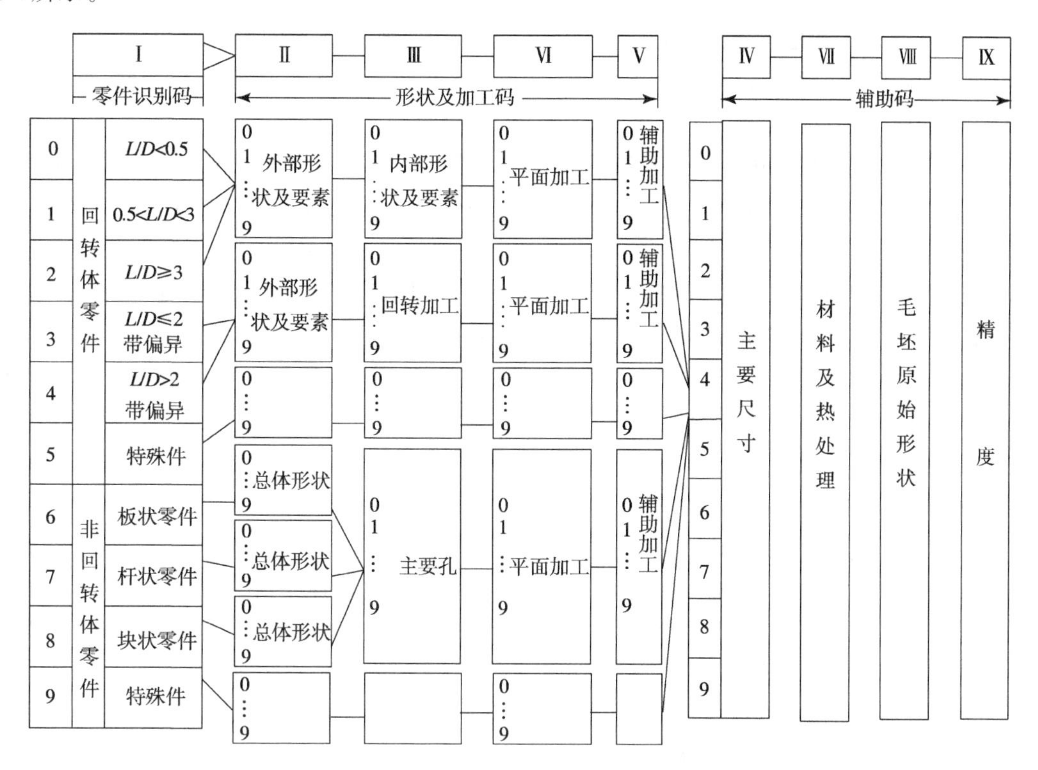

图 3-7 OPITZ 分类编码系统的结构

OPITZ 码由 9 位数字组成，前 1～5 位为主码，用于描述零件的基本形状要素；6～9 为辅码，用于描述零件的尺寸、精度和材料。在这 9 位码之后，用户还可根据自己的需要设计扩充若干码位（一般不超过 4 位），用于表示零件的生产操作类型和顺序等。

（2）类型码。OPTIZ 分类编码系统的第一位是类型码，用于描述零件的总体类型。对于回转类零件，第一位数的代码为 0、1、2、3、4、5，用于描述零件的长径比的范围，即用于将回转类零件按其长径比进行分类。图 3-7 中 L 表示零件的最大长度，D 表示零件的最大直径，则上述各代码的含义如下。

0：$L/D\leqslant 0.5$　（用于表示盘形件）

1：$0.5<L/D<3$　（用于表示短轴件）

2：$L/D\geqslant 3$　（用于表示长轴件）

3：$L/D\leqslant 2$　（用于表示短形偏异回转体）

4：$L/D>2$　（用于表示长形偏异回转体）

5：备用

对于非回转体类零件，第一位的代码是 6、7、8、9，它们是按零件长、宽、高的不同比例加以区分的。

(3) 形状码。OPTIZ 分类编码系统第一位代码只是对零件进行了粗略的分类，第二位至第五位代码位用于对零件各主要形状特征作进一步的描述。回转体零件第二位的代码用于描述零件外部的主要形状，如零件外表面是否带有台阶，是一端有台阶还是两端都有台阶，是否带有圆锥表面台阶，表面上是否还有其他形状要素等。第三位数字表示零件的内表面形状，其内容与外表面的内容大致相似，即是否有台阶孔及台阶孔的方向、是否有圆锥孔等。第四位数字表示零件是否有平面和槽。第五位数字表示零件上是否有辅助孔和齿形等。至于非回转体零件的第二、三、四、五位数字，分别用来表示零件的外形、主要孔及其他回转表面、平面加工、辅助孔及齿形加工等特征。

(4) 辅助码。OPTIZ 分类编码系统的第六位至第九位数字是辅助码。第六位数字用来表示零件的基本尺寸，它有 10 个代码（0～9），分别代表 10 个由小到大排列的尺寸分段。第七位数字表示零件的材料，也分成 10 类，分别为铸铁、碳钢、合金钢、非铁合金……第八位数字表示零件毛坯的形状，分别为棒料、管材、铸锻件、焊接件等 10 类。最后一位数字表示零件上高精度加工要求（IT7 和 $Ra0.8$ 以上）所在的形状码位，用 0～9 十个代码表示之。

(5) 系统特点。OPITZ 分类编码系统的结构较简单，横向分类环节数适中，便于记忆和分类；主码虽然主要用来描述零件的基本形状要素，但实际上隐含着工艺信息；纵向分类环节的信息排列中，有些采用了选择排列法，结构上欠严密，易出现多义性；系统通过辅助码考虑了工艺信息描述，虽粗糙一些，却是一个进步。

2) JLBM-1 分类编码系统

JLBM-1 是由原机械工业部颁发的、结合我国机械行业具体情况的机械零件分类编码系统，它适合于中等及中等以上规模的多品种、中小批量生产的机械厂使用。JLBM-1 分类编码系统为产品设计、制造工艺和生产管理等方面开展成组技术提供了条件。

(1) 系统结构。JLBM-1 分类编码系统是一个十进制 15 代码的主辅码组合结构系统，其基本结构如图 3-8 所示。在 15 个码位中，每一码位用 0～9 十个数码表示不同的特征项号。第一、二位码为名称类别码，表示零件的功能名称；第三至九码位为形状与加工码位；第十至十五码位为辅助码位，表示与设计和工艺有关的信息。

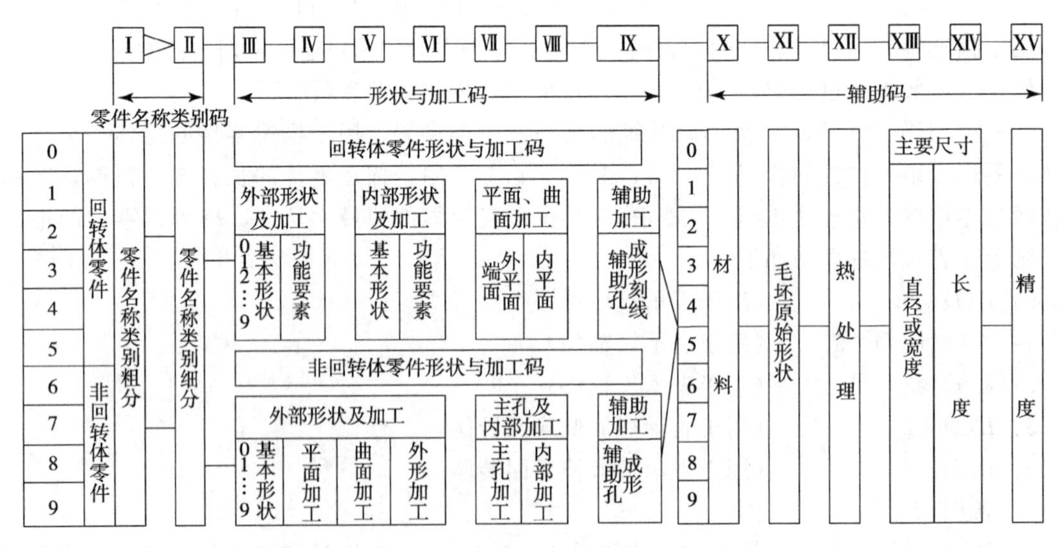

图 3-8　JLBM-1 分类编码系统的基本结构和组成

(2) 系统特点。JLBM-1分类编码系统横向分类环节数适中，结构简单明确，规律性强，便于理解和记忆；系统不是针对某种产品零件的结构、工艺特征，而是力求能够满足机械行业各种不同产品零件的分类，因此在形状及加工码上具有广泛性；系统采用零件功能名称分类标志，有利于设计部门使用，却将与设计较密切的一些信息放到辅助码中，从而分散了设计检索的环节，影响了设计部门的使用；系统中存在标志不全的现象。

3) 柔性编码系统简介

前面介绍的零件分类编码系统都属于刚性分类编码系统，它们主要适用于形成结构、工艺相似的零件族，其系统表达形式一般是表格式刚性结构，其主要优点是：①系统结构简单，便于记忆和使用；②便于识别。但这种结构存在以下一些问题：①传统的零件分类编码系统能对零件总体上进行概括的描述，但不能提供全面、准确的零件信息，故不能满足企业各部门要求，更不能满足CIMS各环节（如CAD、CAPP、CAM等）的需要。②传统的零件代码码位长度固定，不能随零件复杂程序而变化。对简单形状零件，相当多的码位以“0”虚设，造成极大冗余；而对复杂形状零件，又无法在一个码位上说明多个同时存在的特征，所以无法确切、详尽地描述零件几何结构和工艺信息，故满足不了CAPP自动生成工艺设计的需要。③代表CAD技术发展方向是特征造型CAD系统，传统的零件分类编码系统无法完成零件从CAD/CAPP/CAM一体化的统一描述，故不能适应信息集成的需求。

由于柔性编码可以较详细地描述零件的几何形状信息与加工工艺信息，因此可以直接作为CAD系统零件信息的输入，并以此进行较高质量的工艺设计。柔性编码可以由基于特征造型的CAD系统自动生成，并由此实现CAD与CAPP的集成。

柔性编码系统一般由固定码部分和柔性码部分组成。固定码部分用于描述零件的总体信息、检索和零件分类，如类别、总体尺寸、材料等码位；柔性码部分主要描述零件各部分详细信息，如型面的尺寸、精度、形位公差等。

固定码要充分体现传统GT编码简单明了、便于检索和识别的优点，因此宜选用或参考码位不太长的传统分类编码系统；柔性码既能充分地描述零件详细信息，又不引起信息冗余。

3.2.3 零件分类成组方法

分类是成组技术的基础，分类的依据是零件的相似性，分类的结果是形成零件族。零件族可以理解为具有某些属性的零件集合。根据不同的分类目的，采用不同的相似性标准，可将零件划分为具有不同属性的零件族。目前，将零件分类成组的常用方法有视检法、生产流程分析法、编码分类法等。

1. 视检法

视检法是由有实际生产经验的人员通过对零件图样仔细阅读和判断，把具有相似特征的零件归为一类。其分类的依据可以考虑结构形状、尺寸的相似，也可以考虑工艺特征的相似，甚至可以考虑生产批量的大小。它的效果主要取决于个人的生产经验，多少带有主观性和片面性。视检法适用于零件品种较少、结构简单的场合。

2. 生产流程分析法

生产流程分析法（Production Flow Analysis，PFA）是研究工厂生产活动中物料流程客观规律的一种统计分析方法。它是以零件生产流程及生产设备明细表等技术文件为依据，通过对零件生产流程的分析，把工艺过程相近的，即使用同一组机床进行加工的零件归结为一类。采用此法分类的正确性与分析方法和所依据的工厂技术资料有关，可以按工艺相似性将零件分类，以形成加工族或工艺族。

生产流程分析法由工厂流程分析、车间流程分析和生产单元流程分析等三个主要步骤组成。工厂流程分析是对全厂的物流进行分析和统计，以便正确地区分各个生产车间和管理部门，使全厂的整个生产过程具有合理的物料流程，决定全厂各车间的生产设备和生产任务。车间流程分析是在一个车间内部对所生产的零件的工艺过程进行分析和统计，按工艺过程将零件分类成零件加工族，同时找到各加工族对应的加工设备。车间流程分析的目的在于正确规划车间，并简化车间内的物料流程。生产单元流程分析是以单元内生产零件为对象，对生产单元内全部零件进行工艺过程分析，寻求生产单元合理的设备布置，同时按工艺特征把零件加工族细分为零件小组，以利于成组生产和成组夹具设计等方面的工作。

3. 编码分类法

编码分类法是根据零件的编码来进行分类成组，其实质就是让零件编码与各零件族特征矩阵逐个地匹配比较，若零件编码与某一零件族特征矩阵相匹配，则该零件就应归属于此零件族。合理确定各零件族相似性标准是用编码分类法获得满意结果的关键因素。因此，在分类之前，首先要制定各零件族的相似性标准，根据这一相似性标准建立特征矩阵。在特征矩阵中，若某码位的码域值是一个固定值，则称为特征码位，这反映出该码位的码域是非常窄的，是一个有决定性作用的码位。例如，用某码位来标识零件是回转体还是非回转体，则码域只能有1位，其值不是0就是1。又如，某码位是标识零件的尺寸，由于尺寸有一定的范围，则码域可能有一个区域。建立特征矩阵是很关键的，相似性标准太高，零件难以汇集成组，而且容易掩盖实际存在并可利用的相似性；相似性标准过低，归属同一族的零件数量增多，零件间差异性增大，从而妨碍零件相似性的利用。特征矩阵建立过程有以下两种方法：

（1）如果零件已有分组，则可以从以往的资料中，将该族零件中所有零件的编码进行统计归纳，得出每个码位的码域，作为该零件族的特征矩阵，待有新零件分组时即可使用。

（2）分析各零件的特征，参考视检法、生产流程分析法等的分类效果，并将其作为依据进行分类成组，确定其主要特征及其码域，形成该零件族的特征矩阵，作为原始资料，进行试用修改。若某族零件数太少，可适当放宽某些特征的码域；若某族零件数太多，可适当缩小某些特征的码域。

制定零件族相似性标准的方法有特征码位法、码域法及特征位码域法等三种，因此对应有三种编码分类法。

（1）特征码位法。特征码位法是在编码中选用一定数量的特征码位来制定分类的相似性标准，将特征码相同的零件归属于同一零件族。图3-9表示特征码位法的零件分类，其中图3-9（a)表示OPITZ系统的特征码位为1、2、6及7码位，规定的代码分别为0、4、3、0，凡是零件编码相应的特征码位的代码与其相同的均可归属于同一零件族；图3-9（b）列出了符合上述相似性特征要求的几个零件的简图和编码。

（2）码域法。码域法是在编码中选用较大数量的特征码位来制定分类的相似性标准，允许编码虽不相同，但具有一定零件特征相似性的零件仍可归属于同一零件族内，即适当放宽每一

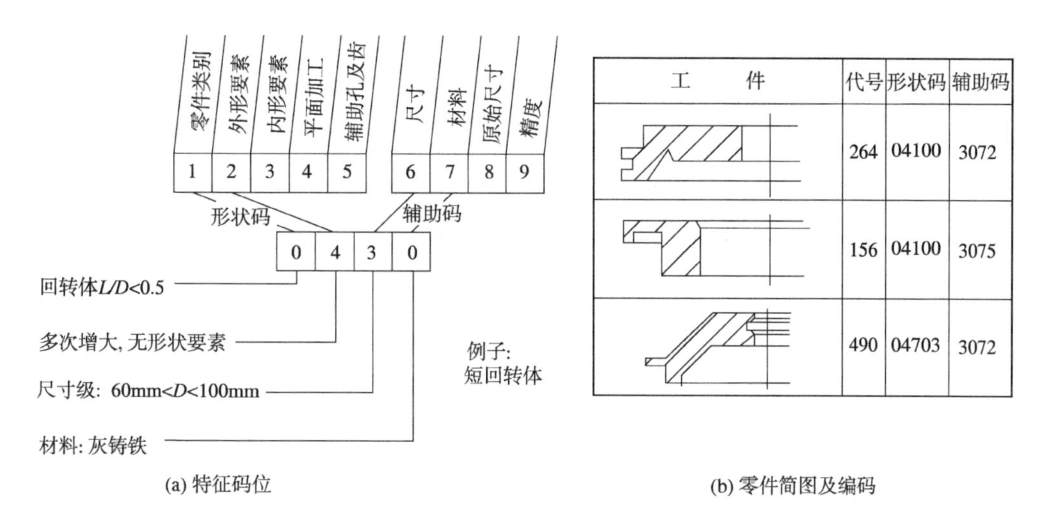

工件	代号	形状码	辅助码
	264	04100	3072
	156	04100	3075
	490	04703	3072

(a) 特征码位　　(b) 零件简图及编码

图 3-9　特征码位法

码位相似性特征的范围，从而适当地扩大了成组的零件种数。图 3-10 给出了 OPITZ 系统的零件编码和码域法分类的相似性标准——相似性特征矩阵的示例。该矩阵规定了每一码位的码域，如果零件的每码位代码均在相应码位的码域内，则该零件符合规定的相似性标准，即属于该零件族。

（3）特征位码域法。特征位码域法是特征码位法和码域法的有机结合，既抓住了零件的主要特征，又适当放宽了相似性要求，兼顾了两者的特点，分类效果更好。

图 3-11 为用特征位码域法制定的特征矩阵。与图 3-10（b）所示的特征矩阵相比，由于仅关注第 1、2、6 及 7 码位的特征相似性，故将允许有更多的零件种数进入零件族。特征位码域法也可以看作是码域法的一种特殊形式，即它对各码位都规定了相应的码域，只是对非特征码位放宽到全码域，即放弃了对非特征码位的相似性要求。

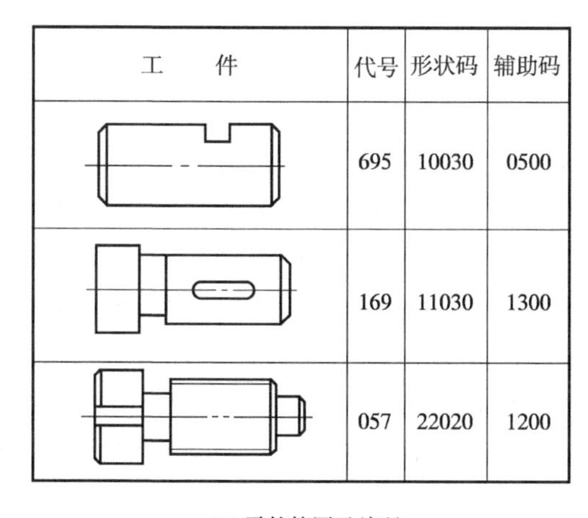

工件	代号	形状码	辅助码
	695	10030	0500
	169	11030	1300
	057	22020	1200

(a) 零件简图及编码

码值＼码位	1	2	3	4	5	6	7	8	9
0		1	1	1	1	1		1	1
1	1	1		1		1		1	1
2	1	1		1		1	1		
3		1		1		1	1		
4							1		
5							1		
6							1		
7									
8									
9									

(b) 零件族特征矩阵

图 3-10　码域法

码位 码值	1	2	3	4	5	6	7	8	9
0		1				1			
1	1	1				1			
2	1	1				1	1		
3		1				1	1		
4							1		
5							1		
6							1		
7									
8									
9									

图 3-11　特征位码域法

由上所述，编码分类法需要将众多的零件编码与各零件族特征矩阵逐个匹配，它包括大量的筛选分类工作，既烦琐又容易出错，工作量很大，故必须利用计算机来辅助零件分类。根据编码分类法原理很容易设计出零件编码分类的计算机程序。

3.3　计算机辅助工艺设计

3.3.1　派生式 CAPP 系统

1. 派生式 CAPP 系统的工作原理

根据成组技术相似性原理，如果零件的结构形状相似，则它们的工艺过程也有相似性。对于每一个相似零件族，可以采用一个公共的制造方法来加工，这种公共的制造方法以标准工艺的形式出现。通过专家、工艺人员的集体智慧和经验及生产实践的总结制定出标准工艺文件，然后储存在计算机中。当为一个新零件设计工艺规程时，从计算机中检索标准工艺文件，然后经过一定的编辑和修改，就可以得到该零件的工艺规程，派生一词由此得名。派生式 CAPP 系统又称检索式或变异式、经验法或样件法 CAPP 系统。根据零件信息的描述与输入方法不同，派生式 CAPP 系统又分为基于成组技术（GT）的派生式 CAPP 系统与基于特征的派生式 CAPP 系统。前者用 GT 码描述零件信息，后者用特征来描述零件信息，后者是在前者的基础上发展起来的。本节以基于成组技术的派生式 CAPP 系统为例讲述派生式 CAPP 系统。基于成组技术的派生式 CAPP 系统的工作流程如图 3-12 所示。

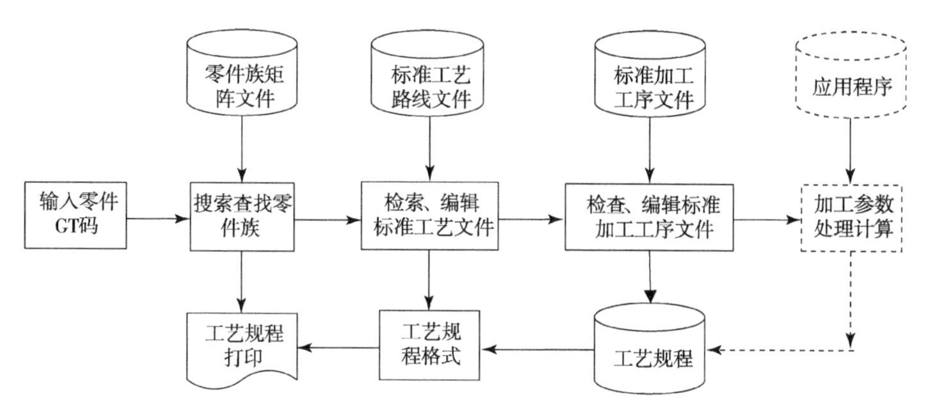

图 3-12　派生式 CAPP 系统

2. 派生式 CAPP 系统的设计过程

计算机应用软件按其程序量的大小可划分为小、中、大和特大规模等几个等级。计算机软件的规模不同，其开发难度也不同，并且在具体步骤划分以及每个步骤的设计内容上也有较大的差别，但其开发过程基本相同。对于中等复杂程度的 CAPP 系统，其设计步骤如下：

（1）系统的需求分析；

（2）工艺设计标准化；

（3）系统的功能设计；

（4）系统详细设计；

（5）硬件和软件平台的选择；

（6）人机接口设计；

（7）确定数据结构，建立数据文件或数据库；

（8）编制系统规格说明；

（9）程序编制；

（10）编写程序文档；

（11）程序测试与维护。

下面具体介绍派生式 CAPP 系统的设计过程。

1）零件编码

首先要选择或制定合适的零件分类编码系统（如 JLBM-1），其目的是将零件图代码化，以得到零件族特征矩阵和制定相应的标准工艺规程。

2）零件分组

零件族的划分是建立在零件特征相似性的基础上，分组时首先要确定相似性准则，即分组的依据。一般常用的分组方法有视检法、生产流程分析法和编码分组法，其中编码分组法是应用较为广泛的一种方法。对于派生式 CAPP 系统来说，一个组中所有的零件必须有相似的工艺规程，而全组只能有一个标准的工艺规程。对于形状简单的零件族，零件的种类一般不超过 100 个；对于形状复杂的零件族，零件的种类一般以 20 个左右为宜。

3）设计零件族的复合零件

复合零件又叫主样件，它包含一组零件的全部形状要素，有一定的尺寸范围，可以是实际存在的，也可以是假想的。以复合零件作为样板零件，设计适用于全组的通用工艺规程。设计复合零件的目的是为了制定该组的标准工艺和便于标准工艺的检索。在设计复合零件时，应首先检查零件族的情况，以零件族中最复杂的零件作为基础，然后把其他零件的不同形状、结构特征加到基础件上去。总之，复合零件应该包含本组零件的所有加工特征。

4）标准工艺规程的设计

标准工艺规程的设计与传统的工艺规程设计的区别在于它不是针对一种特定零件来设计工艺，而是针对一个零件族的全部零件进行工艺规程设计，即要求标准工艺规程能适合同一族的全部零件。为此，要求工艺人员具有丰富的生产经验和综合分析能力，在对每一零件族中的所有零件进行综合分析的基础上，设计一个合理的标准工艺规程。设计标准工艺常用的方法有复合零件法和复合路线法。

复合零件法是以零件族的复合零件来设计的标准工艺。复合工艺路线法是在分析零件族中零件的全部工艺路线后，选择其中一个工序最多、加工过程安排最合理的零件工艺路线作为基本路线，然后把其他零件具有的、尚未包括在基本路线内的工序，按合理顺序加到基本路线中去，构成代表零件族的标准工艺路线。

标准工艺规程的设计原则是：

（1）标准工艺应保证零件族内任一零件都能达到图样规定的技术要求。

（2）标准工艺应使同一零件族的全部零件有统一的工艺路线。

（3）所编制的标准工艺过程应是符合企业生产条件的优化工艺过程。

（4）标准工艺采用的工序名称及有关术语应规范化，并要按照企业的习惯确定工序的内容及其相应的工序代码，以便工艺的编辑处理和程序的编制。

5）标准工艺规程的表达与工艺规程筛选方法

标准工艺规程是由各种加工工序组成的，一个工序又可以分为多个操作工步，所以工步是标准工艺规程中最基本的组成要素。标准工艺规程如何储存在计算机中，怎样随时调用，又怎样进行筛选，主要依靠工步代码文件（用代码来表达工步内容，所形成的文件叫工步代码文件）。工步代码随所采用的零件编码系统的不同而不同。

对于采用9位代码的零件，可用5位代码表示一个工步，各码位的含义如图3-13所示。其中前两位代码表示工步的名称，如01表示车外圆、02表示粗车端面、32表示淬火等等。33～39各码位可根据CAPP系统的应用对象不同，进行扩充。第三位代码表示零件9位代码中需要这一要素的码值。第四、第五位代码分别代表了需要这一操作工步的码位上最小数字和最大数字。例如代码为11302的工步代码，前两位11表示精车外圆；第三位3代表该零件JLBM-1码的第三位需要精车外圆这一操作（对于回转类零件而言，JLBM-1码的第三位用于描述零件的外形及外形要素）；第四、五位为0、2，表示该零件JLBM-1码第三位的范围如果是0～2（0表示该回转类零件外形光滑，1、2分别表示该零件为单向台阶轴、双向台阶轴），则该零件需要精车外圆。

标准工艺文件用操作工步代码来表示，使得标准工艺文件的储存和调用十分方便，也为筛选标准工艺规程提供了方便。当计算机检索到某一工步时，只要根据工步代码第三位的数值，查看零件这一码位的数值是否在工步代码的第四位和第五位数值范围内，如果在这一范围内，则保留这一工步，否则删除这一工步，直至将标准工步的所有工步代码筛选完为止。这样，标准工艺规程中剩下的部分就是当前零件的初步工艺规程，接下来就是对所得到的工艺规程进行必要的修改与编辑等，最后才能形成符合要求的工艺文件。

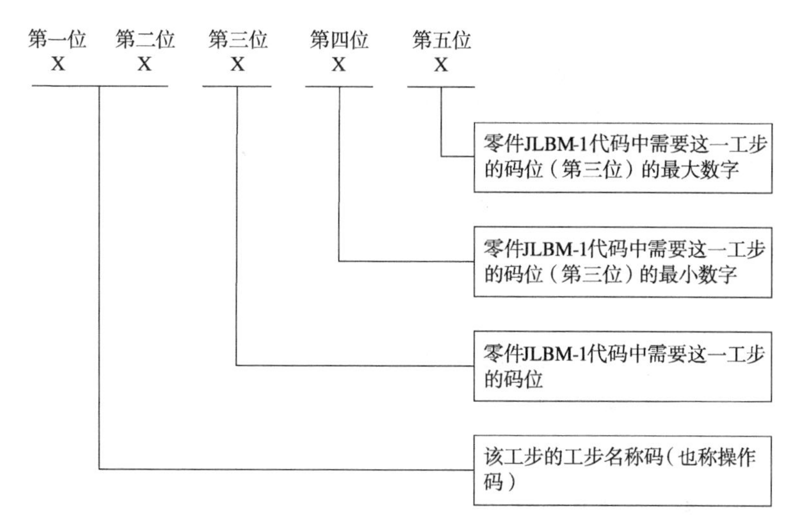

图 3-13　工步代码含义

6）建立工艺数据库和知识库

工艺数据是指 CAPP 系统在工艺设计过程中所使用和产生的数据；工艺知识是指支持 CAPP 系统工艺决策所需的规则。CAPP 系统进行设计时，一方面要利用系统中存储的工艺数据与知识等信息，另一方面还要生成零件的工艺过程文件、NC 程序、刀具清单、工序图等众多信息，所以 CAPP 系统的工作过程实际上是工艺数据与知识的访问、调用、处理和生成新数据的过程。为了满足 CAPP 系统的需求，必须建立工艺数据库与知识库来对数据和知识进行管理和维护。可见，工艺数据与知识库是 CAPP 系统的重要支撑。

工艺数据库与知识库的设计遵循软件设计的一般原则，即“自顶而下、逐步求精”的原则，一般分为四个阶段：①分析工艺设计用户的需求；②进行概念结构设计；③进行逻辑结构设计；④进行物理结构设计。可见这与设计一般数据库的步骤相同，只是要充分考虑工艺数据库与知识库的特殊需求。

建立工艺数据库与知识库一般可通过以下途径完成：

（1）按照数据库设计的一般方法与步骤，开发满足工艺数据与知识特点、适合于 CAPP 系统要求的工程数据库，这是解决问题最根本的途径。但是，由于工艺数据与知识本身的复杂性和多样性，以及 CAPP 系统对工艺数据和知识的要求的特殊性，要建立这样的数据库并不是轻而易举的。

（2）根据 CAPP 系统的应用特点，用高级语言或可视化语言开发实用型的层次式数据库。这种方法要求事先为每一个数据和知识建立数据结构，设计相应的管理逻辑和管理界面，各种数据与知识按 CAPP 系统工艺设计的子任务分类存储和管理，以便于 CAPP 系统对它们进行访问与调用。该方法简单易行，比较适合于 CAPP 系统对数据和知识的管理要求，因此被许多 CAPP 系统所采用。其主要缺点是不便于用户自行扩充和定义数据类型，数据管理界面也不统一。

（3）在现有的商品化数据库的基础上进行二次开发工艺数据库与知识库。这也是一种切实可行的方法。但这种方法也存在一些问题：①现有成熟的商品化数据库多为关系型的，不适合工程数据的管理，特别是图文数据和非线性数据类型的管理；②需要开发数据库系统和 CAPP 系统之间的专用数据接口，以实现二者之间的数据通信。

7）软件设计

（1）CAPP 模块划分。首先要将 CAPP 系统划分为若干模块，如零件信息输入模块、样件管理与检索模块、标准工艺规程筛选模块、设备与工装选择模块、工时计算模块、切削用量选择模块、工序尺寸和公差的计算模块、工艺文件编辑与管理模块、打印输出模块等，各模块还可进一步划分成若干个模块。在系统运行过程中，如需要应用某种功能子程序，就可随时调用。

（2）各模块程序设计。在确定了全局数据结构、全局变量、函数以及各模块的输入输出以后，即可开始对各模块进行软件编程工作。

（3）CAPP 系统总程序的设计和联调。联调的目的是将上述各模块连为一个有机整体。为此系统要设计一总控模块，该模块是系统的控制指挥中心，它规定了系统依次调用各模块的顺序与逻辑。

3. 派生式 CAPP 系统的使用过程

系统设计完毕后，就可以投入使用，为新零件设计工艺规程。派生式 CAPP 系统使用过程主要包括以下步骤：

（1）按照已选定的零件分类编码系统，给新零件编码；

（2）根据零件编码判断新零件是否包括在系统已有的零件族内；

（3）如果新零件包括在已有零件族内，则调出该零件族的标准工艺过程；如果不在，则计算机将告知用户，必要时需创建新的零件族；

（4）计算机根据输入代码和已确定的逻辑，对标准工艺过程进行筛选；

（5）用户对已选出的工艺过程进行编辑、增删或修改；

（6）将编好的工艺过程存储起来，并按指定格式打印输出。

4. 派生式 CAPP 系统的特点

（1）派生式 CAPP 系统以成组技术为理论基础，利用相似性原理和零件分类编码系统，因此有系统理论指导，比较成熟。

（2）有较好的实用价值，问世较早，应用范围比较广泛。

（3）适用于结构比较简单的零件，在回转体类零件中应用更为广泛。由于派生式工艺过程设计的零件多采用编码描述，对于复杂的或不规则的零件则不易胜任。

（4）对于相似性差的零件，难以形成零件族，不适于用派生式方法，因此派生式 CAPP 系统多用于相似性较强的零件。

3.3.2 创成式 CAPP 系统

1. 工作原理

创成式 CAPP 系统与派生式 CAPP 系统不同，它的生成并不是通过修改或编辑相似零件的复合工艺实现的，而是利用系统中的决策逻辑和相关工艺数据信息，通过一定的算法对加工工艺进行一系列的决策，从无到有，自动地生成零件的工艺过程。

创成式 CAPP 系统的工作原理如图 3-14 所示。系统按工艺生成步骤划分为若干功能模块，每个模块按其功能要求对应的决策表或决策树编制。系统各模块工作时所需要的各种数据均以数据库形式存储。系统工作时，根据零件信息，自动提取制造知识，按有关决策逻辑生成零件上各待加工表面的加工顺序和各表面的加工链，产生零件加工的各工序和工步内容；自动完成机床、夹具、刀具、工具的选择和切削参数的优化；最后，系统自动进行编排并输出工艺规程。

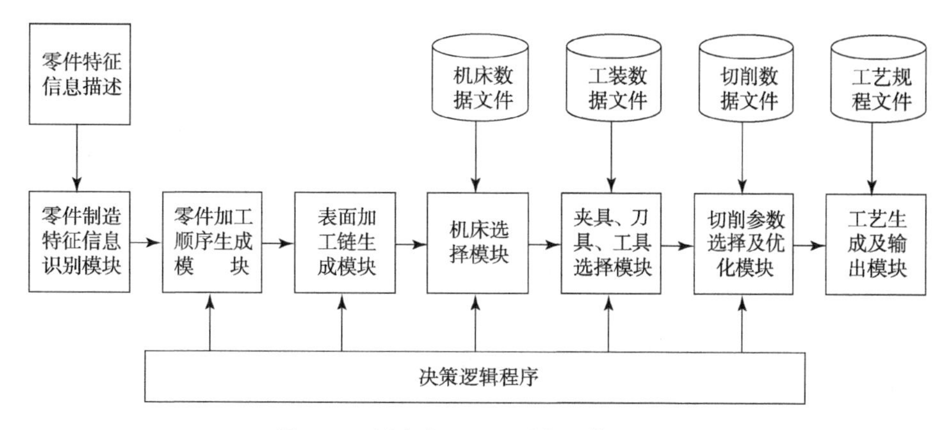

图 3-14　创成式 CAPP 系统工作原理图

要实现完全创成的 CAPP 系统，必须解决三个关键问题：①零件的信息必须要用计算机能识别的形式完全精确地描述；②收集大量的工艺决策逻辑和工艺过程设计逻辑，并以计算机能识别的方式存储；③工艺过程的设计逻辑和零件信息的描述必须收集在统一的加工数据库中。要做到这三点，目前在技术上还有一定难度，由于工艺过程设计的复杂性，要使一个创成式 CAPP 系统包含所有的工艺决策，且能完全自动地生成理想的工艺过程是比较困难的。利用现有的创成式 CAPP 系统生成的工艺，有时还需要用户进行一些编辑修改。

由于目前对创成式 CAPP 系统的研究还不够完善，加上工艺过程设计本身的复杂性，设计创成式 CAPP 系统还没有统一、标准化的方法。下面仅介绍设计创成式 CAPP 系统中的几个主要问题。

2. 零件信息描述

零件信息描述是设计创成式 CAPP 系统首先要解决的问题。所谓零件信息描述，就是要把零件的几何形状和技术要求转化为计算机能够识别的代码信息。零件信息描述的准确与完整对创成式 CAPP 系统的质量和可靠性具有决定性的作用，同时对创成式 CAPP 的设计方法也有直接的影响。目前，国内外创成式 CAPP 系统中采用的零件信息描述方法主要有下列几种。

1）成组编码法

此方法采用了复杂形式的编码系统，它对零件结构形式、尺寸精度要求、材料、工艺方法、机床设备等都进行编码，码位数在 30 位以上，其加工方法是根据零件代码用决策表或决策树方法来选择。

2）形面要素描述法

形面要素描述法把一个零件看作是由若干个基本的几何要素所组成的。几何要素分为主要形面要素、次要形面要素和辅助形面要素，由它们构造出零件的主要整体形状。将各种形面要素进行任意组合，对零件的各个形面要素进行编号，以便能正确地输入零件各形面要素的尺寸、位置、精度、粗糙度等信息。该输入方法比较烦琐、费时，但可以较完善、准确地输入零件的图形信息。国内外许多创成式CAPP系统都使用这种描述方法。

3）零件特征要素描述法

此种方法主要用来描述比较复杂的非回转体零件。非回转体零件形状复杂，若要像描述回转体零件形状要素一样详细、准确就非常困难。但是有些非回转体零件的制造工艺并不太复杂，对于这类零件，只要描述零件由哪些特征组成，以及这些特征的组织关系，然后就可作出相应的工艺决策。

4）知识表示描述法

随着知识工程（KE）的发展，零件信息描述采用了知识表示描述法，如框架表示法、产生式规则表示法、谓词逻辑表示法等。零件信息描述采用知识表示描述法为整个系统的智能化提供了良好的前提和基础。

5）直接从CAD系统的数据库中获得零件信息

这种方法是利用接口或其他传输手段，将零件的设计信息直接从CAD系统的数据库中采集，以便对零件进行工艺规程设计。采用这种方法可省去工艺设计之前对零件信息的二次描述，并可获得较完善的零件信息描述，实现CAD/CAPP/CAM的一体化，这是当今制造系统的发展方向。

3. 工艺决策逻辑

创成式CAPP系统涉及选择、计算、计划、绘图及文件编辑等工作，而建立工艺决策逻辑则是其中的核心。从决策基础来看，它又包括逻辑决策、计算决策以及创造性决策等方式。逻辑决策是指对在长期生产实践中积累的工艺经验进行总结，并且被人们广泛认可的确定性工艺知识；计算决策包括公式计算和查数据表，主要用于能够建立数学模型和已具备较完善经验数据的情况；创造性决策利用人工智能技术，通过建立CAPP专家系统来求解。

1）建立工艺决策逻辑的依据

工艺决策逻辑的建立一般应根据工艺设计的基本原理、工厂生产实践经验以及对具体生产条件的分析研究，并集中有关专家和工艺人员的智慧，把工艺设计中最常用的推理和判断原则（如各表面加工方法的选择，粗、细、精、超精加工阶段的划分，装夹方法的选择，机床、刀具、量具的选择，切削用量的选择，工艺方法的选择等），结合各种零件的结构特征，建立相应的工艺决策逻辑，并广泛收集各种加工方法的加工能力范围和所能达到的经济精度，以及各种特征表面的典型工艺方法等方面的数据，并将它们以文件形式存储在计算机内。

2）工艺决策逻辑的主要形式

工艺决策逻辑的主要形式有决策表、决策树及专家系统等。

（1）决策表。决策表是将一类不易用语言表达清楚的工艺逻辑关系，用一个表格来表示，从而可以方便地用计算机语言来表达决策逻辑的方法。图3-15为决策表的基本结构。

在决策表中，当某一条件为真时，条件状态取值为T（TRUE）或Y（YES）；当条件为假时，条件状态取值为F（FLASE）或N（NO）。条件状态也可用空格表示这一条件是真是假与该规则无关。决策项目也可用具体数值或数值范围表示，决策行动可以是无序的决策行动，此时用×表示；也可以是有序的决策行动，并给予一定序号，如1，2，…。表3-2为选择圆柱面加工方法的简易决策表。

条件项目	条件状态
决策项目	决策行动

图3-15　决策表的基本结构

表 3-2　圆柱面加工方法决策表

公差≥0.10mm	T	T	F	F	F	F	T
0.035mm<公差<0.10mm	F	F	T	F	F	T	F
公差≤0.035mm	F	F	F	T	T	F	F
1.25μm≤Ra<2.5μm	F	F	T	F	F	T	F
2.5μm≤Ra<6.3μm	F	F	F	T	T	F	F
有键槽	T	F	F	T	F	T	T
有表面处理要求	T	T	T	T	F	F	F
粗车	1	1	1	1	1	1	1
半精车	2	2	2	2	2	2	2
精车			3	3	3	3	
铣键槽	3			4		4	3
表面处理	4	3	4	5			

注：圆柱直径为80～120mm。

（2）决策树。决策树是一个与决策表相似的工艺逻辑设计工具，是一种树状的图形，由树根、节点和分支组成。树根和分支间都用数值相互联系，通常用来描述物体状态转换的可能性及转换过程、转换结果等。分支上的数值表示向一种状态转换的可能性或条件。当条件满足时，继续沿分支向前传送，以实现逻辑“与（AND）”的关系；当条件不满足时，则转向出发节点的另一分支，以实现逻辑“或（OR）”的关系，并在每一分支的终端列出了应采取的动作。所以，从树根到终端的一条路径就可以表示一条类似于决策表中的决策规则。图 3-16 表示了一个简单的决策树。

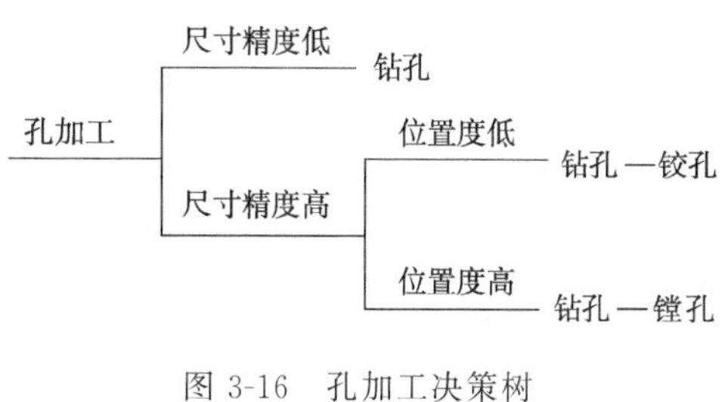

图 3-16　孔加工决策树

4. 逆向设计原理

在创成式 CAPP 系统中，工艺规程设计有两种方法：一种是从零件毛坯开始进行分析，选择一定的加工方法和顺序，直到能加工出符合最终目标要求的零件形状，这种方法称为正向设计；另一种方法是从零件最终的几何形状和技术条件开始分析，反向选择合适的加工顺序，直到零件恢复成无须加工的毛坯，这种方法称为逆向设计。

传统上，工艺人员都采用正向设计方法，即从毛坯开始进行工艺设计。由于正向设计的起始点是毛坯粗表面，其前提条件不是很明确，导致零件在加工过程中的状态也不明确。若根据不明确的前提进行工艺规程的自动设计，则其包含的设计自由度较多，会导致工艺规程的自动设计走弯路。

在逆向设计原理中，以零件的最终状态作为前提，这样出发点就很明确。一个零件的工艺规程设计是从图样上规定的几何形状和技术条件开始考虑，然后填补金属材料，逐步降低公差和粗糙度要求。很明显，金属填补过程要优于金属切除过程，采用这种方法，很容易满足最终目标的要求，而且其加工过程的中间状态也容易确定，即从已知要求出发选择预加工方法的要求比较容易满足，从而易于保证零件的加工质量。另外，逆向设计还便于确定零件在加工过程中的工序尺寸、公差以及工序图的自动绘制等。所以，在已开发的创成式 CAPP 系统中，逆向设计原理得到了较多的应用。

5. 工序设计

创成式 CAPP 系统并不是以标准工艺规程为基础，而是从零开始，由创成式 CAPP 软件系统根据零件信息直接生成零件新的工艺规程。所以，当系统选择了零件各个表面的加工方法并安排加工顺序后，还必须进行详细的工序设计。这一点对于在 NC 机床或加工中心机床上加工的零件来说尤为重要。工艺设计的主要内容是机床和刀量具的选择、工步顺序的安排、工序尺寸和公差的计算、切削用量的确定、工时定额和加工成本的计算、工序图的生成和绘制、工序卡的编辑和输出等工作。其中，很多任务与工艺规程设计是一样的，需要采用各种逻辑决策、数学计算、计算机绘图和文件编辑等手段来完成。

（1）工序内容的确定和工步顺序的安排。在安排零件的工艺路线时，一般是分层次、分阶段地考虑各个工序的加工顺序。例如，划分出粗、半精、精、超精等不同的加工阶段。整个加工过程应符合先粗后精、先主后次、先基准后其他、先面后孔等工艺原则。在具体安排时常把主要表面的加工顺序作为基本路线，把一般表面和辅助表面的加工工序按合理的顺序安排到基本路线中去，有些还要作适当的合并。所以，当工艺路线确定后，工序内容一般也就确定了。

在工序设计中，主要根据零件形状特征选择加工基准、确定装夹方式及装夹次数，并安排各个表面的加工顺序等。上述工作采用各种逻辑决策和数学计算等方法来解决。

（2）工序尺寸和公差的计算。零件在加工过程中，各工序的加工尺寸和公差是根据逆向设计原理计算的。

现在的创成式 CAPP 系统中已有多种计算机辅助求解工艺尺寸链的方法，例如，工序尺寸图解法、尺寸跟踪法及尺寸树法等。这些都已作为一种通用的功能子程序，需要时可以随时调用。

（3）工序图的自动绘制。工序图的自动绘制是创成式 CAPP 系统中的重要研究课题。由于图形语言直观、简洁，适合工厂使用，目前，我国大多数工厂中还使用附有工序图的工序卡片。所以，如果创成式 CAPP 系统能自动绘制出工序图，则可大大提高它的使用价值。

绘制工序图必须从创成式 CAPP 系统本身获得每个工序的图形信息，自动绘制出工序图，并能把工序尺寸、公差及各种技术要求标注在工序图上。

零件由毛坯状态向最终状态的演变过程中，需经过一个个不同的加工状态，逐步去掉自身多余的材料而最终完成演变。这些不同的加工状态反映在图形上就是各加工工序的工序图。所以，从逻辑上看，零件图与工序图的关系如同是树根与树枝的关系，即工序图是由零件图延伸而派生出来的。

为了使创成式 CAPP 系统能自动生成和绘制工序图，必须对创成式 CAPP 系统的零件信息描述和输入方法提出更高的要求。首先，对零件信息的描述必须完整，即对零件的几何形状和技术要求信息必须详细输入。其次，输入零件信息时，除了输入必要的数据和符号以外，还必须完整地输入零件的图形信息，并在计算机内生成零件图形，储存在图形文件中。这是因为没有图形信息，也不可能产生工序图。

工序图绘制的一般方法有以下两种：

（1）图素参数法。该方法要求将零件的图形要素分离成图素单元，然后确定绘制各图素所需要的参数。对每一种图素单元编制一个绘图子程序。所有子程序构成工序图图素库，CAPP控制模块向工序图绘制子程序提供了各工序的每一个加工表面要素的尺寸信息，这些尺寸信息就是绘图子模块的输入参数。每个图素单元的绘图子程序都设置一个图素标识符，根据图素标识符和输入参数可以方便地调出相应的子程序，绘制出图形。这种方法适合于图素容易分解的零件，如回转体零件。该方法的难点在于工艺决策系统很难向子程序提供各图素所需的参数。

（2）特征参数法。该方法也称特征拼装法，它以圆柱体、倒角、孔等形状特征为基本单元进行拼装式绘图。零件模型和工艺规程都要求是基于特征的。特征参数法是目前常用的一种方法。这种方法适合于回转体零件图的绘制，其他类型零件的工序图绘制也可以借鉴这种方法。

6. 创成式 CAPP 系统的特点

（1）创成式 CAPP 系统不依赖于操作人员的知识、经验，不需人工干预，能保证相似零件工艺过程的高度相似性和相同零件工艺过程的高度一致性。

（2）创成式 CAPP 系统能实现工艺过程合理化和优化，容易适应生产技术和生产方式的发展。

（3）便于 CAD/CAM 的集成。

（4）系统一切从零开始，对一些显而易见的工艺决策问题显得浪费计算机的时空资源，系统规模庞大，开发技术难度大。

3.3.3 半创成式 CAPP 系统

半创成式 CAPP 系统，又称为混合式、综合式 CAPP 系统。半创成式 CAPD 系统是将派生式 CAPP 系统与创成式 CAPP 系统相结合，利用这两种方法的优点，克服各自的缺点。半创成式 CAPP 系统沿用派生式 CAPP 系统的检索编辑原理，在生成和编辑工序时却引入了创成式 CAPP 系统的决策逻辑。由于 CAPP 系统是面向企业的实用软件，所以，要建立完全创成式 CAPP 系统是很困难的，因此，半创成式 CAPP 系统是目前实用型 CAPP 系统的主要形式。

1. 半创成式 CAPP 系统的工作原理

半创成式 CAPP 系统综合了派生式 CAPP 系统与创成式 CAPP 系统的方法和原理，采取派生与自动决策相结合的方法生成工艺规程，如需对一个新零件进行工艺设计时，先通过计算机检索零件所属零件族的标准工艺，然后根据零件的具体情况，对标准工艺进行自动修改，工序设计则采用自动决策，进行机床、刀具、工装夹具以及切削用量的选择，输出所需的工艺文件。半创成式 CAPP 系统的工作原理如图 3-17 所示。半创成式 CAPP 系统兼顾了派生式 CAPP 系统与创成式 CAPP 系统两者的优点，克服了各自的不足，既具有系统的简洁性，又具有系统的快捷和灵活性，具有很强的实际应用性。

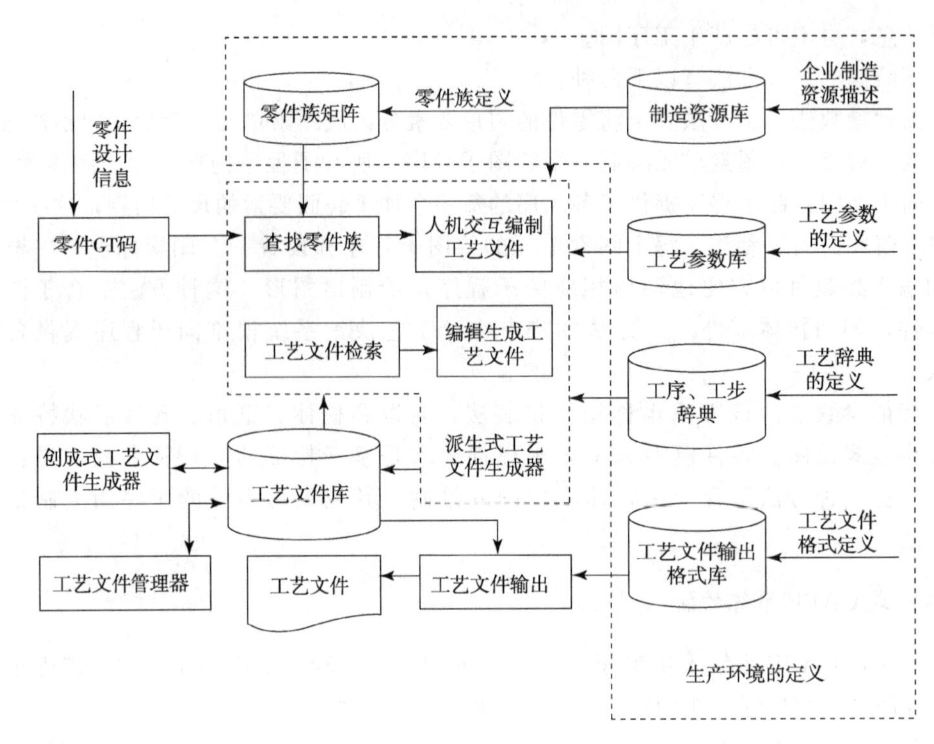

图 3-17　半创成式 CAPP 系统的工作原理

2. 半创成式 CAPP 系统的工艺生成方法

在 CAPP 的设计中，最为关键的是工艺文件的生成，由于该部分涉及面广，包括毛坯的设计、工序的设计（定位、夹紧、工序顺序安排、热处理安排等）、工序尺寸的计算、机床的选择、刀具及量具的确定等，因此，需要分别建立其相应的功能模块。其中关键部分是采用不同表面生成不同加工链方法，然后通过相关模块的逻辑判断，很好地解决工艺的生成。

1）工艺路线决策

生成合理的工艺路线是 CAPP 系统的关键。半创成式 CAPP 系统工艺路线的生成是利用派生式原理，也就是按成组技术原理，对零件进行分类编码、划分零件族并编制标准工艺的。在生成具体零件工艺时，对检索的零件族标准工艺进行编辑修改，生成零件的工艺路线，而工艺路线的编辑是依据零件 GT 码，并由工艺决策模型自动进行筛选的。

根据零件表面要素确定其加工链，加工链可描述为：在一定的工艺条件下，加工某特征表面，为达到预定的工艺要求所采用的加工路线（加工步骤）的字符串表达式。例如：加工精度等级为 IT7，表面粗糙度 Ra 为 1.6μm，最终热处理硬度小于 32HRC 的黑色金属材料的外圆柱面，加工路线为粗车外圆→半精车外圆→精车外圆，如果在系统中建立的工步代码中，12、24、43 分别代表粗车外圆、半精车外圆、精车外圆，则该圆柱面的加工路线可表示为 122443 数码串，也即加工链为 122443。通过将各特征表面加工方案转化为加工链，以便于计算机识别、推理。加工链决定了加工零件各特征表面的加工方法，可作为工艺编辑、工序内容（工步顺序和内容）的生成、工序尺寸的计算、切削参数计算、工时定额计算等的依据。对于加工链的确定，根据零件的加工精度、表面粗糙度、热处理情况、批量大小以及毛坯形式有不同的结果。

工艺路线决策模型是根据生成的零件特征表面加工链文件，对标准工艺文件的各主要工序进行匹配比较来编辑工艺，也就是根据输入的几何信息和工艺信息，生成零件各特征表面的加工链，再根据加工链对标准工艺进行编辑。编辑过程的原理如下：首先对标准工艺路线的主要加工工序进行搜索，把搜索到的主要工序与零件的加工链文件中的特征表面加工链的工序序列进行比较，如两者能对应，就保留该工序，否则就删除。例如，在工艺路线中检索到精车工序（工序代码为43），该零件的加工链文件中存在一个加工链为122443，说明加工链中有粗车、半精车、精车工序，在编辑工艺路线时要保留精车工序，反之则删除。

2）工步的确定

通过以上的加工链可以看出，各个工序对应表面的加工内容就是工步。在完成精车外圆的工步后，所获得的尺寸就是零件的标注尺寸，精车之前的尺寸即半精车后的尺寸，依此类推，可以计算出该表面要素的各个工序尺寸。

3）机床的选择

系统中将各类机床的加工精度、规格等通过数据库的形式存放在计算机中，根据零件表面要素的加工方法、加工精度、加工尺寸等，通过决策逻辑自动确定所用的机床。如车床的确定取决于零件的最大外圆尺寸、零件的总长以及是粗加工还是精加工等因素确定。

4）工艺装备的选择

系统中的刀具、量具及夹具是通过决策逻辑搜索对应刀具、量具、夹具库，找出相匹配的元素来确定的。

3.3.4 CAPP专家系统简介

1. CAPP专家系统的工作原理

CAPP系统是以计算机为工具，能够模仿工艺人员完成工艺规程的设计，使工艺设计的效率大大提高。但工艺设计知识和工艺决策方法没有固定的模式，不能用统一的数学模型来进行描述。设计水平的高低很大程度取决于工艺人员的实践经验，因此很难用传统的计算机程序来描述清楚。人工智能技术（Artificial Intelligence，AI）的发展，为CAPP的进一步发展开辟了新的道路。进入20世纪80年代后，以AI技术为基础的CAPP专家系统已成为制造业研究的主要课题之一，由于CAPP专家系统具有较大的灵活性以及处理不确定性和多义性的特点，因此CAPP专家系统克服了传统CAPP系统的缺点；同时，CAPP专家系统还具有对话能力和学习能力，使计算机能真正模拟工艺人员进行工艺设计。

CAPP专家系统与一般的CAPP系统的工作原理不同，两者在结构上也有很大差别，如图3-18所示。一般CAPP系统结构主要由两部分组成，即零件信息输入模块和工艺规程生成模块。其中工艺规程生成模块是CAPP系统的核心，它包括工艺设计知识和决策方法，而且这些知识都使用计算机能识别的程序语言编制在系统程序中。当输入零件的描述信息后，系统经过一系列的判断，调用相应的子程序或程序段，生成工艺规程。当使用环境有变化时，就必须修改系统程序。这对于用户来说是比较困难的，所以一般CAPP系统的适应性较差。

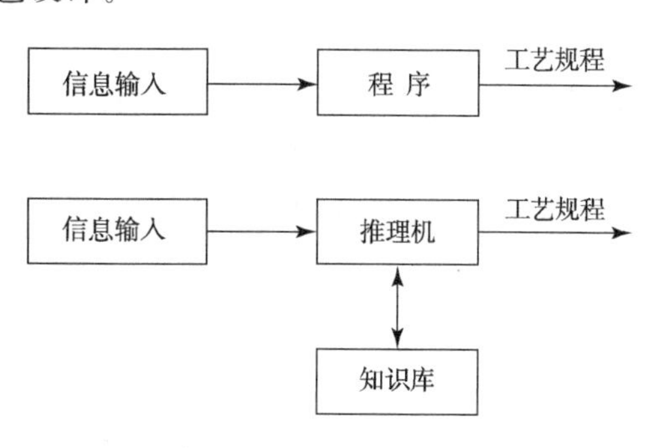

图3-18　一般CAPP系统与CAPP专家系统结构

CAPP专家系统由零件信息输入模块、知识库、推理机三部分组成，其工作原理如图3-19所示。其中知识库和推理机是相互独立的，CAPP专家系统不再像一般CAPP系统一样，在程序的运行中直接生成工艺规程，而是根据输入的零件信息频繁地去访问知识库，并通过推理机中的控制策略，从知识库中搜索能够处理零件当前状态的规则，然后执行这条规则，并把每一次执行的规则得到的结论部分按照先后顺序记录下来，直到零件加工达到一个终结状态，这个记录就是零件加工所要求的工艺规程。CAPP专家系统以知识结构为基础，以推理机为控制中心，按数据、知识、控制三级结构来组织系统，并且知识库和推理机相互分离，这就增加了系统的灵活性。当生产环境变化时，可以通过修改知识库，加进新规则，使之适应新的要求，因而解决问题的能力大大加强。此外，CAPP专家系统还包括解释部分，它负责对推理过程给出必要的解释，为用户了解推理过程、向系统学习工艺过程设计方法和系统维护提供了方便，使用户容易接受。

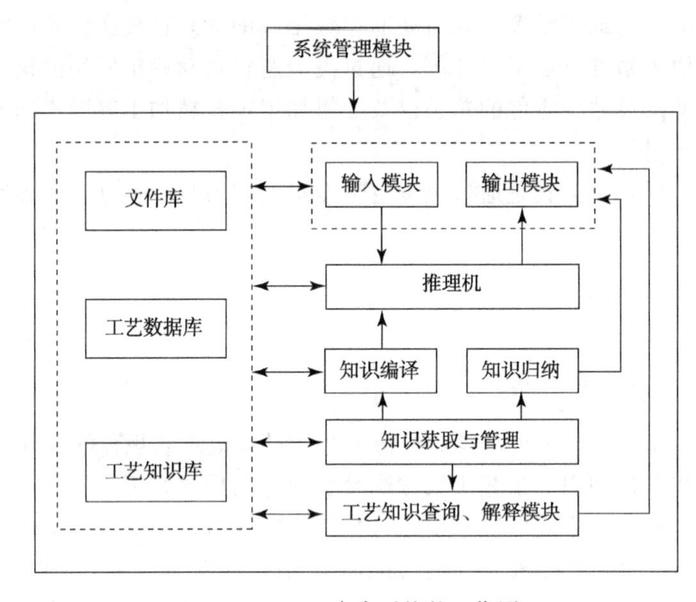

图3-19 CAPP专家系统的工作原理

CAPP专家系统能处理多义性和不确定的知识，可以在一定程度上达到模拟人脑进行工艺设计，使工艺设计中很多模糊问题得以解决。特别是对箱体、壳体等非回转类零件的工艺设计，由于它们结构形状复杂，加工工序多，工艺流程长，而且可能存在多种加工方案，其工艺设计的优劣主要取决于人的经验和智慧，因此采用一般原理设计的CAPP系统很难满足这些复杂零件的工艺设计要求。而CAPP专家系统能汇集众多工艺专家的知识和经验，并充分利用这些知识，进行逻辑推理，探索解决问题的途径和方法，因而能给出合理完善甚至最优的工艺决策。

2. CAPP专家系统的知识表达及知识库的建立

工艺过程所用的知识可分为陈述性知识、过程性知识和控制性知识。对陈述性知识，可以采用框架表示法来表达，而对控制性知识，则融入推理机的各种控制策略中。以下主要讨论过程性知识的表达及其知识库的建立。

在一般的CAPP系统中，都把工艺设计各阶段所用的工艺知识归纳成工艺决策逻辑形式，并编制在系统程序中。而在CAPP专家系统中，则是单独地建立工艺知识库。工艺知识在CAPP专家系统中属于过程性知识，它包括选择工艺决策逻辑（如选择加工方法、工艺装备以及切削用量等）、排序决策逻辑（如安排工序顺序、确定工序中加工步骤等）和加工方法知识（如加工能力、表面处理要求等）。一般都采用产生式规则来表示决策知识，这是由于产生式规则与人的思维方式相近，为人们所熟悉，也比较直观，容易收集和组织工艺专家的知识；而且这种规则彼此之间完全独立，容易适应各种情况，也容易检验、维护和扩充；另外，它还有描述不确定知识的能力，易于连接解释功能，从而使知识库更适合于解决实际问题。

产生式规则是将领域知识表示成一组或多组规则的集合，每条规则由一组条件和一组结论两部分组成。产生式规则的一般表达方式如下：

IF <条件 1>
  AND/OR <条件 2>
  ⋮
  AND/OR <条件 n>
THEN <结论 1>
  AND <结论 2>
  ⋮
  AND <结论 m>

例如：

IF 加工表面为淬火金属孔
  AND 直径 $D>12$
  AND 精度等级 IT7～IT8
  AND 表面粗糙度 Ra0.6～0.08μm
THEN 推荐采用精磨
  AND 要求预加工表面精度 IT10，表面粗糙度 Ra0.32μm

一般可以通过到生产厂家实际考察，调查研究，征求工艺专家的意见，阅读工艺书籍、工艺手册以及有关文献资料来收集工艺知识，再经过归纳、整理后，选择合适的表达形式，建立相应的工艺知识库。工艺知识库是一个完整的规则集，可以包括若干个规则子集，如加工方法规则集、工艺路线规则集、毛坯选择规则集、切削用量选择规则集、机床选择规则集等。

3. 推理机的控制策略

推理机是CAPP专家系统的控制结构，它规定了如何从知识库中选用适当的规则来进行工艺规程设计，只有在一定的控制策略下，规则才被启用。为了能在较短的时间内搜索到能启用的规则，一般都采用分阶段或分级推理的方法，也就是把工艺规程的设计划分为若干个子任务，如毛坯的选择、加工方法的选择、工艺路线的制定、工序设计、工序尺寸计算、切削用量计算以及加工费用计算等。有些子任务下面还可分为更小的子任务。知识库中的规则可按照各自所适用的子任务进行分组，按类存储。如加工方法选择的规则，还可进一步分成内、外圆柱面加工，内、外圆锥面加工，内、外螺纹加工，内、外花键加工，内、外圆柱齿轮加工等加工规则子集。要执行哪一个子任务，则相应地调用适合子任务的规则子集。使用这种分级推理方法，可以使内存需求少，搜索效率高，知识组织的条理性好，而且由于规则子集的范围很小，因此可以很快地求出问题的解答。

在CAPP专家系统中，一般都采用逆向搜索的方法，即从零件加工的最终状态开始，反向逐步选择合适的加工方法，直至选出无须预加工的毛坯状态为止，从而确定出加工计划。具体做法是：推理机根据用户提出的零件设计要求选用适当的规则，确定出能满足零件设计要求的最终加工方法和加工参数，并且给出这种方法所需的预加工零件状态，修改动态数据库，把预加工的零件状态作为新的要求再选用适当的规则，确定适当的加工方法和加工参数。这是一个递归过程，直到所确定的加工方法不再需要预加工为止。这时也就推出了零件所需的毛坯，由于这种推理方法是以零件的最终状态，即零件设计图样作为起始点，它在一开始就是确定的，而从已知要求出发进行选择，推理比较自然，也容易给定各级中间状态（每次加工所需的预加工要求），不会走弯路。采用这种方法设计工艺过程，容易满足最终目标要求，从而能保证零件的加工质量。

3.4 CAPP技术发展趋势

制造业进入21世纪，以信息化带动工业化，提升传统的制造业，信息化制造是必然的结果。各种先进制造模式的不断出现，要求CAPP向集成化、智能化、工具化、并行化、平台化、行业化方向发展，以适应信息化制造的需求。当前CAPP技术的发展趋势可以归纳为以下几个方面：

（1）集成化。现代集成制造是现代制造业的发展趋势，作为集成系统中的一个单元技术，CAPP系统集成化也是必然的发展方向。在并行工程思想的指导下实现CAD/CAPP/CAM的全面集成，进一步发挥CAPP在整个生产活动中的信息中枢和功能调节作用，这包括与产品设计实现双向的信息交换与传送；与生产计划调度系统实现有效集成；与质量控制系统建立内在联系；与制造执行系统之间建立信息与功能的集成等。

（2）智能化。作为工艺设计的辅助工具，CAPP系统不能仅仅停留在以解决事务性、管理性工作为主的阶段，而应该考虑将工艺专家的经验和知识积累起来，并加以充分利用。在工艺知识的获取、表达和处理各种知识的灵活性和有效性上进一步发展。在知识化的基础上，CAPP系统应该从实际出发，在工艺设计中，对各道工序、特征形体层面或在全过程中提供备选的工艺方案，并根据操作者的工作记录进行各种层次的自学习、自适应。

（3）工具化。为了能使CAPP系统在企业中更好地推广应用，CAPP系统应采用更好的开发模式。传统专用型CAPP系统虽然针对性强，但由于开发周期长，缺乏商品化的标准模块，适应性差，很难适应企业的产品类型、工艺方法和制造环境的发展和变化。而应用面广、适应性强的工具型CAPP系统，已经成为开发和应用的趋势。

（4）平台化。CAPP系统把系统的功能分解成一个个相对独立的工具，用户可以通过友好的用户界面根据自身的情况输入数据和知识，针对不同的应用环境，形成面向特定的制造环境和工艺习惯的具体CAPP系统。也可以将开发平台提供给用户，使用户可以进行CAPP系统的二次开发，在开发平台上构造符合用户需要的CAPP系统。从理论上讲，它可以适应各种应用环境，具有较好的通用性和柔性；而且由于还具有二次开发能力，能适应企业内部发生的变化。

（5）并行化。并行过程强调信息的及时传递与反馈，并行工程环境下的CAPP系统不仅是信息集成的中枢，同时也是各子系统间功能协调的关键。并行CAPP必须面向制造、面向成本、面向产品进行设计，它向上能对CAD的设计结果进行可制造性评价，同时还应具备对不合理的设计（如结构、尺寸、公差、精度、可用资源等）提出修改意见，供设计者参考，以保证产生一个完善的设计结果；它向下能接收来自CAM、ERP、MES等方面的信息，以控制工艺设计过程，从而实现工艺设计的技术合理性、加工工艺的经济性与制造资源的可用性。

（6）行业化。尽管不同企业CAPP应用需求差别较大，但同一行业内的产品工艺及设计管理模式具有较多的相似性，因此，有必要将CAPP系统平台的通用性与行业工艺的特殊性结合起来，总结不同行业工艺设计的特点，提取行业工艺知识，解决行业共性问题，建立面向行业的CAPP应用参考模型，具体包括工艺信息模型、功能模型、资源模型、组织模型、过程模型等，并以此为基础，提供面向行业的CAPP工艺解决方案。

思考题

1. 简述成组技术的基本原理。
2. 成组技术中，如何将零件分类成组？
3. 常用的零件分类编码系统有哪些？它们各有什么特点？
4. 简述CAPP系统的工作原理。
5. 派生式CAPP系统和创成式CAPP系统的工作原理、主要特点有何不同？
6. 以实例说明决策表、决策树在CAPP系统中的应用。
7. CAPP专家系统和一般的CAPP系统的工作原理有何不同？
8. 简述CAPP技术的发展趋势。

参考文献

蔡汉明，陈清奎. 2003. 机械CAD/CAM技术. 北京：机械工业出版社

王先逵. 2008. 计算机辅助设计与制造. 北京：清华大学出版社

殷国富，杨随先. 2008. 计算机辅助设计与制造技术. 武汉：华中科技大学出版社

张胜文，赵良才. 2005. 计算机辅助工艺设计—CAPP系统设计. 北京：机械工业出版社

赵汝嘉，孙波. 2003. 计算机辅助工艺设计（CAPP). 北京：机械工业出版社

郑华林，张茂. 1998. 计算机辅助工艺过程设计. 北京：石油工业出版社

仲梁维，张国全. 2006. 计算机辅助设计与制造. 北京：中国林业出版社，北京大学出版社

第4章　设备自动化技术

4.1　数控技术及数控机床

4.1.1　概述

世界机床技术的发展分三大阶段：①1769～1930年的小量零星生产用普通机床；②1930～1952年大量大批生产用高效自动化机床、自动线；③1952至今多品种、中小批量、柔性生产用数控机床。作为人类发展工业必不可少的复杂生产工具，机床技术的发展是人类知识、经验和科技成果的结晶。

数控机床和数控技术是微电子技术与传统机械技术相结合的产物。它根据机械加工的工艺要求，使用计算机技术对整个加工过程进行信息处理与控制，实现生产过程的自动化、柔性化。数控机床较好地解决了复杂、精密、多品种、小批量机械零件加工问题，为典型多品种、单件小批量生产零件的精密加工提供了优良的技术条件，是一种灵活、通用、高效的自动化机床。从第一台数控机床的诞生，数控技术便在工业界引发了一场不小的革命。近年来，数控机床更是日趋完善，具体有以下特点：

（1）不断改善和扩展以高精、高速、高效为代表的功能。通过采用64位RISC控制功能和交流伺服系统、提高元件的分辨率、主轴速度和进给速度、改善插补功能达到此目标。

（2）开放结构系统的发展。所谓开放是指系统内部数据可与外部的控制设备互相控制。

（3）采用新元件、新工艺。如新的集成半导体电路、超薄型液晶显示器、光纤等。

（4）改善和发展伺服技术。在完善交流伺服主轴电动机的同时，主要发展高速主轴电动机、直线进给电动机。

（5）采用通信技术。CNC技术使FMS、CIMS成为可能，FMS、CIMS的发展反过来要求CNC系统应具有通信、联网功能，以便实现CIMS环境下的信息集成和系统管理。现代CNC系统一般都具有通信的串行口和DNC接口。

4.1.2　NC与CNC的定义

数字控制（Numerical Control，NC）：用数字化信号对机床的运动及其加工过程进行控制的一种方法，简称为数控。

数控机床（NC Machine）：采用了数控技术的机床，或者是装备了数控系统的机床。国际信息处理联盟（International Federation of Information Processing，IFIP）第五技术委员会对数控机床作了如下定义：数控机床是一种装有程序控制系统的机床，该系统能逻辑地处理具有特定代码或其他符号编码指令规定的程序。

数控系统（NC System）：就是上述定义中所指的程序控制系统，能自动阅读输入载体上事先给定的程序，并将其译码，从而控制机床运动和加工零件过程。

计算机数控系统（Computerized Numerical Control System）是一种数控系统，由装有数

控系统程序的专用计算机、输入/输出设备、可编程序控制器（PLC）、存储器、主轴驱动及进给驱动装置等部分组成。习惯上称为 CNC 系统。

4.1.3 数控机床系统的基本构成

数控机床基本结构如图 4-1 所示，包括加工程序、输入装置、数控系统、伺服系统、辅助控制装置、检测装置及机床本体等几部分。

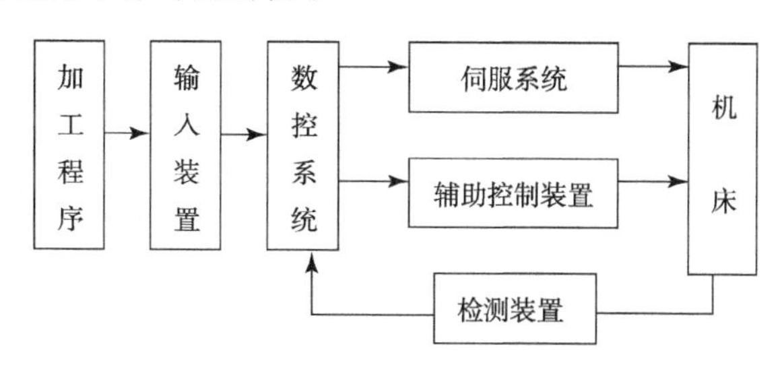

图 4-1 数控机床的基本构成

数控机床完成的基本动作主要有以下几种：

(1) 主轴运动。和普通机床一样，主运动主要完成切削任务，其动力占整个机床动力的 70%～80%。基本控制是主轴的正、反转和停止，可自动换挡及无级调速。对加工中心和有些数控车床还必须具有定向控制和 C 轴控制。

(2) 进给运动。数控机床与普通机床最根本的区别在于，用电气驱动替代了机械驱动。数控机床的进给运动由进给伺服系统完成，伺服系统包括伺服驱动装置、伺服电动机、进给传动及位置检测装置。

(3) 输入/输出（I/O）。数控系统对加工程序处理后输出的控制信号除了对进给运动轨迹进行连续控制外，还要对机床的各种状态进行控制。这些状态控制包括主轴的变速控制，主轴的正、反转及停止，冷却和润滑装置的启动和停止，刀具自动交换，工件夹紧和放松及分度工作台转位等。

国际标准《ISO4336-1981（E）机床数字控制——数控装置和数控机床电气设备之间的接口规范》规定，将数控接口分为下列四类。

Ⅰ类：与驱动命令有关的连接电路，主要指与坐标轴进给驱动和主轴驱动的连接电路。

Ⅱ类：数控装置与测量系统和测量传感器之间的连接电路。

Ⅲ类：电源及保护电路。

Ⅳ类：开/关信号和代码信号连接电路。

4.1.4 数控机床的分类

数控机床的种类很多，按不同的分类方法可以分成不同类别，归纳起来主要有以下几种分类方式。

(1) 运动轨迹分类。它可分为点位控制系统、直线控制系统、轮廓控制系统。点位控制系统控制刀具相对于工件定位点的坐标位置，对定位移动的轨迹无要求，在定位移动过程中不进行切削加工，如数控钻床、数控坐标镗床等。直线控制系统是指能控制刀具或工作台以给定的速度，沿平行于某一坐标轴方向进行直线切削加工的控制系统，如数控车床、数控镗、铣床和加工中心等。轮廓控制系统也称为连续控制系统，它能对两个或两个以上的坐标轴同时进行连续控制，在加工过程中，需要不断进行插补运算，然后进行相应的速度和位移控制。采用轮廓控制系统的数控机床的功能比较完善。

（2）按用途分类。它可分为金属切削类、金属成型类数控机床和数控特种加工机床。金属切削类机床主要有数控车、铣、钻、镗、磨床等。金属成型类机床主要有数控折弯机、弯管机和压力机等。数控特种加工机床主要有数控线切割机床、电火花加工机床和激光加工机床等。

（3）按进给伺服控制系统分类。它可分为开环伺服系统、闭环伺服系统和半闭环伺服系统。开环伺服系统对执行机构不进行位置检测，多采用步进电动机或电液脉冲马达作为伺服驱动元件，其控制精度较低。闭环伺服系统通过检测工作台的实际移动位移，并将其反馈回伺服控制系统，控制系统通过与理想值相比较，从而调整工作台的位移偏差。这种方式控制精度高、速度快，但系统复杂、成本高。半闭环伺服系统与闭环伺服系统的区别在于，检测装置是检测伺服电动机的转角而不是检测工作台的实际位置。它的构造成本比闭环伺服系统要低、调试容易些，精度比开环伺服系统高。

（4）按数控装置分类。它可分为硬线数控系统和软线数控系统。硬线数控系统由专用的固定组合逻辑电路实现，其灵活性差、制造成本高，现在基本不采用。软线数控系统由小型或微型计算机和一些通用或专用的集成电路构成，其主要功能由软件实现，系统的适应性强、利用率高、构造成本相对较低。

4.1.5 数控机床的基本技术

1. 数控编程技术

1）数控编程概念

数控编程是指从确定零件加工工艺路线到制成控制介质的整个过程，而生成一定格式的加工程序单。数控程序作为数控机床加工零件的指令集，直接影响零件加工的质量、生产效率和生产成本。

在数控编程过程中，首先考虑的问题是要满足零件加工的要求，能加工出符合图样的合格零件，同时也应该考虑尽量优化生产效率和生产成本，充分发挥数控机床的功能。一般来说，数控编程过程主要包括：零件图样分析、工艺处理、数学处理、程序编制、控制介质制作和程序校核试切等过程，如图 4-2 所示。

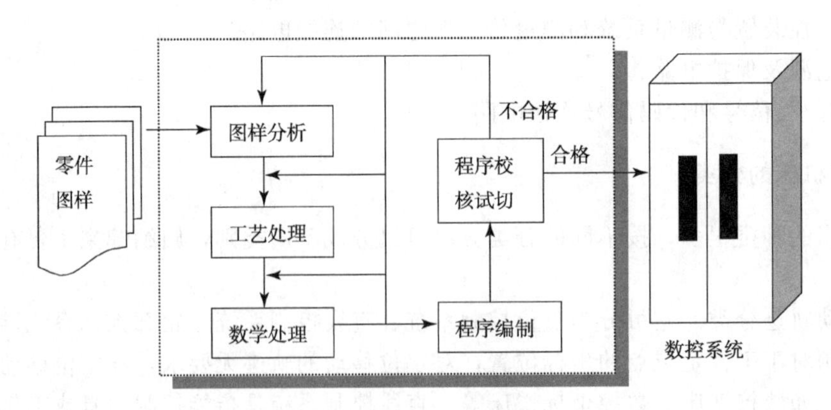

图 4-2 数控编程过程

数控编程过程的具体步骤如下：

（1）零件图样分析。分析零件的材料、形状、尺寸、精度、批量要求以及毛坯形状和热处理要求等，在此基础上明确加工内容要求，确定加工方案。

（2）工艺处理。主要包括选择合适的数控机床、设计夹具、选择刀具、确定合理的走刀路线及选择合理的切削用量等。工艺处理实际上涉及的问题很多，例如夹具要尽量安装使用方便，装夹的次数尽可能少；编程原点和坐标系的选择应使编程简化，引起的加工误差小；选择合理的走刀路线和切削量，尽量减少空切，保证加工过程的安全；等等。

（3）数学处理。根据零件图样和确定的加工路线，计算出数控机床所需要的输入数据。数学处理的复杂程度取决于零件的复杂程度和数控装置的选择。当零件形状比较复杂、数控装置的插补功能不强时，可借助计算机完成相应的任务。

（4）程序编制和输入介质准备。根据数学处理计算出数据和确定的加工用量，编制相应的数控代码，并根据数控装置对输入信息的要求，制作相应的输入介质。穿孔纸带是过去常用的输入介质，但随着计算机技术在数控系统中普遍使用，数控代码可以直接存放在计算机的储存设备上，大大方便了程序编制和修改。

（5）程序校核试切。生成的数控代码进行试切验证，如果加工的零件合格，则可以进行数控加工，如果试加工的零件达不到图样规定的要求，应该分析原因，返回前面适当的步骤进行修改，直到满足要求为止。

2）编程方法

数控编程方法主要有手工编程、自动编程、面向车间的编程（Workshop Oriented Programming，WOP）和 CAD/CAM 集成系统的数控编程。

（1）手工编程。手工编程是指编制零件数控加工程序的各个步骤，即零件图样分析、工艺处理、数学处理、程序编制和输入介质准备直至程序的检验等过程，均是由人工完成的。对于几何形状不太复杂的零件，计算比较简单，程序段不多，采用手工编程容易实现。但对于具有复杂空间曲面轮廓的零件，计算烦琐、程序量大、难校对，甚至无法手工编制出控制程序。

（2）自动编程。使用计算机编制数控加工程序，自动地输出零件加工程序及自动制作控制介质过程称为自动编程。在国外，自动编程语言最先由美国麻省理工学院在 1995 年研制成功的 APT（Automatically Programmed Tool）系统，APT 语言是对工件、刀具的几何形状以及刀具相对于工件的运动等进行定义时所用的符号语言。使用 APT 语言书写零件加工程序，经过 APT 语言编译系统编译可生成刀位文件，进行数控后置处理，能自动产生数控系统能接受的零件加工程序。在此基础上发展起来还有日本的 FAPT、德国的 EXAPT 等。国内开发的自动编程工具主要有 SKC-1、ZCX-1 等。

（3）面向车间的编程（WOP）。它介于手工编程和自动编程之间的一种编程方法。它可借助计算机完成一些复杂的数学处理工作，并提供人机交互界面，让编程人员可以方便地融入自己实际的加工经验。它在很大程度上减轻了编程人员的强度，提高了编程效率。

（4）CAD/CAM 集成系统的数控编程。它以待加工零件的 CAD 模型为基础的一种集加工工艺规划及数控编程为一体的自动编程方法。而适用于数控编程的 CAD 模型主要有表面模型（Surface Model）和实体模型（Solid Model），其中表面模型应用得最为广泛。其编程的过程一般包括刀具定义和选择、刀具相对于零件表面运动方式的定义、切削参数的选择、走刀轨迹的生成、加工过程动态仿真、程序校验和后置处理等。目前流行的 CAD 软件，如 Solidwork、UGⅡ、Pre/E、I-deas 等，都具有数控编程模块，而更专业的数控编程 CAD 软件有 MasterCAM、

SurfCAM 等，它们的设计绘图功能相对要弱一些，但更侧重于数控编程。

2. 数控机床插补原理

在数控加工过程中，加工对象的轮廓种类很多。对于一些复杂的高次空间轮廓曲面，其刀具轨迹的计算非常复杂，计算量很大，难以满足数控加工的适时性要求。因此在实际应用中，采用小段直线或圆弧（在有些场合，使用抛物线、螺旋线甚至三次样条等高次曲线）对加工对象的轮廓曲面进行插补（也可理解为曲面拟合）。一般来说，对两坐标联动，有直线、圆弧和抛物线插补；对三坐标联动，有空间直线插补，空间直线、圆弧与抛物线之间的两两组合的综合插补；对四坐标联动，有圆弧、抛物线与双直线（或单直线）综合的五维（或四维）的插补。

插补的任务就是根据进给速度的要求，完成这些拟合曲线起点和终点之间的中间点的坐标值计算。目前普遍应用的插补算法主要分为两大类：

（1）脉冲增量插补。脉冲增量插补法适用于以步进电动机为驱动装置的开环数控系统。这类插补算法的特点是每次插补的结果仅产生一个行程增量，以一个个脉冲的方式输出给步进电动机。脉冲增量插补的实现方法较简单，通常仅用加法和移位就可完成插补运算，因而可用硬件电路来实现，这类用硬件实现的插补运算的速度很快。但是，CNC 系统一般均用软件来完成这类算法。用软件实现的脉冲增量插补算法一般要执行 20 多条指令，如果 CPU 的时钟频率为 5MHz，那么计算一个脉冲当量所需的时间大约为 40μs。当脉冲当量为 0.001mm 时，可以达到的坐标轴极限速度为 1.5m/min。如果要控制两个或两个以上坐标，且承担其他必要的数控功能时，所能形成的轮廓插补进给速度将进一步降低。如果要求保证一定的进给速度，只好增大脉冲当量，使精度降低。例如脉冲当量为 0.01mm 时，单坐标控制速度为 15m/min。因此脉冲增量插补输出的速率主要受插补程序所用时间的限制，它仅仅适用于中等精度和中等速度、以步进电动机为执行机构的机床系统。

（2）数据采样插补。数据采样插补适用于闭环和半闭环以直流或交流伺服电动机为执行机构的 CNC 系统。这种方法是将加工一段直线或圆弧的时间划分为若干相等的插补周期，每经过一个插补周期就进行一次插补计算，算出在该插补周期内各个坐标轴的进给量，边计算边加工，若干次插补周期后完成一个曲线段的加工，即从曲线段的起点走到终点。

3. 数控机床的刀具补偿

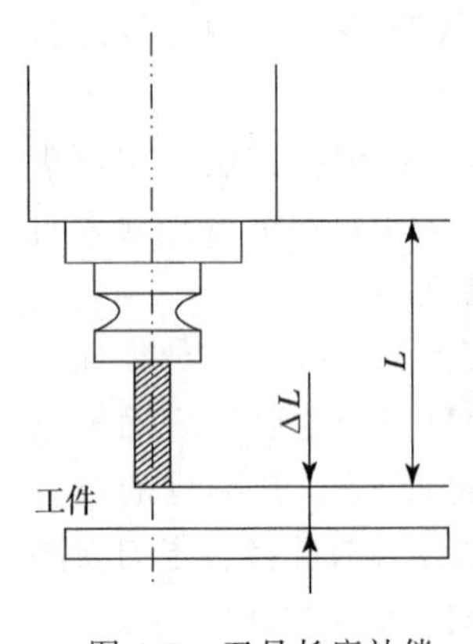

图 4-3　刀具长度补偿

为了简化数控编程，使数控程序尽量与刀具的尺寸和安装位置无关，数控系统一般都提供刀具补偿功能，主要是刀具长度补偿和刀具半径补偿。

（1）刀具长度补偿。由于夹具高度、刀具长度、加工深度等变化需要对切削深度进行刀具长度补偿，如图 4-3 所示，一般是使刀具垂直于走刀面偏移一个刀具长度修正值。刀具长度补偿主要针对两坐标或三坐标联动数控机床，对三坐标以上联动的数控机床是无效的。刀具长度补偿大多由操作者通过手动数据输入方式实现，也可通过编程实现。

（2）刀具半径补偿。在轮廓加工过程中，由于刀具总有一定的半径（如铣刀半径），刀具中心的运动轨迹与工件轮廓是不一致的，如

图 4-4 所示。如果不考虑刀具半径，直接按照工件轮廓编程，则加工出来的零件会比图样要求的轮廓小一圈或大一圈，因此实际加工时，应该使刀具偏移一个刀具半径 r，这种偏移称为刀具半径补偿。由于同一轮廓的零件采用不同尺寸的刀具，或同一尺寸刀具因重新调整或因磨损引起尺寸变化，所以程序编制时很难考虑刀具的补偿，一般由数控装置提供刀补功能进行刀补。

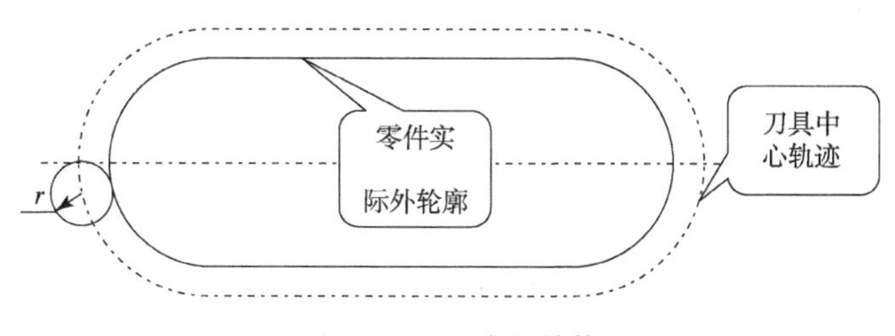

图 4-4　刀具半径补偿

4. 数控机床的伺服控制系统

数控伺服是数控系统和机床机械传动部件间的连接环节，是数控机床的重要组成部分。伺服系统主要包含机械传动、电器驱动、检测、自动控制等内容，它根据数控系统插补运算生成的位置指令，精确地变换为机床移动部件的位移。伺服系统直接反映机床坐标轴跟踪运动指令和实际定位的性能。

数控伺服通常指进给伺服系统，图 4-5 所示是一个典型的闭环进给伺服系统结构图。

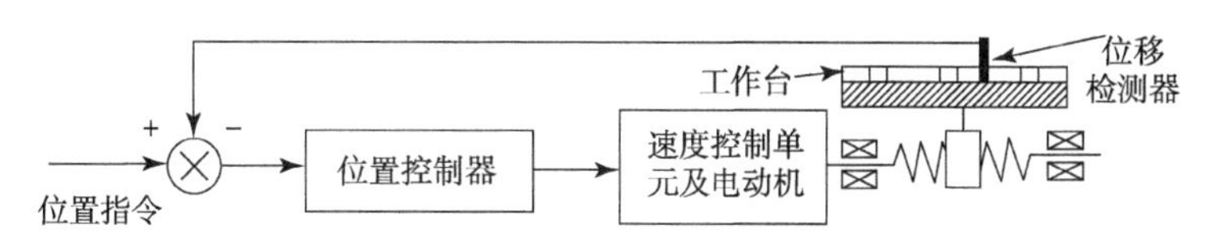

图 4-5　闭环进给伺服系统结构图

对于机床主轴控制，一般只需要满足主轴调速及正、反转功能。对于一些特殊加工，例如螺纹加工等，需要对主轴位置提出相应的控制要求时，也应该具有伺服驱动功能，此时称为主轴伺服系统。数控机床对伺服系统的一般要求如下：

(1) 调速范围宽。一般速比应大于 1∶10000，低速平稳，高速能满足进给速度要求。

(2) 高精度。控制精度能满足定位精度和加工精度要求，位置伺服系统的定位精度一般要求能达到 1μm 甚至 0.1μm。

(3) 快速响应好。一般使电动机转速从 0 升至加工转速或从加工转速降至 0，要在 0.2s 以内实现，甚至为几十毫秒。

(4) 低速大转矩。低速进给驱动要有大的转矩输出，以满足对切削力的要求。

(5) 系统工作可靠性较高，抗干扰能力强，工作稳定。

(6) 伺服驱动系统常用的驱动元件有步进电动机、直流伺服电动机和交流伺服电动机等。伺服驱动系统对驱动元件的要求主要有调速范围宽、稳定性好、负载特性硬、反映速度快、能适应频繁启停和换向等。

5. 数控系统的位置检测装置

在闭环和半闭环系统中，必须有位置检测装置。位置检测装置的作用是检测位移并发出反馈信号，经过 A/D 转换，返回控制装置，与控制信号相比较以修正机床的运动偏差。位置检测装置根据安装形式和测量方式可分为下面几种检测方式。

（1）增量式和绝对式。增量式检测只检测位移增量，它可以以任何一个对中点作为测量的起点。增量式检测优点是检测装置简单，然而一旦发生计数错误，就会引起后面的测量结果全错。绝对式检测的特点是，被测点的任一点的位置都从一个固定的零点算起，每一被测点都有一个相应的测量值，从而克服了增量式检测的缺点。

（2）数字式和模拟式。数字式检测是以量化后的数字形式表示测量值，得到的测量信号是脉冲形式，以计数后得到的脉冲个数表示位移量。数字式检测的信号抗干扰能力强，便于显示和处理。模拟式检测将被测量用连续的变量表示，如电压变化、相位变化。模拟式检测的信号处理电路较复杂，易受干扰，其主要用于小量程的高精度测量。

（3）直接检测和间接检测。若位置检测装置检测的对象就是被测对象本身，即称为直接检测，否则称为间接检测。对于工作台的直线位移，直接检测可以直观反映其位移量，但检测装置要与行程等长，在大型数控机床上应用有一定的限制。间接检测通过和工作台运动相关联的回转运动来间接地检测工作台的直线位移，使用可靠，无长度限制，但检测信号加入了直线转变为旋转运动的转动链误差，从而影响了检测精度。

4.1.6 数控机床中新技术的应用

1. 工业计算机（IPC）在数控机床中的应用

1）IPC 的基本结构

工业计算机（也称为工控机）的工作原理与商用计算机基本相同，但其结构和配件的配置要求与普通商用计算机有一定的区别。由于对工业环境适应性的特殊要求，其稳定性、抗干扰性等方面大大优于普通商用计算机。它与普通商用计算机主要区别在于以下几方面：

（1）箱体。工业计算机的机箱要求防尘、防震、防潮。

（2）供电系统。由于工业计算机不仅要为自身工作供电，而且还要为许多扩展卡、现场仪器仪表供电。因此其供电系统的功率设计要根据系统的实际要求确定。在要求连续作业的场合，还必须提供后备电源。

（3）底板。由于工业计算机在应用过程中，除了具备常用计算机显卡、声卡、网卡、Modem卡等常用扩展卡外，还需要添加 A/D 卡、D/A 卡、I/O 卡等扩展卡，因此常用计算机主板上的扩展槽不够用，所以一般工业计算机带有一块底板，其作用就是提供更多的扩展槽，并且通常采用 ISA 总线结构。

（4）主板。工业计算机主板上不带扩展槽，并同其他的扩展板卡一样插在底板上。有的主板集成有显卡，甚至集成有电子盘接口板。工业计算机比常用的计算机备有更多的串行输入/输出口，以满足通信的需求。

（5）扩展板。除了常用计算机的扩展板卡（如显卡、声卡、Modem 卡等）以外，工业计算机一般还有 I/O 板、A/D 板、D/A 板等扩展卡，以适应现场信号检测、动作控制的需要，具体配置可根据系统具体要求选用。

目前，国内市场上的工控产品主要来自台湾省厂家，如研华、研详、康拓、威达等，但浪潮等厂家也开发有一些工控产品。

2）IPC-NC的实现途径

IPC-NC的主要实现形式可归纳为三种：IPC内藏型NC、NC内藏型IPC、软件NC。

IPC内藏型NC是在NC内部加装IPC板，IPC板与CNC之间通过专用总线相连接，如图4-6所示。这一形式主要为一些大型CNC控制器制造商所采用，其优点是原型NC几乎可以不加改动就可以使用，且数据传送快、系统响应快；其缺点是不能直接使用通用IPC，开放程度受到限制。

NC内藏型PC就是将运动控制板或整个NC单元插入到PC的扩展槽中。PC作非实时处理，实时控制由CNC单元或运动控制板来承担，如图4-7所示。这种类型的优点是能充分保证系统性能，软件的通用性强，而且编程处理灵活；其缺点是很难利用原型CNC资源，系统可靠性有待进一步提高。

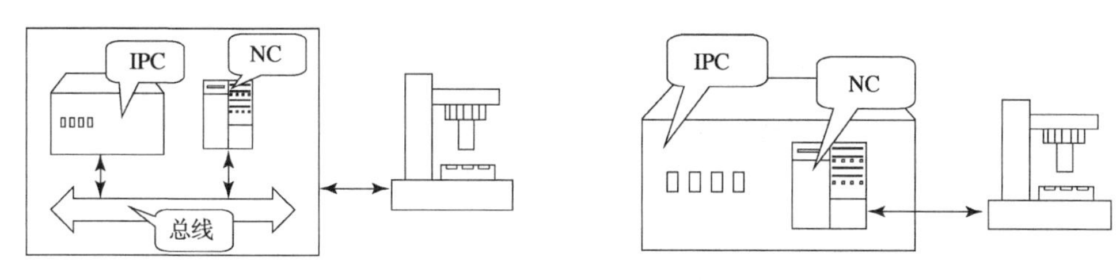

图4-6　IPC内藏型NC　　　　图4-7　NC内藏型IPC

软件NC是指NC系统的各项功能，如编译、解释、插补和PLC等，均由软件模块来实现，并通过装在PC扩展槽中的接口卡对伺服驱动进行控制，如图4-8所示。这类系统优点是可借助现有的操作系统平台（如Windows、Linux等）和大量应用软件（如VC、VB等），通过对NC软件的适当组织、划分、规范和开发，能方便地实现NC功能的扩充；其缺点是在通用PC上进行实时处理较困难，难以利用原型CNC资源，可靠性也还有待进一步提高。

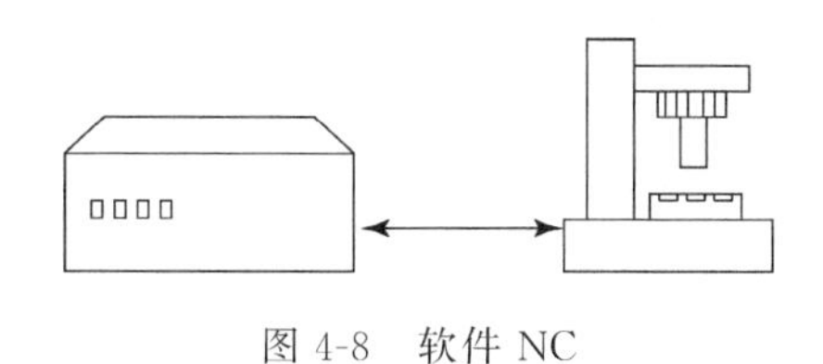

图4-8　软件NC

2. 计算机网络技术在数控机床中的应用

1）计算机网络技术在企业中应用状况

计算机网络是把分布在不同地点具有独立功能的多个计算机通过通信线路及其设备连接起来，配上相应网络操作系统，按照网络协议互相通信。其目的是共享各个计算机处理单元的软硬件资源和数据资源。

企业内部网络的应用可以分为两层，如图4-9所示，即处理企业管理与决策信息的信息网和处理企业现场实时测控信息的控制网。信息网一般处于企业上层，处理大量的、变化的、多样的信息，具有高速、综合的特征。控制网处于企业的下层，处理大量的车间现场设备信息，这些现场设备包括各种数控机床。而控制网要求具有协议简单、容错性强、安全可靠、成本低廉等特征。

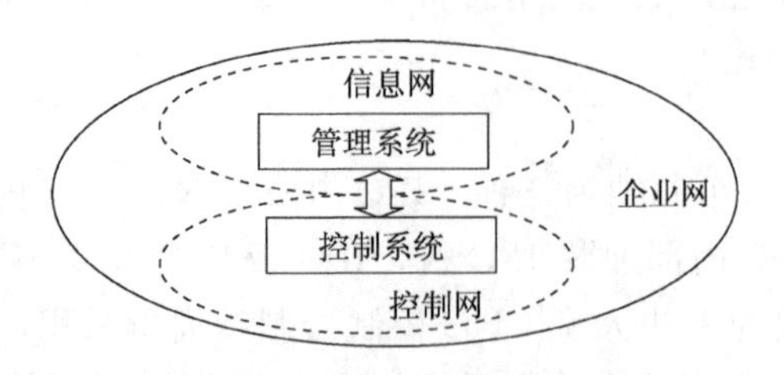

图 4-9 企业内部网应用结构

2）Net-NC 实现方式

目前 Net-NC 的典型应用是 DNC（Direct Numerical Control）系统和 FMS 系统。DNC 是把车间加工设备与上层控制计算机集成起来，实现若干台数控机床的集中管理。而 FMS 的主要特征之一是增加了物料流控制系统。

Net-NC 连接方式主要有以下三种：

（1）通过符合 MAP（Manufacturing Automation Protocol）标准的网络接口连接。它是美国 GM 公司研究和开发的一种通信标准，采用了标准 7 层 OSI/OS 网络模型，其优点是传输速度快，可以实现多种网络拓扑结构，但实现复杂，开发费用高，在国内应用很少。

（2）通过 RS232/RS485 等串口通信方式直接相连。在主机中安装一块串口通信卡，数控机床通过 RS232 或 RS485 以星形结构与主机连接。它的实现成本低，方法简单，但其通信速度慢，网络实现方式不灵活。

（3）通过以太网（Ethernet）相连。以太网采用目前网络技术最流行的、应用最广泛的 TCP 协议。它的实现简单，开放性好，网络实现方式灵活，是最具发展前景的一种互连方式。

Net-NC 从网络体系结构上可分为主从网络结构和分布式网络结构。在主从网络结构系统中，所有的数控机床必须依赖中央主机，中央主机负责存储分配各个数控机床数控程序。其连接方式简单，成本低，实现方便，但一旦主机出现故障，整个系统就瘫痪了。分布式网络结构正好克服了主从网络结构的缺陷。在这种体系结构中，每台数控机床通过 PC 与中央服务器连接，中央服务器只是提供信息交换和任务调度功能。当中央服务器出现故障时，每个数控单元也可单独作业，而不会造成整个系统瘫痪，从而提高了系统的安全性，但其成本较高。

3. 现场总线技术在数控系统中的应用

现场总线（Fieldbus）是一种互连现场自动化设备及其控制系统的双向数字通信协议。它是 20 世纪 90 年代蓬勃发展起来的新技术。科技界广泛认为，这一新技术已经对 21 世纪工业控制、工业自动化的各个领域产生深远的影响，并会在工业和其他领域中得到广泛应用。目前，现场总线有许多种类，其中应用较多的有 CAN（Controlledr Area Network）、LON（Local Operating Network）、Profibus 等。现场总线具有以下特点：

（1）高通信速率，可达 1Mbit/s；

（2）远距离传输，可达 10km；

（3）接口简单、安装方便；

（4）通信控制简单；

（5）扩展能力强；

（6）互操作性强；

（7）系统成本低。

在数控系统中采用现场总线技术主要为了更好适应 Net-NC 系统中低层网络通信和控制的需要。与 MAP 协议网络以及基于 TCP 协议的以太网相比，采用现场总线技术的控制网络在容错能力、可靠性、安全性以及工作效率上均有一定的优势。但其也存在一些明显的不足，最突出的问题是目前还没有统一的技术标准，而是一个多种现场总线并存的局面。典型基于现场总线的网络数控系统如图 4-10 所示。

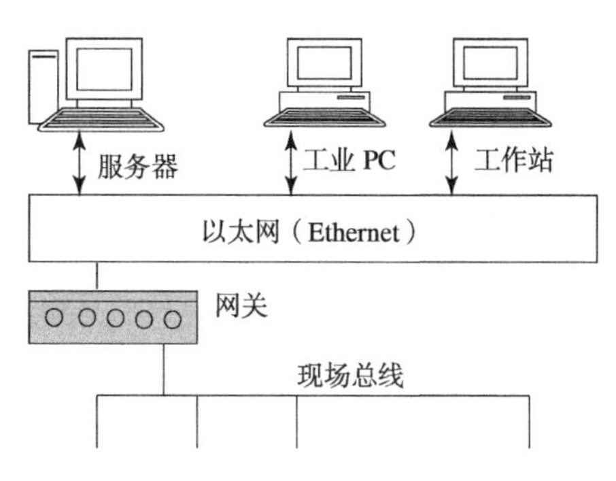

图 4-10　基于现场总线的网络数控系统

4.2　加工中心的构成及基本工作原理

4.2.1　加工中心的基本概念

加工中心是在数控机床之后出现，为了进一步提高加工效率，减少辅助时间，将更换刀具的动作与功能和数控机床集成而形成的自动化程度和生产率更高的新型数控机床。加工中心是备有刀库并能自动更换刀具对工件进行多工序集中加工的数控机床。工件经一次装夹后，数控系统能控制机床按不同工序（或工步）自动选择和更换刀具，自动改变机床主轴转速、进给量和刀具相对工件的运动轨迹及实现其他辅助功能，依次完成工件多种工序的加工。通常，加工中心仅指主要完成镗铣加工的加工中心。这种自动完成多工序集中加工的方法，已经扩展到各种类型的数控机床，例如车削中心、滚齿中心、磨削中心等。由于加工工艺复合化和工序集中化，为适应多品种小批量生产的需要，还出现了能实现切削、磨削以及特种加工的复合加工中心。加工中心具有刀具库及自动换刀机构、回转工作台、交换工作台等，有的加工中心还具有可交换式主轴头或卧-立式主轴。

加工中心和普通数控机床的主要区别有以下四点：

（1）有自动换刀装置（包括刀库和换刀机械手），能实现工序间的自动换刀，这是加工中心最突出的标志性结构。

（2）三坐标以上的全数字控制，经济型数控系统一般不能满足需要。

（3）具有多工序的功能。在一次装夹中，尽可能完成多工序加工，要实现多面加工一般应有回转工作台。

（4）还可配置自动更换的双工作台，实现机床上、下料的自动化。

世界上工业发达国家如美、德、日重视机床技术和机床工业的发展，机床制造技术先进，因此其工业发展较快。第一台加工中心是在1958年由美国卡尼-特雷克公司首先研制成功的。它在数控卧式镗铣床的基础上增加了自动换刀装置，从而实现了工件一次装夹后即可进行铣削、钻削、镗削、铰削和攻螺纹等多种工序的集中加工。

目前，加工中心是各类数控机床产品中发展最快、所占比重最大的一类产品，已成为制造业应用最广的一类设备。一些主要经济发达国家都把发展加工中心作为发展数控机床的首要任务，它的发展直接关系到国家经济建设和国防安全。

4.2.2 加工中心的技术特点、加工精度、类型与适用范围

1. 加工中心的技术特点

加工中心的技术特点主要表现在以下四个方面：

（1）带有自动换刀装置（ATC），可实现铣、钻、镗、铰、攻等多工序加工。

（2）加上托板自动交换装置（APC），可实现工件自动储存和上下料，组成柔性加工单元（FMC）。加工中心还可方便地组成FTL（柔性自动线）或FMS（柔性制造系统），由“单机”构成“制造系统”，便于进一步发展实现FA（工厂自动化）、CIM（计算机集成制造）、CIMS（计算机集成制造系统），可实现24h无人化运转，甚至可达72h等等。

（3）“柔性”大，换品种调整方便，能实现中小批量、多品种、柔性生产自动化，克服了高效自动化机床、自动线的“刚性”缺点。随着技术的发展，加工中心不断向高速化、复合化、柔性化等方面发展，不断提高加工效率，已逐步替代组合机床、自动线。

（4）生产率高。加工中心因有自动换刀功能实现多工序集中加工，停机时间短；同时，因可以减少工序周转时间，工件的生产周期显著缩短。加工中心在正常生产条件下其开动率可达90%以上，而切削时间与开动时间的比率可达70%～85%（普通机床仅为15%～30%），有利于实现多机床看管，提高劳动生产率。

2. 加工中心的加工精度

加工中心的加工精度一般介于卧式铣镗床与坐标镗床之间，精密加工中心也可以达到生产型坐标镗床的精度。加工中心的加工精度主要与其位置精度有关，加工孔的位置精度（例如孔距误差）大约是相关运动坐标定位精度的1.5倍。铣圆精度是综合评价加工中心相关数控轴的伺服跟随运动特性和数控系统插补功能的指标，其允差普通级为0.03～0.04mm，精密级为0.02mm。加工中心可粗、精加工兼容，为适应这一要求，其精度往往有较多的储备量并有良好的精度保持性。加工中心实现自动化加工还可避免如非数控机床加工时因人工操作出现的失误，保证加工质量稳定可靠，这对于复杂、昂贵的工件，意义尤为重要。加工中心自动完成多工序集中加工，可减少工件安装次数，也有利于保证加工质量。

3. 加工中心的类型与适用范围

加工中心适用范围广，主要适用于多品种、中小批量生产中对较复杂、精密零件的多工序集中加工，或为完成在通用机床上难以加工的特殊零件（如带有复杂多维曲面的零件）的加工。工件一次装夹后即可完成钻孔、扩孔、铰孔、攻螺纹、铣削、镗削等加工。

加工中心的类型及适用范围见表4-1。

表 4-1　加工中心类型及适用范围

类　　型	布局型式	特　　点	适用范围
立式加工中心	固定立柱型、移动立柱型	主轴支撑跨距较小。占地面积较小，刚性低于卧式加工中心，刀库容量多为16～40个	适用于中型零件、高度尺寸较小的零件加工，尤其是盖板类零件加工
卧式加工中心	固定立柱型、移动立柱型	主轴及整机刚性强，镗铣加工能力较强，加工精度较高，刀库容量多为40～80个	适用于中、大型零件及工序复杂且精度较高的零件加工，通常用于箱体类零件加工
五面加工中心	交换主轴头、回转主轴头、转换圆工作台	主轴或工作台可立、卧式兼容，多方向加工而无需多次装夹工件，但编程较复杂，主轴或工作台刚性受到一定影响	适用于多面、多方向或多坐标复杂型面的零件加工
龙门加工中心	工作台移动型、龙门架移动型	由数控龙门铣镗床配备自动换刀装置、附件头库等组成。立柱、横梁构成龙门结构，纵向行程大。多数具有五面加工性能，成为龙门式五面加工中心	适用于大型、长型、复杂零件加工

4.2.3　加工中心的典型自动化机构

加工中心除了具有一般数控机床的特点外，还具有其自身的特点。加工中心必须具有刀具库及刀具自动交换机构，其结构形式和布局是多种多样的。刀具库通常位于机床的侧面或顶部。刀具库远离工作主轴的优点是少受切削液的污染，使操作者在加工时调换库中刀具免受伤害。FMC和FMS中的加工中心通常需要大量刀具，除了满足不同零件的加工外，还需要后备刀具，以实现在加工过程中实时更换破损刀具和磨损刀具，因而要求刀库的容量较大。换刀机械手有单臂机械手和双臂机械手，180°布置的双臂机械手应用最普遍。

（1）自动换刀与刀库。加工中心刀具的存取方式有顺序方式和随机方式，刀具随机存取是最主要方式。随机存取就是在任何时候可以取用刀库中任一刀具，选刀次序是任意的，可以多次选取同一刀具，从主轴卸下的刀具允许放在不同于先前所在刀座上，CNC可以记忆刀具所在的位置。采用顺序存取方式时，刀具严格按数控程序调用。程序开始时，刀具按照排列次序一个接着一个取用，用过的刀具仍放回原刀座上，以保证确定的顺序不变。

（2）触发式测头测量系统。用于循环中（In cycle）测量，工序前对工件及夹具通过检测控制其正确位置，以保证精确的工件坐标原点和均匀的加工余量；工序后主要测量加工工件的尺寸，根据其误差作出相应的坐标位置调整，以便进行必要的补充加工，避免出现废品。触发式测头测量系统原理如图4-11所示。触发式测头具有三维测量功能。测量时，机械手将触发式测头从刀库中取出装于主轴锥孔中。工作台以一定速度趋近测头。当测杆端球触及工件被测表面时，发出编码红外线信号，通过装在主轴箱上方的接收器传入数控装置，使测量运动中断，并采集和存储在接触瞬间的 X、Y、Z 坐标值，与原存储的公称坐标值进行比较，即得出误差值。当检测某一孔的中心坐标时，可将该孔圆周上测得的3～4点坐标值，调用相应程序运算处理，即可得出所测孔的中心坐标。该测量系统一般只用于相对比较测量，重复精度0.5μm。在经测量值修正后，测量值误差可在5μm以内，可做全方位精密测量。触发式测头测量系统信号的传输和接收除上述红外辐射式外，常用的还有电磁耦合式。

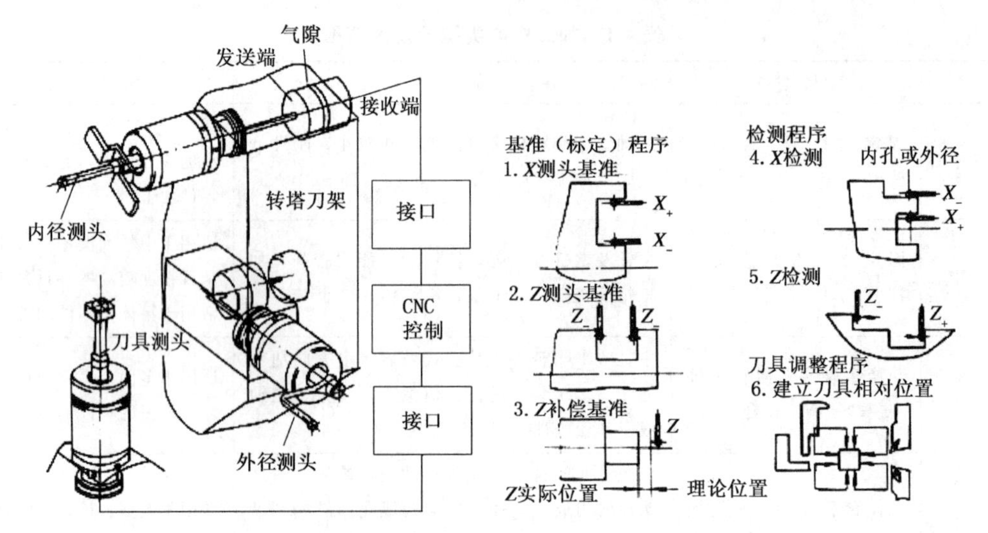

图 4-11　触发式测头测量系统原理图

(3) 刀具长度测量系统。用以检查刀具长度正确性以及刀具折断、破损现象，检测准确度为±1mm。当发现不合格刀具时，测量系统会发出停车信号。刀具长度测量系统是在机床正面两侧的地面上，装有光源和接收器，如需检测主轴上的刀长，可令立轴向前移动，接收器向数控系统发出信号，在数据处理后即可得出刀具长度实测值。经与规定的刀具设定长度比较，如果超出允差时，可发出令机床停车的信号。此外，也可以用触发式测头检测刀具长度的变化。

(4) 回转工作台。回转工作台是卧式加工中心实现 B 轴运动的部件，B 轴的运动可作为分度运动或进给运动。回转工作台有两种结构形式，仅用于分度的回转工作台用鼠齿盘定位，分度前工作台抬起，使上下鼠齿盘分离，分度后落下定位，上下鼠齿盘啮合，实现机械刚性连接。用于进给运动的回转工作台用伺服电动机驱动，用回转式感应同步器检测及定位，并控制回转速度，也称数控工作台。数控工作台和 X、Y、Z 轴及其他附加运动构成 4～5 轴轮廓控制，可加工复杂轮廓表面。此外，加工中心的交换工作台和托盘交换装置配合使用，实现了工件的自动更换，从而缩短了消耗在更换工件上的辅助时间。

4.2.4　卧式加工中心的布局结构形式

卧式加工中心的主要运动包括三个移动轴（X、Y、Z）和一个回转轴（B 轴），在四个运动轴的分配上，四个相对运动既可以分配给刀具，也可以分配给工件，或者由工件和刀具共同来完成。从目前机床结构看，回转轴一般都由工作台的回转来完成（B 轴），所以机床的布局主要在三个移动轴的分配上。按三轴运动实现方式和三个运动的分配，卧式加工中心的结构形式主要有三个，下面分别予以介绍。

1. 三个移动轴全部集中在刀具一侧来完成

具代表性的产品是哈挺公司（HARDINGE）的卧式加工中心 HMC700HPD（图 4-12），机床工作台固定，不作轴向移动，立柱沿十字滑鞍向 X 轴和 Z 轴移动，主轴箱在立柱上的完成 Y 轴移动。这种结构的机床，优点是适用于加工具有复杂形面的大型、重型箱体件，如大型汽车发动机箱体等；缺点是运动部件质量大，惯性力大，不适用于过高的进给速度和加速度加工。不过运动部件的质量虽大，但较恒定，由于刀具质量相对较小，改变刀具时，对运动部件质量变化影响不大，故机床的运动特性还是比较稳定的。

图 4-12　哈挺公司卧式加工中心 HMC700HPD

2. 三个移动轴分别由刀具和工件来完成

这种结构形式的机床产品很多，应用也最广、最普遍。可按三个移动坐标轴的配置方式进一步分为三种结构形式的机床。

(1) 第一种是工作台 Z 坐标移动、立柱 X 坐标移动的 T 形床身布局。该结构的特点是刀具切削处位置位移变化相对较小，工件和工作台的质量比立柱和主轴箱的质量小，保证移动部件质量最小的原则，而且工作台的 Z 轴移动还可以保证 Z 坐标的最大行程。该结构在精密卧式加工中心和高速加工中心中普遍采用，如迪西（DIXI）公司的精密卧式加工中心 DHP80（图 4-13）、德国 DMG 公司 DMC 系列卧式加工中心以及美国辛辛那提（CINCINATI）公司的 MAXIM 系列卧式加工中心等都采用该结构布局形式。

(2) 第二种是工作台 X 坐标移动、立柱 Z 坐标移动的 T 形床身布局。该结构应用也很普遍，如日本马扎克（MAZAK）公司的卧式加工中心 H-500、北京机床所精密机电有限公司的 μ2000 系列精密卧式加工中心（图 4-14）以及美国汉斯（HAAS）公司的 HS 系列卧式加工中心等。该结构运动部件的质量虽大，但较恒定，由于刀具质量相对较小，改变刀具时，对运动部件重量变化影响不大，故机床的运动特性还是比较稳定的。

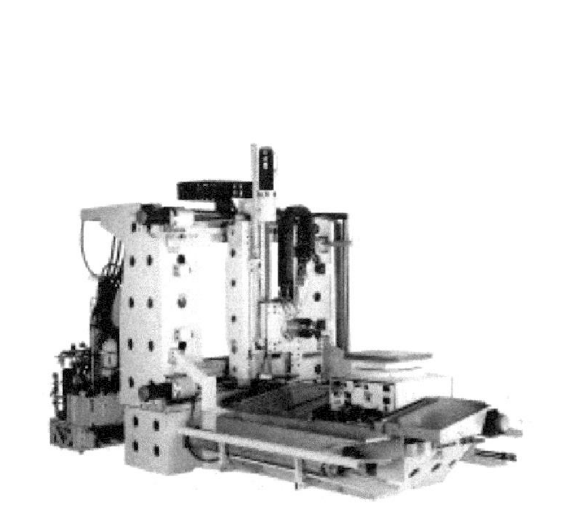

图 4-13　迪西公司精密卧式加工中心 DHP80

图 4-14　北京机床所精密机电有限公司的 μ2000 系列精密卧式加工中心

(3) 第三种运用直线电动机技术，主轴直接在横梁上作 X 向运动。以德国爱克塞罗（EX-CELL-O）公司 XHC 系列加工中心（图 4-15）为例，该结构的特点是高速，轴快移速度可达 120m/min，加速度为 1.4g，屑-屑时间为 2.6s，而且运动精度很高。

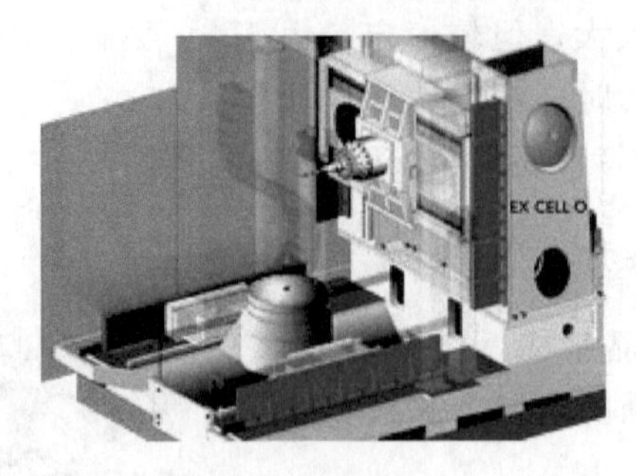

图 4-15　德国爱克塞罗公司 XHC 241

卧式加工中心移动轴的主要结构形式及特点如表 4-2 所示。

表 4-2　卧式加工中心移动轴的主要结构形式及特点

<table>
<tr><th colspan="2">三个移动轴</th><th>典　型　产　品</th><th>应　用　范　围</th><th>优　缺　点</th></tr>
<tr><td colspan="2">工作台固定、三轴移动均由刀具一侧完成</td><td>哈挺公司卧式加工中心 HMC 700HPD</td><td>加工具有复杂形面的大型、重型壳体件</td><td>运动部件质量大，惯性力大，不适合用于过高的进给速度和加速度加工</td></tr>
<tr><td rowspan="3">三轴移动由刀具、工件分别完成</td><td>工作台 Z 向移动，立柱拖板 X 移动</td><td>迪西公司精密卧式加工中心 DHP80</td><td>适合中、小型卧式加工精密机床采用的结构形式</td><td>刀具切削处位置位移变化相对较小，移动部件质量小，而且工作台的 Z 轴移动还可以保证 Z 坐标的最大行程</td></tr>
<tr><td>工作台 X 向移动，立柱 Z 向移动</td><td>北京机床所精密机电有限公司的 μ2000 系列精密卧式加工中心</td><td>适合中、小型卧式加工机床采用的结构形式</td><td>运动部件的质量虽大，但较恒定，因为刀具质量相对较小，改变刀具时，对运动部件重量变化影响不大</td></tr>
<tr><td>立柱固定，主轴 X 向移动</td><td>德国爱克塞罗公司 XHC 241</td><td>中、小型卧式加工机床较多采用的结构形式</td><td>结构的特点是高速，轴快移速度高，且运动精度高</td></tr>
</table>

4.2.5　立式加工中心

立式加工中心是指主轴轴线与工作台垂直设置的加工中心，主要适用于加工板类、盘类、模具及小型壳体类复杂零件。立式加工中心能完成铣削、镗削、钻削、攻螺纹等工序。立式加工中心最少是三轴二联动，一般可实现三轴三联动，有的可进行五轴、六轴控制。立式加工中心立柱高度是有限的，对箱体类工件加工范围小，这是立式加工中心的缺点。但立式加工中心工件装夹、定位方便；刀具运动轨迹易观察，调试程序检查测量方便，可及时发现问题，进行停机处理或修改；冷却条件易建立，切削液能直接到达刀具和加工表面；三个坐标轴与笛卡儿坐标系吻合，感觉直观与图样视角一致，切屑易排除和掉落，避免划伤加工过的表面。与相应的卧式加工中心相比，结构简单，占地面积较小，价格较低。立式加工中心分类一般如下：

（1）依据导轨分类。依据立式加工中心各轴导轨的形式可分硬轨及线轨。硬轨适合重切削，线轨运动更灵敏。

（2）依据转速分类。立式加工中心主轴转速 6000～15000r/min 为低速型，18000r/min 以上为高速型。

（3）依据结构分类。依据立式加工中心的床身结构可分为C型及龙门型。

4.2.6 五面加工中心

五面加工中心，是在工件一次装夹后，能完成除安装底面外的五个面的加工设备。五面加工中心的功能比多工作台加工中心的功能还要多，控制系统先进，其价格是工作台尺寸相同的多工位加工中心的二倍左右。这种加工中心兼有立式和卧式加工中心的功能，在加工过程中可保证工件的位置公差。常见的五面加工中心有两种形式，一种是主轴按相应角度旋转，可成为立式加工中心或卧式加工中心；另一种是工作台带着工件作旋转，主轴不改变方向而实现五面加工。无论是哪种五面加工中心都存在着结构复杂、造价昂贵的缺点。五面加工中心的坐标系统如图4-16所示。

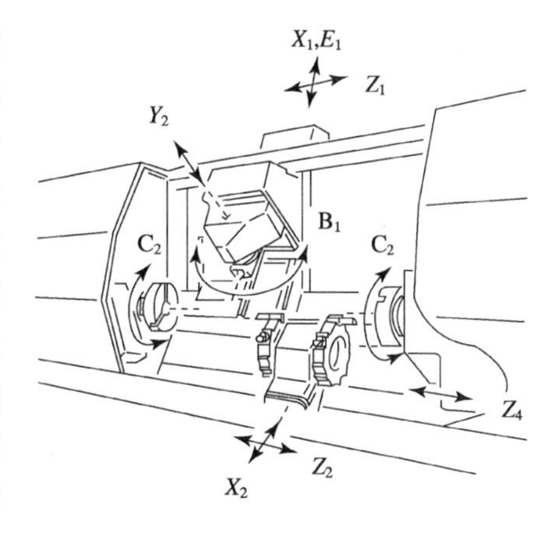

图4-16 五面加工中心坐标系统示意图

4.3 柔性制造单元和柔性制造系统

4.3.1 FMC和FMS的构成

柔性制造单元（Flexible Manufacturing Cell，FMC）由一台或几台设备组成，具有独立自动加工的功能，在毛坯和工具储量保证的情况下，具有部分自动传送和监控管理功能，具有一定的生产调度能力。高档的FMC可进行24h无人运转。

FMC可分为两大类，一类是数控机床配上机器手，另一类是加工中心配上托盘交换系统。配备机器手的机床由机器手完成工件和物料的装卸。配托盘交换系统的FMC，将加工工件装夹在托盘上，通过拖动托盘，可以实现加工工件的流水线式加工作业。

柔性制造系统（Flexible Manufacture System，FMS）。将FMC进行扩展，增加必要的加工中心数量，配备完善的物料和刀具运送管理系统，通过一套中央控制系统，管理生产进度，并对物料搬运和机床群的加工过程实行综合控制，就可以构成一个完善的FMS。

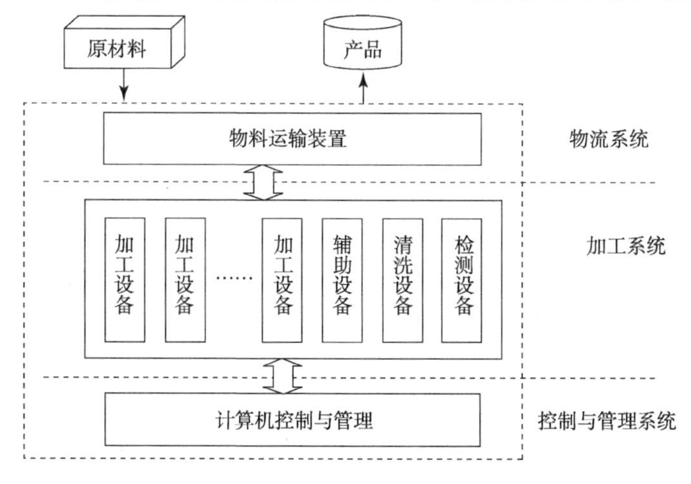

图4-17 FMS的基本构成

FMS的基本构成框架如图4-17所示，它主要由三部分组成，即计算机控制与管理层、以NC为主的多台加工设备、物料运输装置。与此相对应，可将其划分为控制与管理系统、加工系统、物流系统三个子系统。控制与管理系统实现在线数据的采集和处理，运行仿真和故障诊断等功能；加工系统能实现自动加工多种工件，自动更换工件和刀具，自动实现工件的清洗和测试；物流系统由工件流和刀具流组成，能满足变节拍生产的物料自动识别、存储、输送和交换的要求，实现刀具的预调和管理等功能。这三个子系统有机的结合，构成了FMS的能量流、物料流和信息流。

4.3.2 FMS应用的特点

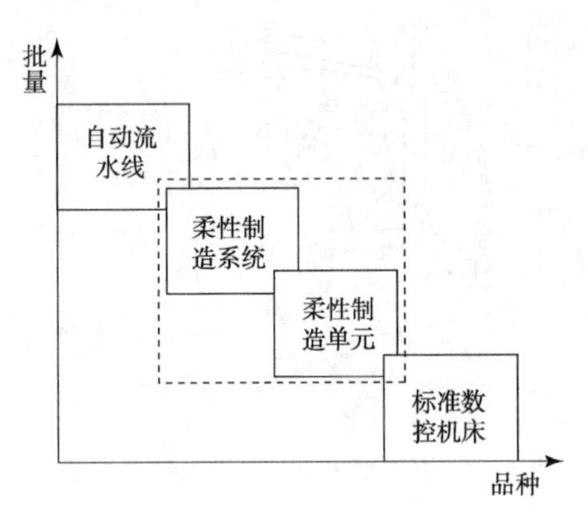

图4-18 FMS应用的特点

对于大批量、少品种的生产一般采用自动流水线作业，它的物流设备和加工工艺相对固定，所以也称为固定自动化。由于它的设备固定，缺少灵活性，所以只能加工一个或相似的几个品种的零件。而小批量、多品种的情况下多采用单台数控机床，它的特点是加工灵活性好，但相对于自动流水线来说生产效率低，制造成本高。因此对应中等批量、中等品种产品的加工，需要在自动流水线和单台数控之间选择一个折中方案，结合自动流水线和单台数控各自的优点，将几台NC与物料输送设备、刀具库等通过一个中央控制单元连接起来，形成具有一定柔性而又有一定连续作业能力的加工系统，即柔性制造单元或柔性制造系统。图4-18比较了几种加工方式适用范围。

4.3.3 FMS的加工系统

1. 加工系统的构成

FMS中的加工系统是实际完成加工任务，将工件从原材料转变为产品的执行部分。它主要由数控机床、加工中心等加工设备构成，有的带有工件清洗、在线检测等辅助设备。目前FMS的加工对象主要由棱柱体类和回转体类组成，对加工系统而言，通常用于加工棱柱体类工件的FMS由立卧式加工中心、数控组合机床和托盘交换器组成，用于加工回转体类工件的FMS由数控车床、切削中心、数控组合机床和上下料机械手或机器人及棒料输送装置等构成。一般来说，为了适应不同的加工要求，增加FMS的适应性，FMS最少应配备4～6台的数控加工设备。这些设备在FMS中的配置方式有并联、串联和混合形式等三种。

2. 加工系统的配置

FMS的加工系统原则上应该是可靠的、自动化的、高效的和易控制的，其实用性、匹配性和工艺性应良好，并能满足加工对象的尺寸范围、精度、材质等要求。因此其配置原则为：

（1）工序集中。如选用多功能机床、加工中心等，以减少工位数和物流负担，保证加工质量。

（2）控制功能强、可扩展性好。如选用模块化结构、外部通信功能和内部管理功能强，有内装可编程控制器，有用户宏程序的数控系统，以易于与上下料、检测等辅助设备相连接，增加各种辅助功能等。

（3）高刚度、高精度、高速度。选用切削功能强、加工质量稳定、生产效率高的机床。

（4）经济性好。如导轨油可回收、排屑处理快速彻底等，以延长刀具使用寿命，节省系统运行费用。

(5) 操作性好、可靠性好、维修性好，具有自保护性和自维护性。如能设定切削力过载保护、功率过载保护、运行行程和工作区域限制等，具有故障诊断和预警功能等。

(6) 对环境适应性与保护性好。对工作环境的温度、湿度、噪声、粉尘等要求不高，各种密封件性能可靠、无泄漏，切削液不外溅，能及时排除烟雾、异味。噪声振动小，能保护良好的工作环境。

4.3.4 FMS中的物流管理

1. 工件流支持系统

工件在FMS中的流动，是输送和存储两种功能的结合，包括夹具系统、工件输送系统、自动化仓库及工件装卸工作站。

(1) 夹具系统。在FMS中加工对象多为小批量多品种的产品，采用专用夹具会降低系统的柔性。因此多采用组合夹具、可调整夹具、数控夹具或托盘等装夹方式。

(2) 工件输送系统。工件输送系统决定FMS的布局和运行方式，一般有直线输送、机器人输送、环形输送等方式。

(3) 自动化仓库。FMS中输送线本身的储存能力一般较小，当必须加工的工件较多时，大多设立自动化仓库。它可以分平面仓库和立体仓库，平面仓库主要应用于大型工件的存储，而立体仓库是通过计算机和控制系统将搬运、存取、储存等功能集于一体的新型自动化仓库。

(4) 工件装卸工作站。它主要有毛坯入库工作站和成品出库工作站。入库工作站位于FMS物料输入的开始部位，出库工作站位于FMS的物料输出部分。

2. 刀具流支持系统

FMS的刀具流支持系统主要由中央刀具库、刀具室、刀具装卸站、刀具交换装置及刀具管理系统组成，如图4-19所示。

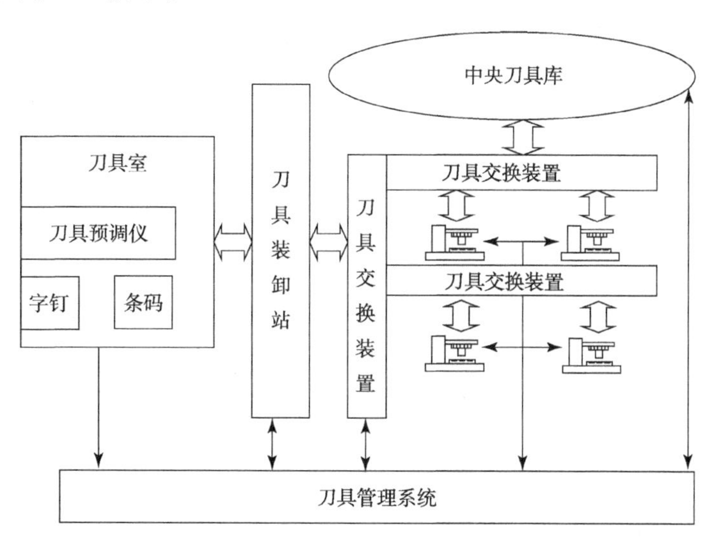

图4-19 FMS刀具流支持系统

(1) 中央刀具库。中央刀具库是刀具系统的暂存区，它集中储存FMS的各种刀具，并按一定位置放置。中央刀具库通过换刀机器人或刀具传输小车为若干加工单元进行换刀服务，不同的加工单元可以共享中央刀具库的资源，提高系统的柔性程度。

（2）刀具室。刀具室是进行刀具预调及刀具装卸的区域。刀具进入FMS以前，应首先在刀具预调仪（也称对刀仪）上测出其主要参数，安装刀套，打印钢号或贴条形码标签，并进行刀具登记；然后将刀具挂到刀具装卸站的适当位置，通过刀具装卸站进入FMS。

（3）刀具装卸站。负责刀具进入或退出FMS或FMS内部刀具的调度，其结构多为框架式。刀具装卸站的主要指标有刀具容量、可挂刀具的最大长度、可挂刀具的最大直径和可挂刀具的最大重量。为了保证机器人可靠的取刀和送刀，还应该对刀具在装卸站上的定位精度进行一定的技术要求。

（4）刀具交换装置。刀具交换装置一般是指换刀机器人或刀具输送小车，它们完成刀具装卸站与中央刀具库或中央刀具库与加工机床之间的刀具交换。刀具交换装置按运行轨道的不同，可分为有轨装置和无轨装置。实际系统多采用有轨装置，价格较低，且安全可靠。无轨装置一般要配有视觉系统，其灵活性大，但技术难度大，造价高，安全性还有待提高。

（5）刀具管理系统。刀具管理系统主要包括：刀具存储、运输和交换；刀具状况监控、刀具信息处理等。现在刀具管理系统的软件系统一般由刀具数据库和刀具专家系统组成。

3. 输送设备

物流系统中的输送设备主要有输送机、输送小车和机器人等。

（1）输送机。输送机的结构形式多为滚子输送机、链式输送机和直线电动机输送机，具有连续输送和单位时间输送量大的特点，常应用于环形布局的FMS中。

（2）输送小车。输送小车是一种无人驾驶的自动搬运设备，分为有轨小车和无轨小车。有轨小车由平行导向钢轨和在其上行走的小车组成，它利用定位槽销等机械结构控制小车的准确停靠，其定位精度可高达0.1mm。无轨小车没有导向的钢轨，制导方式主要有磁性制导、光学制导、电磁制导和激光扫描制导等。

（3）机器人。机器人是一种可编程的、多功能操作手，用于物料、工件和工具的搬运，通过可变编程完成多种任务。它一般由机器人本体、执行机构、控制结构和传感器等四部分构成。机器人编程方式主要通过手动示教、引导通过示教和编程语言等方式完成。

4.3.5 FMS中的信息流管理

1. FMS信息流结构

图4-20所示为FMS信息流结构图。信息流子系统是FMS的核心组成部分，它完成FMS加工过程中系统运行状态的在线监测、数据采集、处理、分析等任务，控制整个FMS的正常运行。信息流子系统的核心是分布式数据库管理和控制系统，按功能可分为四个层次。

（1）厂级管理信息：包括总厂的生产调度、年度计划等信息。

（2）车间层：一般包括两个信息，即设计单元和管理单元。设计单元主要控制产品设计、工艺设计、仿真分析等设计信息的流向；管理单元管理车间级的产品信息和设备信息，包括作业计划、工具管理、在制品（包括半成品、毛坯）管理、技术资料管理等等。

（3）设备控制单元层：属于设备控制级，包括对现场生产设备、辅助工具以及现场物流状态的各种控制设备。

（4）执行层：包括各种现场生产设备，主要是加工中心或数控机床在设备控制单元的控制下完成规定的生产任务，并通过传感器采集现场数据和工况以便进行加工过程的监测和管理。

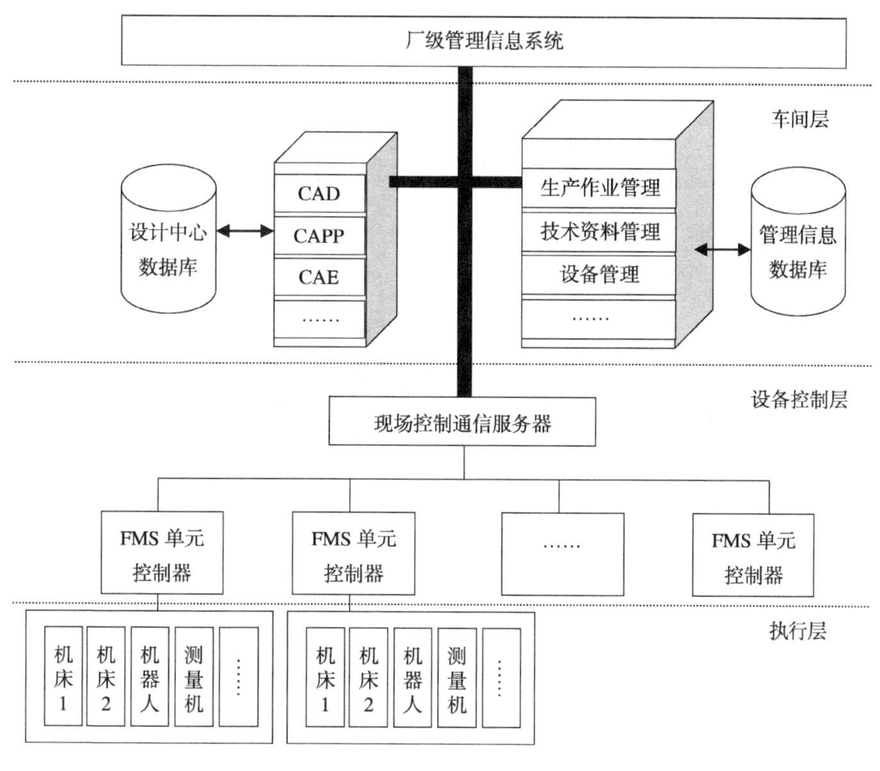

图 4-20　FMS 信息流结构

2. FMS 信息流特征

按 FMS 所管理的信息范围和控制对象可将它分为以下几类。

（1）刀具信息：包括刀具参数，属于哪些机床，刀具使用状况，刀具安装形式，刀具损坏原因，刀具处理情况，刀具使用频率统计等。

（2）机床状态信息：包括机床是否处于工作状况，机床的工况，机床故障发生情况，机床故障排除情况，机床加工参数。

（3）运行状态信息：包括小车的工况，托盘的工况，中央刀具库刀具所处状态（空闲或正在某机床上工作），工件的位置，测量站工况，机器人工况，清洗站工况等。

（4）在线检测信息：主要指所加工产品的合格情况，不合格产品应进行报废或返工处理。

（5）系统安全信息：包括供电系统的安全情况；系统工作环境的安全信息，如环境温度、湿度等；系统工作设备的安全信息，如小车保证不会相互碰撞、刀具安装可靠；系统本身的安全情况和工作人员的安全情况。

3. FMS 信息流程

图 4-21 为 FMS 的信息运行流程。

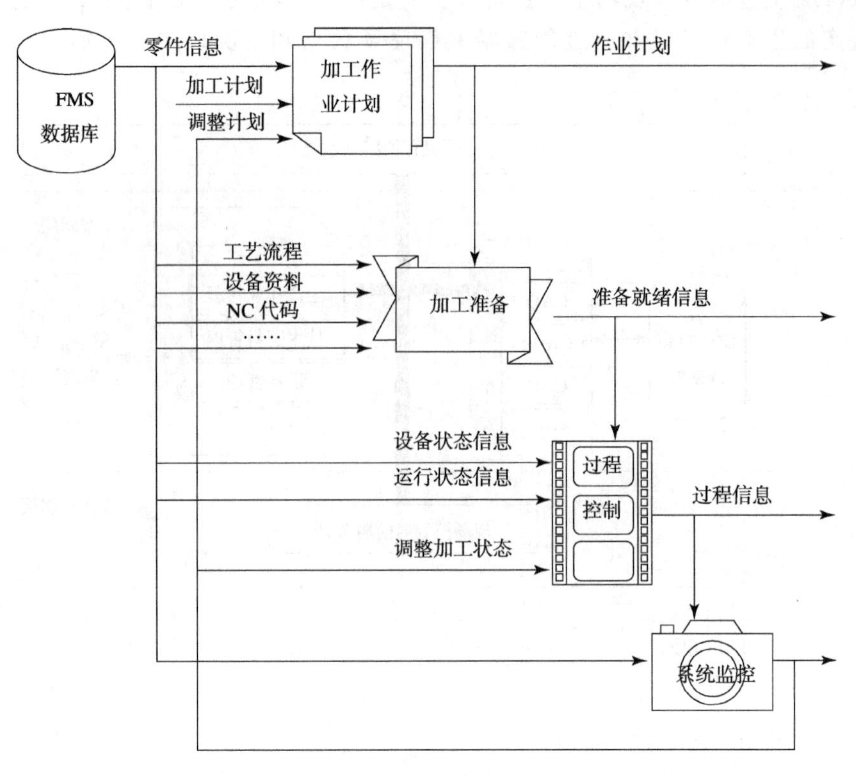

图 4-21　FMS信息流程

4.3.6　FMS发展趋势

FMS已经进入实用化阶段，并且随着相关科学技术的发展，不断引入新的技术，适应新的需要。FMS近期发展的主要趋势有：

（1）小型化。早期FMS强调功能的完善和柔性度好，但因此也产生了成本高、技术难度大、系统复杂、难以维护和推广的问题。为了适应众多中小型企业的需要，FMS开始向小型、经济、易操作和维修的方向发展，因此FMC开始得到众多用户的认可。

（2）模块化、集成化。为了有利于FMS的制造厂商组织生产、降低成本，有利于用户分期按需有选择地购买设备，逐步扩展和集成FMS。FMS的软硬件都向模块化方向发展，并由这些基本模块集成FMS，并以FMS为基础集成CIMS。

（3）单项技术性能和系统性能不断提高。例如：采用各种新技术，提高加工精度和加工效率；综合利用先进的检测手段、网络、数据库和人工智能技术，提高FMS各个环节的自我诊断、自我排错、自我积累与自我学习能力。

（4）应用范围逐步扩大。从加工批量上，FMS向适合单件和大批量方向扩展；另一方面，FMS从传统的金属切削加工向金属热加工、装配等整个机械制造范围发展。

4.4　加工自动线

机械加工自动线（简称自动线）是一组用运输机构联系起来的由多台自动机床（或工位）、工件存放装置以及统一自动控制装置等组成的自动加工机器系统。在自动线的工作过程中，工件以一定的生产节拍，按照工艺顺序自动地经过各个工位，不需要工人直接参与操作，自动地完成预定的加工内容。

自动线能减轻工人的劳动强度，并大大地提高劳动生产率，减少设备布置面积，缩短生产周期，缩减辅助运输工具，减少非生产性的工作量，建立严格的工作节奏，保证产品质量，加速流动资金的周转和降低产品成本。自动线的加工对象通常是固定不变的，或在较小的范围内变化，而且在改变加工品种时要花费许多时间进行人工调整，另外初始投资较多。因此自动线只适用于大批量的生产场合。

切削加工自动线通常由工艺设备、工件输送系统、控制和监视系统、检测系统和辅助系统等组成，各个系统中又包括各类设备和装置，如图 4-22 所示。

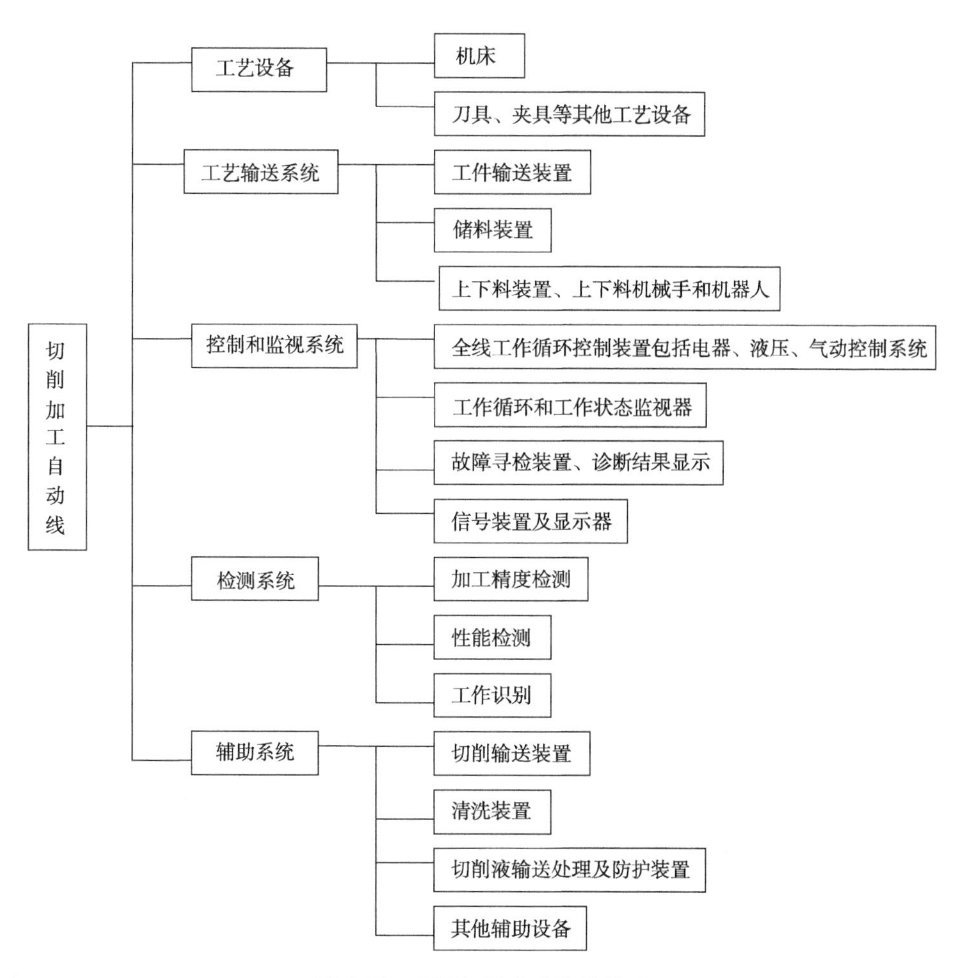

图 4-22　切削加工自动线的组成

由于工件类型、工艺过程和生产率等的不同，自动线的结构和布局差异很大，但其基本组成部分是大致相同的。切削加工自动线可以按多种方法分类（表 4-3）。

表 4-3 切削加工自动线的类型、特点和应用

分类法	类型	特点	应用
按工艺设备类型分类	通用机床自动线	由自动化通用机床或经改装的通用机床连成的自动线。建线周期短，收效快	通常用于加工比较简单的零件，特别是盘、轴、套、齿轮类零件的大量或批量生产
	组合机床自动线	由组合机床组成的自动线，生产率高，造价相对较低。专用性强，只能适应单一或几种同类型工件的生产	主要适用于箱体类零件、畸形零件的大量生产，有时用于批量生产
	专用机床自动线	由专门设计制造的自动化机床组成或连接而成的自动线。生产率高，制造成本高，周期长	如专用拉床组成的拉削自动线；加工特殊材料和对加工有特殊要求（如加工石墨块）的自动线
按工件类型分类	转子自动线	用转子机床，通过输送转子连成的自动线。生产率高，占地面积小	适用于加工工序简单的小零件，在切削加工中应用很少，可用于小零件的车、钻、铣、攻螺纹等工序。多用于冲压、挤压、压延等加工，如军工中的子弹及轻工小五金等行业（如自来水笔挂钩的卷边、压弯）
	回转体工件加工自动线	主要由自动化通用机床或经自动化改装的普通机床（如车床、内外圆磨床、铣端面打中心孔机床、花键加工机床、齿轮加工机床）及专用机床连成或专门规划设计制造组成	主要用于在切削加工过程中工件回转的加工，如轴、盘、套、齿轮、环类零件的加工
	箱体、杂件加工自动线	主要由组合机床和专用机床组成	主要用于加工时工件不转的工件和工序，如箱体及畸形件的钻孔、镗孔、铣削、攻螺纹等
综合加工自动线		线内装有多种机床和设备，能完成一个工件从坯料到装配前的全部加工工序，可减少工件的来回输送及制品数量	适用于包括多种形式加工，如气缸盖综合加工自动线（包括压装阀座及热处理）、轴类件综合加工自动线（包括热处理）、刹车蹄片加工自动线（包括加工和铆接非金属摩擦材料层）

4.4.1 通用机床自动线

在通用机床自动线上完成的典型工艺主要是各种车削、车螺纹、磨外圆、磨内孔、磨端面、铣端面、打中心孔、铣花键、拉花键孔、切削齿轮和钻分布孔等。

1. 对纳入自动线机床的要求

纳入自动线的机床比单台独立使用的机床要更为稳定可靠，要求包括能较好地断屑和排除切屑，具有较高的刀具耐用度与稳定可靠的自动工作循环，最好有较大流量的切削液系统，以便用来冲出切屑。对容易引起动作失灵的微动限位开关应采取有效的防护。有些机床在设计时就在布局和结构上考虑了连入自动线的可能性和方便性；有些机床尚需作某些改装，包括增设连锁保护及自动上下料装置。对这些问题在连线前必须仔细考虑，包括一些必要的试验工作。

2. 通用机床自动线的连线方法

连线时涉及工件的输送方式、机床间的连接和机床的排列形式、自动线的布局、输送系统

的布置等多个相互有联系的问题，需加以全面衡量，选定较好的方案。

工件的输送方式有强制输送和自由传送两种。所谓强制输送就是用外力使工件按一定节拍和速度进行输送。轴类以外圆为支撑面，以一个端头沿料道靠另一个件的端头，以“料顶料”形式滑动输送，或用步进式输送带输送。所谓自由输送就是用工件自重在槽形料道中滚动或滑动实现输送，或放在靠摩擦力带动连续运转的链板上进行输送，输送至中间料库或排队等待加工。此外还可利用机械手进行工件的输送，既可用于强制输送，也可用于自由输送，同时在输送过程中还可以比较方便地实现工件姿势的变换（利用手腕的回转）。

通用机床自动线大多数都用于加工回转体工件，工件的输送比较方便，机床和其他辅助设备布置灵活。对小型工件生产率一般要求较高，各工序的节拍时间也不平衡，故多采用柔性连接。机床的料道、料仓都具有储存工件的作用，能比较方便地实现柔性连接。在限制性工序机床的前后或自动线分段处可设置中间储库料，以减少自动线的停车时间损失，提高自动线的利用率。对各工序节拍时间可以做到大致相近，而工序较少的短自动线（例如加工长轴类工件）可采用刚性连接。刚性连接时控制系统及工件输送系统比较简单，占地面积小，但要求机床的工作可靠性高。

一般情况下，当单机（或单道工序）的工序时间等于或稍小于线的节拍时间时，线上的机床可采用串联方式；当单机（或单道工序）的工序时间大于线的节拍时间时，就需要采用并联机床来平衡节拍时间。由于采用并联机床，使工件传送系统复杂化，最好避免采用。有可能时应设法缩短限制性工序的时间或使工序分散，使单机工序时间稍小于线的节拍时间。对一些生产率极高的自动线，在少数工序上采用并联机床也是必要且可行的。齿轮加工自动线由于切齿工序的时间很长，必须采用多台并联机床。

机床的排列可纵排（一列或几列）和横排（一排或几排）。单机串联时机床可纵排或横排，单机的输入料道与输出料道一般为直接连通，前一台机床的输出料道即是下一台机床的输入料道，由线的始端至末端。单机并联时机床亦可纵排或横排（传送步距加大），还可排列成多列或多排的形式，传送时应有分流和合流装置。机床的排列形式应根据线内机床的数量、线的布局和对机床作调整的方便性而定。

分料方式有顺序分料和按需分料两种方式，在有并联机床时应考虑工件的分配方式。顺序分料是将工件依次填满并联各单机和各分段料道或料仓，各单机依次序先后进入工作。这种方式也称为“溢流式”。按需分料是由一个分配装置或料仓同时向并联各单机分配工件。加工轴类工件的并联自动线，由于工件输送系统结构复杂，多采用顺序分料法供料；加工盘、环类工件的并联自动线，由于工件输送系统结构简单，多采用按需分料法供料。

通用机床自动线的输送系统布局比较灵活，除了受工艺和工件输送方式的影响外，还受车间自然条件的制约。若工件输送系统设置在机床之间，则连线机床纵排，输送系统跨过机床，大多数采用装在机床上的附机式机械手，适用于外形简单、尺寸短小的工件及环类工件。若工件输送系统设置在机床上方，则大多数采用架空式机械手输送工件，机床可纵排或横排。机床纵排时也可把输送系统置于机床的一侧，布置灵活。若工件输送系统设置在机床前方，则采用附机式或落地式机械手上下料，机床横排成一行。有时也将机床面对面沿输送系统的两侧横排成两行。线的布局一般采用直线形比较简单方便，采用单列或单排布置。机床数量较多时，采用平行转折的布置，多平行支线时则布置成方块形。

4.4.2 组合机床自动线

组合机床自动线是针对一个零件的全部加工要求和加工工序，专门设计制成的由若干台组合机床组成的自动生产线。它与通用机床自动生产线有许多不同特点：如每台机床的加工工艺都是指定的不作改变，工作的输送方式除直接输送外，还可利用随行夹具进行输送；线的规模较大；有的多达几十台机床；有比较完善的自动监视和诊断系统，以提高其开动率等。组合机床自动线主要用于加工箱类零件和畸形件，其数量占加工自动线总数的70%左右。

组合机床自动线对大多数工序复杂的工件常常先加工好定位基准后再上线，以便输送和定位。因此，在线的始端前，常采用一台专用的刨基准组合机床，用毛坯定位来加工出定位基准。这种机床通常是回转工作台式，设有加工定位基准面（或定位凸台）、钻和铰定位销孔、上下料等三四个工位。有时也可增加工位同时完成其他工序；其节拍时间与自动线节拍时间大致相同，也可以通过输送装置直接送到自动线上。为了确保铸造箱体件加工后关键部位的壁厚，可以采用探测铸件表面所处位置，并自动计算出在加工时刀具的偏置量，利用伺服驱动使刀具作偏置来加工定位基准。

1. 组合机床自动线的分类及工件输送形式

按工件输送方式，组合机床自动线可分为直接输送和间接输送（用随行夹具输送）两类。按输送轨道的形式，可分为直线输送和圆（椭圆）形轨道输送两种。按输送带相对机床的配置形式，可分为通过（机床）式输送带式和外移式（在机床前方）输送带式。工件（随行夹具）输送运动的形式有步伐式（同步）和自由流动式（非同步），大多数组合机床自动线采用步伐式输送装置。步伐式输送带可分为棘爪步伐式、摆杆步伐式、抬起步伐式、吊起步伐式，还有回转分度输送式等。

2. 组合机床自动线的布局

组合机床自动线的机床数量一般较多，工件在线上有时又需要变更姿势。随行夹具自动线还必须考虑随行夹具的返回问题，所以其布局与通用机床自动线相比有一定的区别和特点。组合机床自动线常用布局见表4-4。当带并行支线或并行加工机床时，机床或支线可采用并联的形式，利用分路和合路装置来分配工件；采用并行机床或并行工位时也可采用串联形式，一次用大步距同时将几个工件送到各个工位上，常用于小型工件。

表4-4 组合机床自动线的布局形式

布局形式	特 点	应 用
直线形	机床大多横向纵列，工件输送装置从机床中穿过。机床可排列在输送带的两侧或一侧。自动线按加工工艺分段，段间设有转位位置、翻转装置，使工件转90°或翻转180°。输送装置可每段用一个，或全线用一个（转位时工件抬离输送带）。机床通常为卧式双面、单面、立式、立卧复合式等。排屑系统比较简单。自动线长时看管不方便	用于加工各种大中小零件，应用较多、较普遍
	采用外移式工件输送带时，可采用三面机床（卧式三面、立卧复合式三面），但在输送带与机床之间需要设往复输送装置或移动工作台，输送装置比较复杂。回转工作台或鼓轮式多工位机床装置比较复杂，可以将回转工作台或鼓轮式多工位机床用外移式输送带连成自动线，缩短自动线的长度	用于产量较小的场合。用于将现有三面机床改装为自动线时，用于精加工必须采用三面机床时。多工位机床组成的自动线用于加工特别复杂的小零件

续表

布局形式	特　　点	应　　用
折线形	自动线较长或受厂房面积及开关限制时可采用直角形、匚形及弓形等布局。输送带通常从机床中间穿过。机床可排列在输送带的一侧或两侧。在转折处可作为转位工位，而省去转位装置。但每一线段需用一个工件输送装置。转折线段上可用作中间储料库。带并行支线时常采用这种布局	用于工序复杂的场合。机床数较多、布置地受限制时，带并行
框形	机床沿框形的内外两侧，或只沿其中的几个线段布置，如果用随行夹具时，随行夹具可以沿框形边返回，而不需设立独立的返回输送带。随行夹具也可以从输送带上空返回，或沿机床一侧的上空返回，成为立面或倾斜平面的框形布局。由上空返回时，还可以利用随行夹具的自重滑移返回。这种上空返回方式可节省占地面积	一般用于多工段线及一些特殊场合，如加工部位为十字形。常用于随行夹具自动线。随行夹具由上空靠自重返回，主要用于工件或随行夹具质量和外形尺寸不是很大的场合
圆形、环形或椭圆形	与框形相似，但工件输送带比较简单，一般用环形链条驱动，机床通常只布置于环的内侧，使自动线敞开性好	非同步输送自动线常采用这种布局形式。用于加工中小型零件，生产率较高，甚至达每小时几百件

组合机床自动线由于以下两种原因被划分成工段，第一种是因工件在线上的姿势不同，被转位装置分隔而分为工段；第二种是由于机床台数及刀具数量多，为减少由于故障而引起的停车损失，划分为可以独立工作的工段。机床台数在10～15台、刀具数量在200～250把时，可以考虑成立一个工段，工段之间设有中间储料库，保证各工段可独立工作。第一种原因分成的工段由于机床数量较少，通常只在相隔几个工段后才设立中间储料库。储料库的容量与自动线的生产率有关，也与因换刀而引起的停车时间和因故障可能引起的停车时间有关，需要根据统计和积累的数据以及故障发生的概率来进行分析和计算。如无有关资料和数据时，一般可按能供应自动线工作0.5～1h来选择储料库容量。

4.4.3 柔性自动线

为了适应多品种生产，原来由专用机床组成的自动线改用数控机床或由数控操作的组合机床组成柔性自动线（Flexible Transfer Line，FTL）。FTL的工艺基础是成组技术。按照成组加工对象确定工艺过程，选择适宜的数控加工设备和物料储运系统组成FTL。因此，一般FTL由以下三部分构成：①数控机床、专用机床及组合机床；②托板（工件）输送系统；③控制系统。

1. FTL的加工设备

FTL的加工对象基本是箱体类工件。加工设备主要选用数控组合机床、数控两坐标或三坐标加工机床、转塔机床、换箱机床及专用机床。换箱机床形式较多，FTL中常用的换箱机床箱库容量不大。数控三坐标加工机床，一般选用三坐标加工模块配置自动换刀装置。刀库的容量一般只有6～12个刀座。

2. FTL的工件输送设备

在FTL中，工件一般装在托板上输送。对于外形规整，有良好的定位、输送、夹紧的工件，也可以直接输送。多采用步伐式输送带同步输送，其节拍固定。一般是由伺服电动机驱动的输送带传动装置，由伺服电动机控制同步输送，由大螺距滚珠丝杠实现节拍固定。也有的用辊道及机器人实现非同步输送。

3. FTL 的控制设备

FTL 的效率在很大程度上取决于系统的控制。FTL 的系统控制包括加工与输送设备的控制、中间层次的控制和系统的中央控制。FTL 的中央控制装置一般选用带处理器的顺序控制器或微型计算机。

4.5 机器人技术

机器人是一种新的通用自动化设备，它是应自动化生产的需要而发展起来的。工业机器人的应用最初是在 20 世纪 60 年代，且随着电子技术和计算机技术的发展而迅速发展。机器人因其对多种作业和环境显示出巨大的通用性而备受人们的重视，现已成为高技术发展的一个重要内容，并正由自动化向智能化方向发展。

4.5.1 机器人的基本概念

机器人一词最早于 1920 年出现在捷克作家 Karel Capek 的幻想剧《罗萨姆的万能机器人》中。在该剧中，机器人——Robota 这个词的本义是指苦力，乃是作家笔下具有人的外表、特征和功能的机器。人们通常所说的机器人，一般具有如下性能特征：

（1）机器人的动作机构具有类似于人某些器官的功能；

（2）机器人的动作程序灵活多变，能满足多种工作类型，具有较强的通用性；

（3）机器人具有一定的智能，可进行记忆、学习、感觉、推理和决策等；

（4）机器人在工作中具有独立性和完整性，可以不依赖于人的干预。

关于机器人，国际上还没有统一的严格定义。目前大多数国家都倾向于美国机器人协会给出的定义，且联合国标准化组织已采纳了该定义，即“机器人是一种可重复编程的多功能的，用来搬运材料、零件、工具的操作机；或具有多种程序化动作，以完成各种任务为目的的特殊系统。”（A Reprogrammable and Multifunctional Manipulator，Devised for the Transport of Materials，Parts，Tools or Specialized Systems，with Varied and Programmed Movements，with the Aim of Carring out Varied Tasks.）

4.5.2 机器人的分类

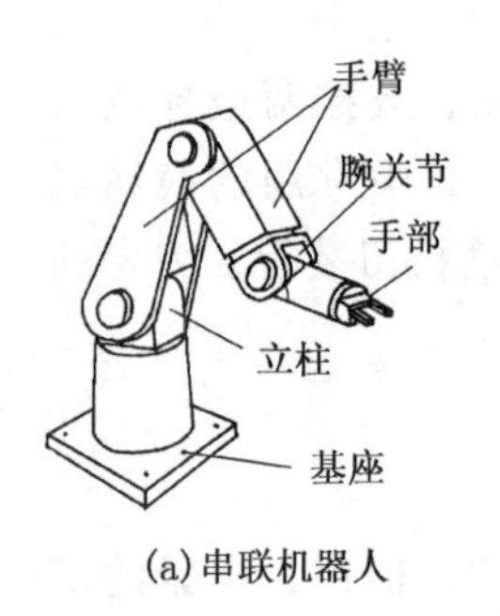

(a) 串联机器人

(b) 并联机器人

图 4-23　机器人的结构形式

机器人的分类可以有多种方法，下面介绍几种常见的分类。

（1）按工业机器人的复杂程度分为手动操纵器、固定程序机器人、可编程序机器人、示教机器人、数控机器人、智能机器人。

（2）按机器人结构形式分为串联机器人、并联机器人（图 4-23）。

（3）按机器人手部运动坐标形式

分为直角坐标型机器人、圆柱坐标型机器人、极坐标型机器人、关节坐标型机器人（图 4-24）。

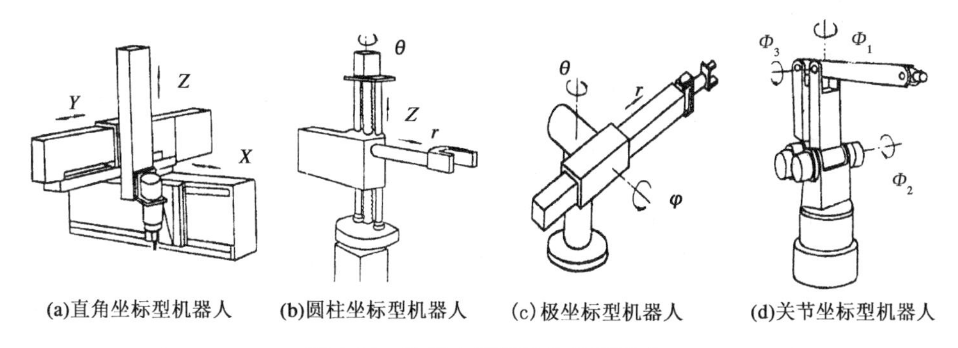

图 4-24　机器人手部运动坐标形式

4.5.3　机器人的组成

机器人的结构复杂多变，但其系统基本组成都是由执行机构、驱动系统、控制系统和传感系统组成的。各组成部分之间的关系如图 4-25 所示。

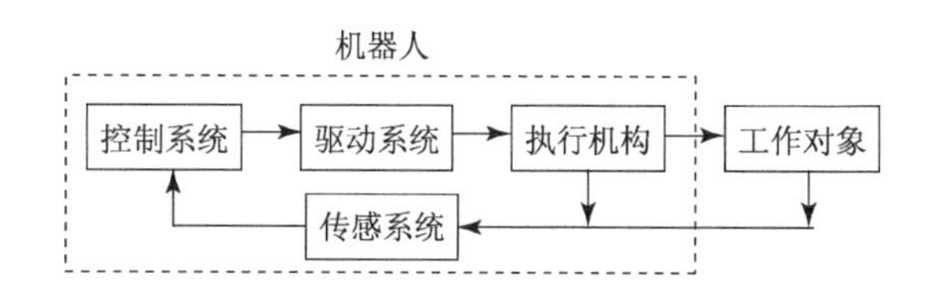

图 4-25　机器人各部分组成关系图

1. 执行机构

机器人执行机构由一系列构件通过运动副连接所构成，可实现各个方向的运动。机器人执行机构一般包括机身、臂部机构、手部机构、行走机构和关节机构。

（1）机身是手臂和行走机构之间的连接、支撑和传动部件。一般情况下，实现臂部的升降、回转、俯仰和移动等运动的驱动装置或传动部件都安装在机身上。根据执行机构坐标系的不同，机身可以是移动的，也可与机座做成一体；有时还可通过导杆或导槽在机座上移动，以增大机器人的工作空间。

（2）臂部机构是连接机身、腕关节与手部的部件，是机器人的重要执行部件之一。其作用是支撑腕部和手部，并带动它们在空间运动。为使手部能够工作到空间内的任何位置，臂部机构一般应具有三个或三个以上的自由度，特殊情况下的专用机器人的臂部自由度可少于三个。

（3）手部机构是机器人直接与工作对象接触或发生关系的部件。机器人手部按其握持工件的原理可分为两大类：夹持类和吸附类。夹持类又分为内撑式和外夹式，吸附类又分为气吸式和磁吸式。

（4）行走机构是行走式机器人的重要执行部件。行走机构通常由驱动装置、传动机构、检测与传感元件等构成。行走机构按其行走轨迹分为固定轨迹式和无固定轨迹式。无固定轨迹式行走机构根据其结构特点分为轮式、履带式和步行式行走机构。

（5）关节机构是连接机器人各部件（如机身、行走机构、臂部机构和手部机构）的部件，用于调节手部的位置和姿态。关节机构一般分弯曲式和转动式两种。

2. 机器人控制

机器人的控制系统相当于人的大脑，其作用是指挥机器人的动作，调节机器人与生产系统之间的关系。与一般的伺服系统或过程控制系统相比，机器人控制系统具有如下特点：

(1) 机器人的控制与机器人运动学和动力学密切相关。

(2) 由于机器人系统具有多个自由度，而每个自由度一般需一个伺服机构。这些伺服机构必须协调动作，构成一个多变量控制系统。

(3) 描述机器人状态和运动的数学模型是一个非线性模型，随着状态的不同和外力的变化，其参数也在变化，且各变量之间还存在耦合作用。因此，机器人控制系统为闭环的，系统中常使用重力补偿、前馈、解耦或自适应控制的方法。

(4) 机器人的动作往往可通过不同的路径和方法来实现，因而需要寻找最优方案。故机器人控制系统还应是一个最优控制系统。

综合以上可以看出，机器人控制系统是一个与运动学和动力学密切相关的、有耦合的、非线性多变量控制系统。

1) 机器人的控制方式

根据机器人的工作要求不同，在不同的机器人中分别采用不同的控制方式。机器人常用的控制方式有：

(1) 点位控制。当要求机器人准确地控制其手部的工作位置而无须考虑运动路径时，常采用此种控制方法。如在印制电路板上安插电子元器件、点焊、装配等。

(2) 轨迹控制。当要求机器人准确地控制其手部的工作位置且需按照给定的运动路径和移动速度运动时，则应采用此种控制方法。如进行弧焊、喷漆、切割等作业。

(3) 力或力矩控制。当机器人在进行装配作业、抓放物体等工作时，除了要保证准确的位置、轨迹之外，还要求使用适当的力或力矩进行工作，这时就需采用力或力矩控制。

2) 机器人微机控制系统

机器人微机控制系统分集中控制和分散控制两种。

集中控制就是用一台计算机控制机器人的全部功能。如图 4-26 所示，集中控制方式的控制装置构成简单，但对计算机的性能要求比较高。图中的位置指令是指经过插补、坐标变换，并根据传感反馈信息进行修正后输出的指令。

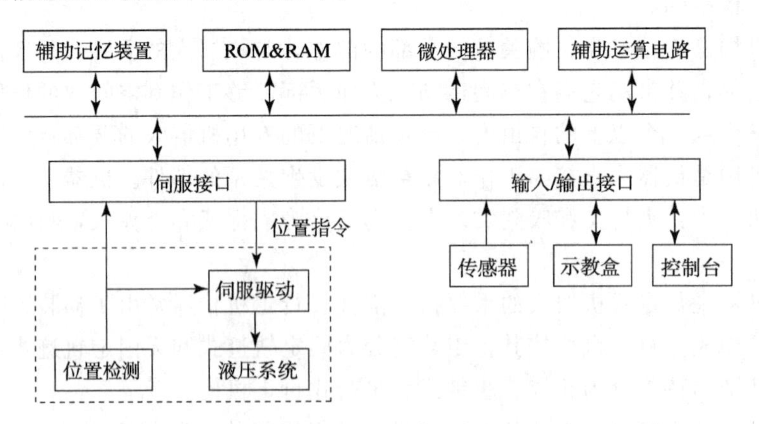

图 4-26　机器人集中控制示例

分散控制是利用多台计算机分别对机器人的各个功能进行控制。

3. 机器人传感技术

机器人传感器包括内部传感器和外部传感器。内部传感器用以感受机器人内部信息，如机器人的位移、速度、加速度等。外部传感器用以感受机器人外部信息，如工件的形状与尺寸、工件的相互位置与受力情况等。机器人传感技术与机器人的运行精度、适应外部环境变化的能力以及机器人的智能化水平密切相关。

机器人感觉分类与用途见表 4-5。

表 4-5　机器人感觉分类与用途

感觉		用途
外部传感器	视觉	有无对象，对象的形状、大小、种类的识别； 对象的位置、姿态的识别； 对象的伤痕、缺陷、好坏的识别； 对象上的图形、文字的识别； 指令的识别
	触觉	对象的质量、硬度、表面状态的识别； 位置偏差的控制； 抓取力、握力的控制
	听觉	指令的识别； 异常状态的检测、障碍物的检测
	其他（温度、振动等）	各种检查、自我保护等
内部传感器	平衡感觉	机器人自身的平衡
	其他（位置、速度、转矩）	运动器官的控制、自我保护等

4. 机器人软件

早期的机器人采用固定程序控制或示教再现的方式，不存在用机器人语言编程的问题。然而对动作过程复杂、操作精度要求高的机器人，若采用固定程序控制，程序编制复杂、困难；如采用示教再现的方式，示教过程费时很长。采用机器人语言编程，就能克服以上缺点。

当采用计算机控制机器人时，可用通用的计算机语言编程，如汇编语言及 BASIC、FORTRAN、PASCAL 等。但机器人的基本操作并不多，用通用的计算机语言编程显得麻烦，可读性也差，所以人们开发了许多专用的机器人语言。

机器人语言是一种描述性语言，把复杂的操作内容用简单的程序表示。机器人语言具有结构简明、容易扩展、能够对话及简单易学的特点。

从描述操作命令角度看，按照作业描述的功能水平，通常分为以下三级：

（1）动作级。以机器人末端执行器来描述各种操作，说明每一个动作，这种语言在工业界常用，如 VAL 语言。

（2）对象级。粗略地描述操作对象的动作、对象之间的关系等，适用于组装作业，如 AL 语言。

（3）任务级。只需给出操作内容，机器人一边思考一边工作，功能水平最高，但还不够实用化，如 IBM 公司的 AUTOPASS 语言。

从机器人语言的表面形式，也可分为三类：①汇编型，如VAL语言；②编译型，如AL、LM语言；③自然语言型，如AUTOPASS语言。

相关语言的详细介绍参见其他机器人相关资料。

4.5.4 机器人的应用

在发达国家，机器人广泛地应用于工业、国防、科技和生活等领域。工业部门应用最多的首推汽车工业和电子行业，在机械制造业也普遍应用；目前应用最多的是弧焊、点焊、搬运、装配、切割、打磨、检测等作业，并逐渐向纤维加工、食品工业、家用电器制造等行业发展。

1. 焊接机器人

焊接作业包括点焊和弧焊，是使用机器人最多的作业类型之一。传统的点焊机虽然可以降低人的劳动强度，焊接质量也较好，但它适用于少品种、大批量的流水线生产作业，并且夹具和焊枪的位置不能随零件的结构、外形和焊接位置的变化而变化。而点焊机器人可通过编程自动调整末端执行器的空间位置，以适应不同零件的需要，故特别适用于小批量、多品种的生产环境。点焊机器人负荷大、动作快、工作点的位姿要求较严，一般要有六个自由度。弧焊机器人的运动轨迹要求比较严，基于连续轨迹控制的机器人可以胜任复杂曲线的焊接。UNIMATE、MOTOMAN、点焊机器人都是典型的焊接机器人。

2. 喷涂机器人

喷涂作业的工作环境比较恶劣，对人体危害较大，故发达国家在喷涂作业时，大量采用喷涂机器人。典型的代表是挪威生产的TRALLFA6自由度关节型喷涂机器人，电液或全电动伺服驱动，采用“示教—再现”方式，既可实现点位控制，也可实现连续轨迹控制。

3. 搬运机器人

搬运物料的作业机器人和数控机床一起组成柔性加工系统，一条柔性生产线可配置几台至几十台搬运机器人。典型的代表有T3和FANUC机器人等。

4. 装配机器人

装配机器人是基于机器人视觉技术的发展而产生的用于装配作业的机器人。装配机器人在电子行业运用较多，主要用于电路板的装配以及电动机等产品的装配。典型的代表是PUMA700关节型机器人。它由直流伺服电动机驱动，微机控制点位或连续轨迹，最大的特点是它的手腕具有较大的柔性，可克服装配中的误差。

5. 其他机器人

国外机器人在航天工业中应用也比较广泛，如铆接装配作业中大量使用了铆接机器人，此外如电气插头的装配、发动机风扇外壳和高压涡轮的焊接、外观去毛刺、飞机机身和垂直尾翼钻孔等都采用机器人。目前，各国汽车工业大量采用机器人提高加工质量和生产效率。汽车机器人也已经发展成为现代制造业的重要辅助生产设备。

4.5.5 机器人发展趋势

随着计算机技术、微电子技术、网络技术等飞速发展，机器人技术也得到了飞速发展。

（1）机器人整体性能参数不断提高（高速度、高精度、高可靠性、便于操作和维修），如通过有限元模拟分析及仿真设计等现代化设计方法的运用，机器人关键部件已实现了优化设计，精度提高的同时单机价格将会不断下降。又如微电子技术的发展和大规模集成电路的应用，机器人系统的可靠性有了很大的提高。同时，采用先进的 RV 减速器及交流伺服电动机，大大方便了机器人系统的操作和维护。

（2）机械结构向模块化、可重构化发展。比如关节模块中的伺服驱动电动机、减速器、检测系统三位一体化；由关节模块、连杆模块用重组方式构造机器人。

（3）机器人控制系统向基于 PC 的开放型控制器方向发展，便于标准化、网络化。各器件集成度提高，控制柜日渐小巧，采用模块化结构，大大提高了系统的可靠性、操作性和可维修性；在人机界面方面，采用大屏幕及菜单方式，更易于操作，基于图形操作的界面也已经问世；新型的网络通信功能，使机器人网络化应用成为可能，加快了机器人由专用设备向标准化设备发展步伐。

（4）机器人系统中的传感器作用日益重要，除采用传统的位置、速度、加速度等传感器外，视觉、力觉、声觉、触觉等多传感器的融合技术在产品化系统中已有成熟应用。激光传感器、视觉传感器和力传感器在机器人系统中已得到广泛应用，并实现了利用激光传感器和视觉传感器进行焊缝自动跟踪以及自动化生产线上物体的自动定位，利用视觉系统和力测量系统进行精密装配作业等，大大提高了机器人的作业性能和对环境的适应性。日本的 YASKAWA、FANUC 和瑞典 ABB、德国 KUKA 等公司都推出了此类产品。

4.6 数控系统及其在机床应用中的发展趋势

4.6.1 高速数控机床

1. 高速数控机床的概念

一般认为，凡是切削速度、进给速度高于常规值 5～10 倍以上的数控机床称为高速数控机床。目前高速数控机床的主轴转速一般在 10000r/min 以上，甚至可以高达 60000～100000r/min，主电动机功率 15～80kW。进给量和快速行程速度在 30～100m/min 的范围变化。高速数控机床的高速特性还表现在主轴和工作台还具有极好的加速度性能，主轴从启动到最高转速只用 1～2s的时间，工作台的加（减）速度可达到(1～10)g(g=9.81m/s^2)。

2. 高速数控机床的关键技术

（1）高速主轴。主轴是高速数控机床的关键部件，是实现高速切削的基础，要求具有很高的转速及相应的功率和转矩。多数由内装电动机直接驱动，目前国际上高水平的主轴产品如瑞士 Fisher 公司和法国 Forest Line 公司的产品（N_{max}=40000r/min，P=40kW，M=9.5N·m 等）。主轴驱动中的关键技术包括准停的变频驱动、变速精度在 0.5%以内的优化矢量控制和带 C 轴功能的矢量控制。电主轴的轴承多采用陶瓷球轴承、磁浮轴承和空气或流体静压轴承。

(2) 高速进给。传统滚珠丝杠驱动方式下的最大进给速度为 20～30m/min，加速度为 0.1～0.3g，而使用直线电动机后最大进给速度可达 80～120m/min，最大加速度达到 2～10g，定位精度可高达 0.1～0.01μm。采用快速、精密、高速度和耐用的直线电动机，避免了滚珠丝杠（齿轮、齿条）传动中的反向间隙、惯性、摩擦力和刚度不足等缺点，实现了无接触直接驱动，可获得一致公认的高精度、高速度位移运动（在高速位移中具有极高的定位精度和重复定位精度），并获得极好的稳定性。第一台应用直线电动机的高速数控系统是 1993 年德国 EX-CLELL-O公司生产的 HSC-240 型高速加工中心。

(3) 高性能刀具技术。对于安装在高速主轴上的旋转类刀具，其结构的安全性和高精度的动平衡是至关重要的。当主轴转速超过 10000r/min 时，离心力作用使主轴传统的 7∶24 锥度端口产生张力，其定位精度和连接刚性降低，振动加剧，甚至发生连接部咬合现象，并会引起刀具整体不平衡。所以应该采用 HSK（短锥空心柄）连接方式，并对刀具进行等级平衡和主轴自动平衡。HSK 连接具有接触刚度高、夹持可靠、重复定位精度高等特点。此外，在高速切削中刀体材料研究、刀体的安全结构设计等方面也很关键。

3. 高速数控机床的技术优势及存在的技术难点

高速数控机床与常规数控机床的技术优势在于：

(1) 单位时间的材料切削率可增加 3～6 倍。

(2) 切削力可降低 30%以上，尤其是径向切削力大幅度降低，特别有利于薄壁的精密加工。

(3) 大量的切削热量（95%～98%）被切屑带走，来不及传递给工件，工件可基本保持冷态，因此适合加工易受热变形的零件。

(4) 高速数控机床加工时的激振频率特别高，远离机床的固有频率，不会引起共振，因此工作平稳、振动小，可加工非常紧密的零件。例如高速车、铣可达到磨削的水平。

(5) 高速加工过程中切屑是在瞬间切离工件的，因此工件表面的残余应力很小。

高速数控系统目前也还存在一些技术上的难点，这些难点包括：高速机床的动态、热态特性，刀具材料、几何形状与耐用度的关系，高速机床刀具、工夹具及工艺参数，冷却润滑、切屑排除和安全操作，CNC 高速高精度控制系统，加工材料范围的扩大等。

4.6.2 智能数控系统

1. 智能数控的概念

随着数控系统的不断发展和深入应用，人们发现它的有些过程控制不能用单纯的数学方法来建模，相反，采用非数值方式的经验知识却能有效地进行控制。因此，将人工智能技术引入数控系统，形成了所谓了智能数控系统。智能数控系统是计算机技术发展到一定阶段的产物，也是计算机技术在数控系统中广泛应用的结果。目前应用较成熟的人工智能技术有专家系统、人工神经网络和人工视觉系统等。

2. 专家系统技术在智能数控中的应用

目前专家系统在数控系统中主要应用在数控机床的故障诊断、切削过程控制、自动编程等方面。其中采用专家系统进行故障诊断是一个典型的应用，由于数控机床是融合了多个学科知识的技术密集型产品，其故障诊断需要多门专业知识和丰富的现场经验。因此可以引入专家系统技术，将多个数控机床维修专家的知识经验抽象成计算机能理解的推理规则，并存放在知识库中，然后采用适当的推理机制进行故障的分析定位和维修指导。当有新的故障类型或新的故障排除方案时，利用人机对话，添加或修改知识库的知识。

3. 神经网络技术在智能数控中的应用

人工神经网络（ANN）的研究由来已久，是人工智能领域的一个重要的分支。人工神经网络是对生物神经系统的模拟，其信息处理功能是由网络单元（神经元）的输入输出特性、网络拓扑结构、神经元之间的连接强度大小和神经元的激活阈值等决定的。人工神经网络拓扑结构一般是固定的，而其学习归结为连接权值的变化。

人工神经网络的特点是：分布式存储信息方式保证控制信息的安全性，即使网络的某一部分出现损坏，可依靠联想记忆功能恢复出原来的信息；并行方式处理信息，加快了运行速度；在工作过程进行自学习，可调整工作状况适应工作环境的变化；由多个神经元组成的网络可以逼近任意非线性系统。所以，基于人工神经网络的控制系统具有较好的适应性、智能性，能够处理高维数、非线性、强干扰、不确定、难以建模的控制对象。人工神经网络在数控系统中的主要应用，体现在：利用自适应性神经元，实现数控系统位置环增益的调节控制，以及利用人工神经网络来实现数控系统的插补计算等。

4. 计算机视觉技术在智能数控中的应用

计算机视觉是来源于计算机图像处理和模式识别技术，目的是使计算机系统能像人类的视觉系统一样处理识别周围的环境。计算机视觉也称为目标识别、图像理解或景物描述。一个典型的计算机视觉处理系统如图 4-27 所示。

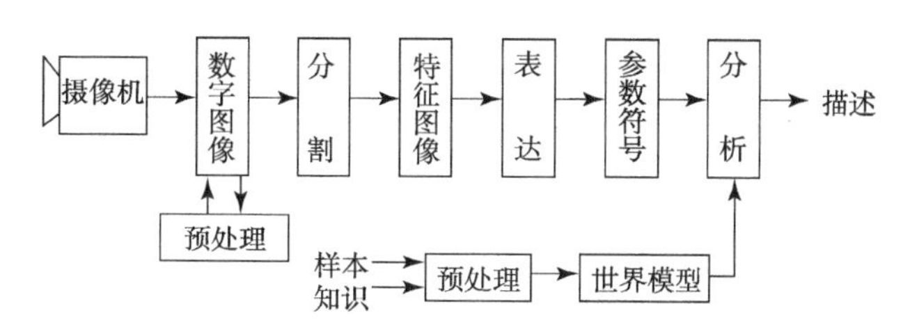

图 4-27　计算机视觉处理系统流程图

可以看出，一个计算机视觉系统最终的目标是对环境景物的感知，从二维平面图像中理解三维真实世界，其识别方法与人的感知过程相似。近年来随着计算机视觉技术的日益发展，其在数控系统中得到了越来越多的应用，如装配机器人的视觉辅助可以识别零部件、故障、尺寸和形状，以保证装配的正确性和质量的控制。同时，还可以按视觉识别的信息，利用物流系统装卸产品，对快速进行中的零部件进行识别，调整机床上的工夹具。还可通过视觉识别，确定物体相对于坐标的位置与姿态，完成物件定位和分类，辨识物体的位置距离与姿态角度，提取规定参数的特征并完成识别，进行误差的检测与识别等。图 4-28 是工件识别和尺寸检测的计算机视觉系统组成框图。利用面阵 CCD 摄像头获取反射光源的图像信息，经过数字化后进入帧存体，再输入 PC。由 PC 程序执行工件形状识别和尺寸检测，其尺寸识别精度能到 10μm 左右。

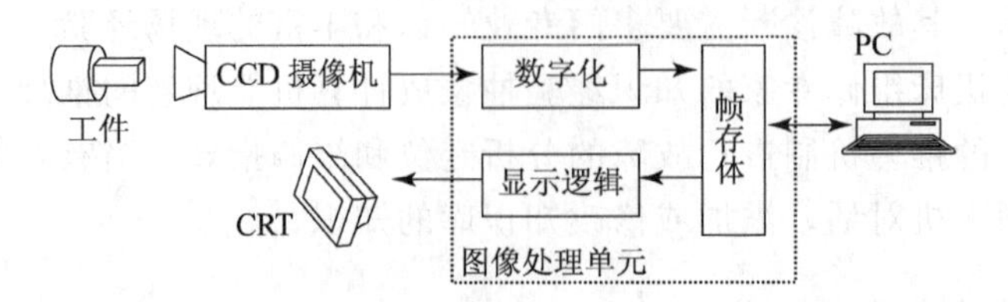

图 4-28　工件识别和尺寸检测的计算机视觉系统组成框图

4.6.3　开放式数控系统

1. 开放式数控的定义

国外许多企业和政府研究机构在数控系统的开放性方面做了大量的研究工作，提出一系列数控系统的开放性体系结构。美国 1981 年开始的 NGC（Next Generatrion Control）计划，最终形成一份开放式系统体系结构规范 SOSAS（Specification of an Open System Architecture Stadard），开发了基于 SOSAS 的 CNC 型谱系列，1994 年又开始了 OMAC（Open Modular Architechure Controllers）项目的研究；欧共体 1992 年在 ESPRIT 框架内，开始了 OSACA（Open System Architechure for Controls within Automation Systems）项目的研究，1994 年完成了开放式控制系统平台和系统参考结构的定义，1996 年完成了原型系统的开发；日本制定的 IMS（Intelligent Manufacturing System）在系统研究发展计划中，对 CNC 系统提出了标准化和智能化的要求。我国对开放式的数控技术也作了一定的研究，中科院沈阳计算所正在考虑和制定"新一代机床控制机开放式系统体系结构标准规范参考模式"；北京机床研究所已经引进了德国 PA 公司的开放式 CNC 系统 PA-8000 的全套技术，对其产品应用进行开发。

根据 IEEE 的定义，一个开放式的系统必须具备不同的应用程序能很好地运行于不同供应商提供的不同平台之上的能力；不同应用程序之间能够相互操作并具有统一风格的用户交互环境。根据这一定义，开放式数控（Open NC，ONC）系统在软硬件上必须是一个全模块化结构，具有可移植性、可缩放性、可互换性的特点。

2. 开放式数控的关键技术

(1) 控制器技术。控制器技术由 I/O 控制、CPU、存储器等构成，开放式数控系统要求生产厂商能根据产品的转矩、电力容器、功率等参数自由选择电动机和放大器等 I/O 控制设备，并能根据需要重新选配 CPU 和存储设备，而不需要对数控系统其他部分进行调整。个人计算机在 ONC 中的应用是实现 CPU 和存储设备通用化和模块化的主要途径。

(2) 接口技术。接口技术包括人机交互接口和网络通信接口等。人机交互接口要求能实现 ONC 与操作人员多途径交互的手段。网络通信接口的开放性则包含网络硬件设备的开放性和网络通信协议的开放性。目前，普遍采用的基于 TCP 协议的以太网已成为网络通信领域事实上的标准，并得到市场上大多数网络设备的支持，因此，它已逐渐被 ONC 广泛采用。

(3) 测量技术。ONC 还要求具有智能化、无人化、集成化的高灵敏度的测量系统。

(4) 软件技术。目前软件的开放性是 ONC 中发展最快的、应用最完善的部分。由于个人计算机在 CNC 中的大量应用，个人计算机支持的高级编程语言为数控编程、控制软件的编制提供了极大的方便性和灵活性。同时网络技术的应用，使数控系统能方便地与 CAD/CAM 系统实现信息交互。

4.6.4 基于 Internet 远程数控系统

1. 远程数控系统的结构

近年来，随着 Internet 技术的日益发展，远程设计与制造系统的研究得到了越来越多的关注。远程设计与制造是借助 Internet 网络环境，实现跨地域的多个异地企业协同合作开发生产同一产品，而远程数控技术是远程制造系统的基础。远程数控系统也可以看作为网络数控的一种扩展，一般来说，网络数控系统的控制对象分布在一个局域网内部，而远程数控系统的控制对象分布在不同的局域网中。一个典型的远程数控系统如图 4-29 所示。

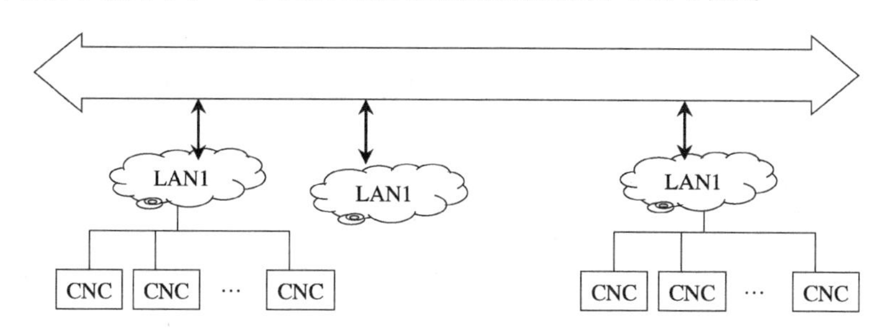

图 4-29 远程数控系统结构图

2. 远程数控系统的关键技术

远程数控系统是一个正在发展和完善的技术，涉及分布式网络通信技术、分布式数据库管理技术以及系统集成技术等多个领域知识，因此这些相关领域技术的发展是实现远程数控的关键，具体表现在：

(1) 分布式网络通信技术。虽然 Internet 提供了网络通信的平台，但满足远程数控系统要求的网络系统与传统的信息网络有一定的区别。首先要满足数控系统适时控制的要求，目前 Internet 上响应时间延迟问题是最大的障碍。此外，Internet 上的信息安全性、系统运行的安全性等问题也还有待进一步研究。

(2) 分布式数据库管理技术。远程数控系统中加工信息可能分布在网络不同节点上，并且可能以不同的数据结构形式存在。基于 Web 的数据库管理技术提供了 Internet 环境下数据库访问的手段，但 Internet 环境下有关分布式数据库的事务管理、数据版本控制、访问机制管理等诸多问题也需进行进一步研究。

(3) 分布式制造资源管理。在远程数控系统中，数控加工设备可能分布在不同地点、不同企业中，并且数控设备可能属于不同的生产厂家，因此必须建立一种合理的管理机制管理这些分布式异构的制造资源。

总之，远程数控技术目前还处于发展阶段，其实用化还有待其相关技术的发展。远程数控系统是实现远程制造的基础，是实现企业资源优势互补的有效途径。

4.6.5 特种加工数控系统

从 20 世纪 50 年代以来，随着科学技术的发展，传统的机械切削加工逐渐不能解决一些工艺问题，如难切削材料、一些特殊复杂表面和特殊要求零件等的加工。特种加工又称非传统加工，它利用电、化学、光、声、热等能量去除工件材料，在加工过程中往往工具不接触工件，二者之间不存在显著的切削力。其加工的难易程度一般与工件机械性能无直接联系。特种加工适用于加工机械切削加工中难以或不能加工的工件。下面主要介绍特种加工中电火花加工数控系统。

电火花加工作为一种特殊的机械加工方式，其数控系统在结构上和传统的机械切削加工如车削、铣削、磨削加工等类似，机床都有 X、Y、Z 三个坐标系统。但由于工艺的特殊性，与数控切削加工相比，它又具有以下特点：

（1）由于加工过程中工具和工件之间不存在显著的机械切削力，不需要大转矩的驱动电动机。

（2）加工过程中电蚀量、放电间隙等在每个放电瞬间都不可能完全相同，而在一定范围内变动，这样恒速进给就不能满足要求。因此，电火花加工进给系统一般都是采用变速进给，加工过程中随时检测放电状态，根据放电状态及时调整极间间隙。其进给速度与工件的蚀除速度必须保持平衡才能获得最大生产率。

（3）进给系统应有很好的低速性能。这是因为工件的蚀除速度一般不高，所以进给系统必须在低速下能均匀、稳定进给。

（4）由于加工过程中经常会出现电弧放电或短路现象，这时工具或工件要迅速作回退运动，因此传动链应尽量短，不能有传动间隙；而且要求有较高的回退速度，确保不烧伤工件。

从 20 世纪 80 年代初，出现了一种新的电火花加工技术——电火花铣削加工。电火花铣削加工（EDMMILL）是电火花成型加工（SEDM）与电火花线切割加工（WEDM）相结合的产物。它是采用标准形状的电极，配合工作台及主轴的成型运动，像铣削加工一样实现零件的加工。它克服了传统电火花加工需要制作成型电极的缺点，减少了生产准备时间，降低了生产成本，并且在加工中易于实现电极的补偿，提高加工柔性。图 4-30 是内轮廓加工示意图，图 4-31是曲面加工示意图。

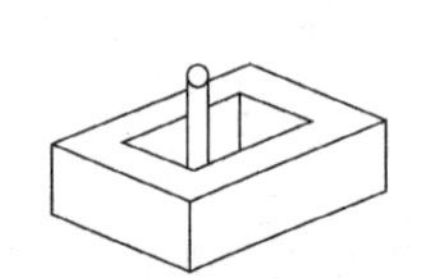

图 4-30　内轮廓加工

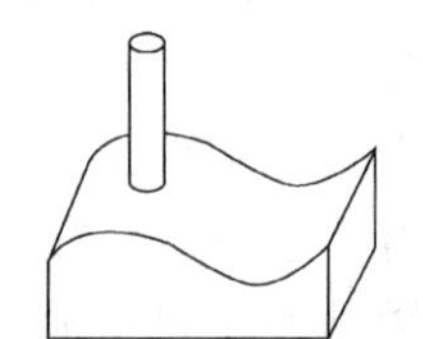

图 4-31　曲面加工

电火花铣削加工的关键技术之一是 CAD/CAM 技术。其 CAD/CAM 系统不仅需要具有数控铣削加工的功能，即三维零件的几何成形规律，而且还要考虑加工条件的影响，因此数控代码中还应含有加工参数（电参数和非电参数）代码。另外，电极损耗的在线补偿也是电火花铣削加工系统的关键技术。要实现电极补偿首先需要掌握电极损耗规律。由于电火花加工工具的损耗要比机械铣削加工中铣刀的磨损规律复杂，很难建立工具损耗的数学模型。目前一般是在加工过程中，在一定时间间隔内采用电接触式或 CCD 光学传感器周期进行电极检测，根据实际测量出的电极尺寸进行补偿。这种方法能准确测出电极损耗量，但要不断中断加工过程，不适合实际的加工要求。智能控制技术中人工神经网络是一个高度非线性的动力学系统，可实现任意非线性映射关系的逼近，有较好的泛化能力。因此可通过大量工艺试验，建立基于人工神经网络的电火花铣削加工电极损耗预测模型，从而可在加工中动态、连续、实时地补偿电极损耗。

4.6.6 虚拟轴数控机床

1. 虚拟轴数控机床的工作原理

虚拟轴数控机床是现代机器人技术、现代伺服驱动技术、数控技术与机床结构技术相结合的产物，虚拟轴数控机床主要有六腿并联结构、三腿并联结构、六滑台并联结构和串并联复合结构。图 4-32 是一种典型的虚拟轴数控机床结构，由动、静平台和六个可伸缩运动杆组成，各运动杆以球铰与动平台连接，并由伺服电动机和滚珠丝杠副或直线电动机实现杆件的伸缩运动，动平台能同时实现六个自由度的空间运动。由于这类机床没有传统机床所必需的床身、立柱等制约机床性能的结构，所以模块化程度高、质量小和速度快。近年来，虚拟轴数控机床受到了国际机床行业的高度重视。

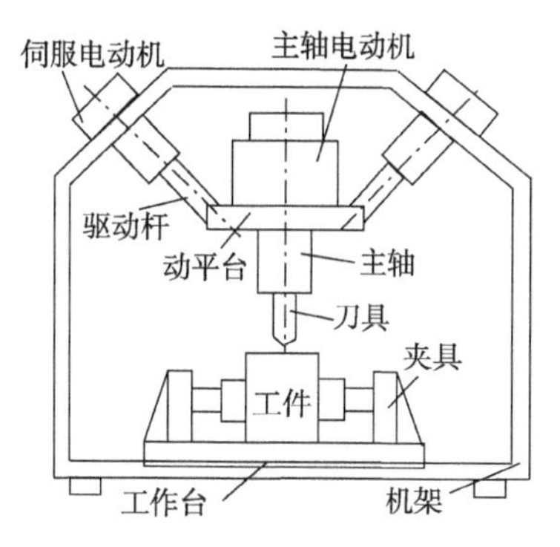

图 4-32　六腿并联虚拟机床结构

在虚拟轴机床中，不存在（或不完全存在）对刀具进行导向的物理导轨，需要以数学模型、信息手段和控制方法确定刀具相对于工件的运动坐标轴，即加工所需的刀具运动坐标轴（X、Y、Z、A、B、C）是以“软件”模拟出来的。在这类机床中，由于工作空间（虚拟空间）不等于控制空间（实轴空间），因此需要通过虚拟映射对刀具运动轨迹进行控制。

2. 虚拟轴数控机床的特点

与一般的数控机床相比较，虚拟轴数控机床具有如下特点：

（1）机械结构简单，零部件通用化、标准化程度高，易于经济化批量生产。此外，机床整体质量小，为常规机床的五分之一到三分之一，因此原材料消耗少、加工量小，进一步降低了制造成本。

（2）工件固定而主轴相对于工件作多自由度运动，因此将主轴部件做成电主轴单元，可以有较小的质量，非常有利于获得高加速度。

（3）该机床的进给机构为空间并联机构，在驱动电动机速度相同的条件下可以获得比采用串联结构的常规数控机床更高的进给速度，有利于满足高速高效加工对进给速度的要求。

（4）并联机构可以将传动与支撑功能集成一体，驱动杆既是机床的传动部件又兼做主轴单元的支撑部件，这将减少工件—机床—刀具链中的环节，从而也就消除了这些环节带来的受力变形和热变形，并可减少连接和传动间隙，提高接触刚度，有利于提高机床的综合精度。

（5）机床的主体为并联闭链结构，消除了常规机床中的悬臂环节，经过合理设计使各驱动杆和有关部件只承受拉压力而不承受弯曲力矩，因而使机床总体刚度进一步提高（可比一般加工中心高 5 倍左右）。如果在传动与控制上处理得当，可以使由此构成的新型机床达到比常规机床高得多的加工精度和加工质量。

（6）抛弃了传统的固定刀具导向方式，机床上不存在固定导规和旋转工作台以及支撑工作台所需的其他部件，因此，刀具在空间的定位精度和运动轨迹精度完全由传动、检测和控制来保证，从而彻底消除了导轨、工作台、立柱、横梁等引起的空间几何误差。

（7）机床主轴可作六个自由度高速运动，利用这一特点让主轴直接参与换刀过程，不仅可使刀库配置位置灵活，而且可减少刀库运动的自由度，显著简化刀库和换刀装置的结构。更重要的是换刀环节的减少和机械结构的简化将有效提高换刀的可靠性，这在自动化加工系统中是非常重要的。

思 考 题

1. 数控机床系统主要由哪几部分构成？
2. 加工中心主要有几种结构形式，各自的特点是什么？
3. 叙述柔性制造系统的构成及特点。
4. 工业机器人主要由哪几部分构成？工业机器人的典型应用有哪些？
5. 开发式数控的定义及其主要技术特点是什么？
6. 什么叫虚拟轴数控机床？与传统数控机床相比，虚拟轴数控机床有哪些特点？

参考文献

李健，刘飞. 2001. 基于网络的先进制造技术. 中国机械工程，12 (2)
殷国富，杨随先. 2008. 计算机辅助设计与制造技术. 武汉：华中科技大学出版社
易红. 2010. 数控技术. 北京：机械工业出版社
赵汝嘉，殷国富. 2006. 先进制造系统导论. 北京：机械工业出版社
周骥平，林岗. 2007. 机械制造自动化技术. 北京：机械工业出版社

第 5 章　生产物料搬运自动化技术

5.1　生产物料搬运自动化概述

5.1.1　物料搬运在生产系统中的地位

物流系统是生产（制造）系统的重要组成部分之一，它的作用是将生产系统中物料（如毛坯、半成品、成品、工夹具等）及时地输送到有设备或仓储设施处。在物流系统中，物料首先输入到生产系统中，然后由物料输送至指定位置。生产系统中物料流的运动过程如图 5-1 所示。

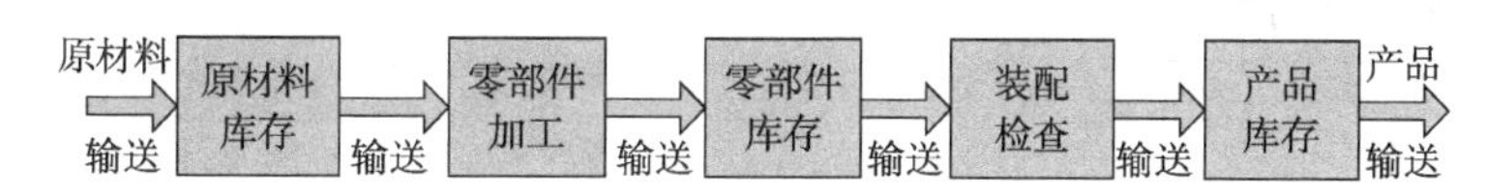

图 5-1　生产系统中物料流动的运动过程

由图 5-1 可见，生产物料在生产系统内的流动过程中，除了加工、处理、装配、检验等生产作业外，其余时间要么处于输送过程中，要么处于库存状态中，即输送和库存是生产系统的两种主要状态。

因此，对生产系统中物流的控制主要包括物料的输送控制和物料的库存控制。

5.1.2　物料搬运的概念与意义

美国物料搬运工业协会（MHIA）将物料搬运（Material Handling）定义为“在制造或分销过程（包括消耗和废弃）中对物料的移动、存储、保护和控制”。物料搬运必须以安全、高效率、低成本、及时、准确（将正确的物料以正确的数量送到正确的地点）的方式进行；同时，对物料没有损伤。物料搬运是一项重要却经常被忽视的生产系统中的问题。

国外统计资料显示，在中等批量的生产车间里，零件在机床上的时间仅占生产时间的 5%，而 95%的时间消耗在原材料、工具、零件的搬运与等待等环节，物料搬运费用占全部生产费用的 30%～40%。因此，物料搬运系统的分析、设计与优化对于提高生产系统的效率、成本、质量等指标具有重要意义。关于物料搬运系统的分析、设计与优化等问题属于《设施规划》课程的内容。本章主要介绍生产系统中物料搬运（传输）自动化相关的设备、系统及其分析方法。

5.1.3　物料搬运自动化系统及其组成、分类

在自动化生产系统中，物流系统是指工作流、工具流和配套流的移动和存储，它主要完成物的存储、输送、装卸、管理等功能。

（1）存储功能：在生产系统中，有许多工件处于等待状态，即不处在加工和处理状态，这

些工件需要存储和缓存。

(2) 输送功能：完成工件在各工位之间的传输，满足工件加工工艺过程和处理顺序的要求。

(3) 装卸功能：实现加工设备及辅助设备上下料的自动化，以提高劳动生产率。

(4) 管理功能：物料在输送过程中是不断变化的，因此需对物料进行有效的识别和管理。

物流搬运系统的组成及分类如图 5-2 所示。

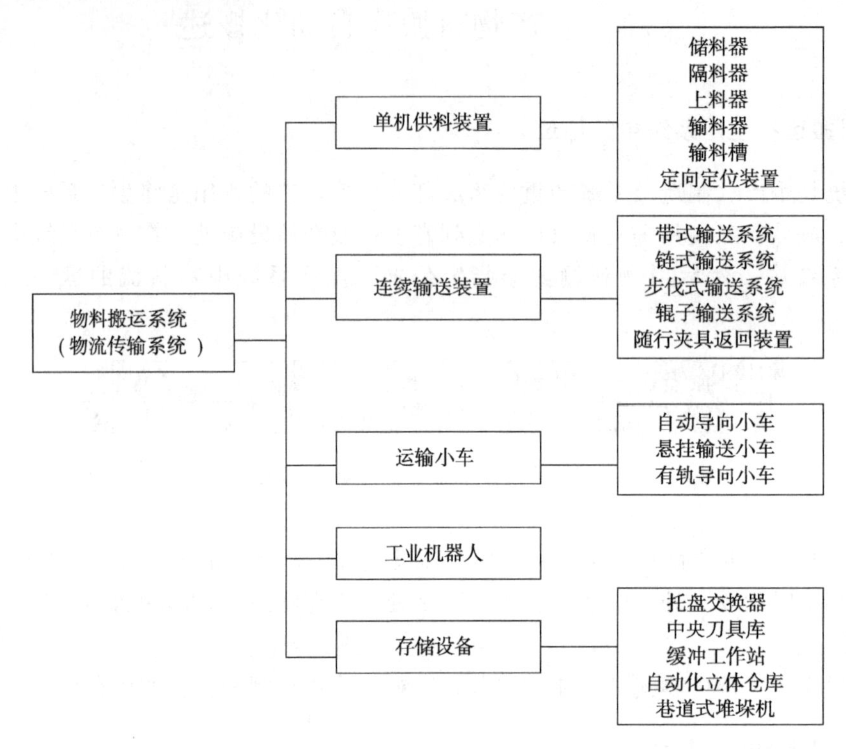

图 5-2 物流搬运系统的组成及分类

(1) 单机自动供料装置。完成单机上下料任务，由储料器、隔料器、上料器、输料槽、定向定位装置等组成。

(2) 自动线输送系统。完成自动线上物料输送任务，由各种连续输送机、通用悬挂小车、有轨导向小车及随行夹具返回装置等组成。

(3) FMS 物流系统。完成柔性制造系统（Flexible Manufacturing System，FMS）物料的传输，由自动导向小车、积放式悬挂小车、积放式有轨导向小车、搬运机器人、自动化仓库等组成。

5.2 自动线输送系统

自动线是指按加工工序排列的若干台加工设备及其辅助设备，并用自动输送系统联系起来的自动生产线。在自动线上，工件以一定的生产节拍，按工序顺序自动地通过各个工位，完成预定的工艺过程。输送系统是自动生产线的重要组成部分。输送机通常用于以固定路径在两个地点间移动大量物料的场合。

5.2.1 传输线的分类

常用的传输线装置有许多类型。这里主要介绍动力型传输线中的主要类型，分类的依据是固定路径中所使用的机械动力的类型，分别介绍如下。

1. 辊子输送机和滑轮输送机

这些输送机在传送中，物料放置在辊子和滑轮上。要求物料底面平整坚实，物料在输送方向至少跨过三个辊子或滑轮的长度。托盘和纸板箱适用于这种情况。图 5-3 所示为辊子输送机和滑轮输送机。

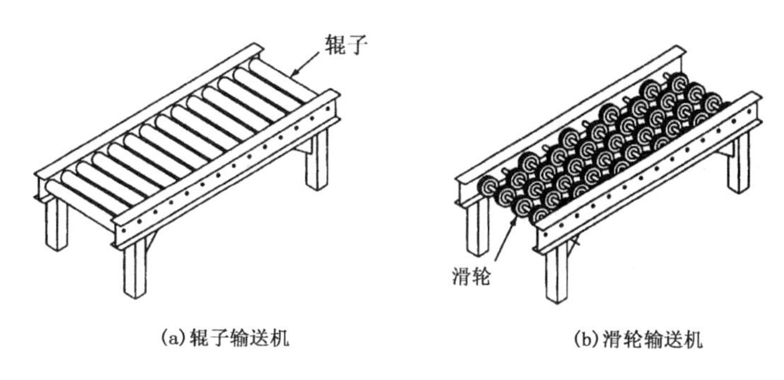

图 5-3　辊子输送机和滑轮输送机

辊子输送机主要用于输送具有一定规则形状、底部平直的成件物品。在辊子传输线上，路径由一系列辊子组成，这些辊子与传输方向垂直（图 5-3（a））。利用按一定间距架设在固定支架上的若干个辊子来输送成件物品。固定支架一般由若干条直线或曲线的分段按需要拼成。辊子输送机可以单独使用，也可在流水线上与其他输送机或工作机械配合使用，具有结构简单、工作可靠、安装拆卸方便、易于维修、线路布置灵活等优点。这种输送机按辊子是否具有驱动装置，可分为无动力式和动力式两类。动力辊子输送机由带或链驱动；非动力式辊子输送机通常用重力驱动，要求路径有向下的倾斜度以克服滚动摩擦。辊子传输线应用范围广，可用于制造、装配、加工、分拣和配送等。

滑轮输送机的运行与辊子输送机相似。主要区别是辊子输送机用辊子作为物料的支撑，而滑轮输送机通过输送机框架连接轴上滑轮的旋转带动滚动托盘、周转箱（物流箱）或其他容器沿着路径移动，如图 5-3（b）所示。这就决定了滑轮输送机在结构上比辊子输送机轻。所以，滑轮输送机通常用于便携式的设备，如用在工厂或仓库的收、发货码头所用的装、卸车的拖车上。

2. 带式输送机

带式输送机由一个连续的环组成：其中一半的长度用于传送物料，另一半用于回转，如图 5-4所示。带由加固的橡胶材料制成，因而具有高的弹性和低的可延长性。在输送机的一端为带动带运转的驱动轮。弹性带由具有辊轮或支撑滑板的沿向前环的结构所支撑。带式输送机通常有下列两种应用情况：①用于托盘、单个零件或某些类型的散装物料的平直带；②用于散装物料传送的槽式带。物料放置在带的表面，沿着移动路径传输。在槽式带输送机上，在带上有 V 形槽用于容纳散装物料，如煤、沙子、谷物或其他相似的物料。

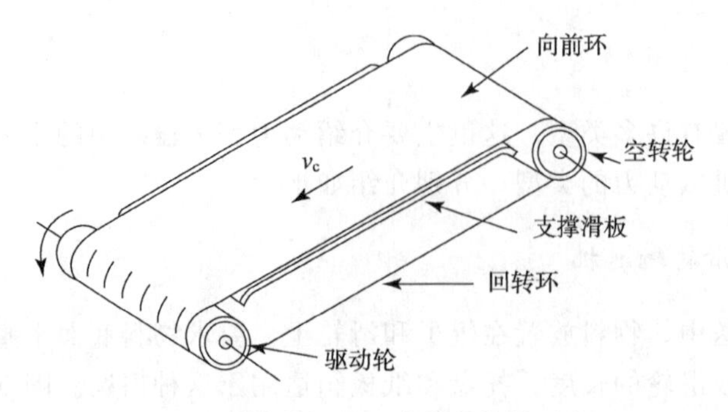

图 5-4 带式输送机（支撑结构没画出）

3. 链或链索驱动的输送机

这类输送机由链或链索驱动，形成封闭的环。在有些情况下，环形成一条直线，在每一端有滑轮。在其他场合，环有更复杂的路径，且有多于两个的滑轮以形成各种路径。本类输送机通常有链式、板式、拖链式、悬挂式和双轨式等。

1）链式输送机

链式输送机是利用链条牵引、承载，或由链条上安装的板条、金属网带、辊道等承载物料的输送机，用一条或多条无级链组成。传送物料时，链条安装在槽板底部，物料在槽板中通过。链式输送机常用于传送物流箱和托盘。此时，只需要有两三条链条，就可以提供足够的刚性支持，并有效运转。

根据链条上安装的承载面的不同，可分为链条式、链板式、链网式、板条式、链斗式、托盘式、台车式等。此外，也常与其他输送机、升降装置等组成各种功能的生产线。链式输送机广泛用于食品、罐头、药品、饮料、化妆品和洗涤用品、纸制品、调味品、乳业及烟草等的自动输送、分配和后道包装的连线输送。

2）板式输送机

板式输送机是由板条组成，这些板条间隔分布，连接在链条上。板式输送机的运行很像带式输送机，被传送物品保持与传送面的相对位置不变。由于传送面与物品一起移动，所以物品的方位和位置是可以控制的。重货、表面粗糙的物料或可能损坏带式输送机的物料往往由板式输送机进行输送。

另外，由于对湿度、温度和清洁方面的要求，装瓶厂和罐头厂要求用平坦的链式或者板式输送机。

3）拖链式输送机

拖链式输送机是用来给轮式载运工具，如卡车、推车或者拖车在地面上移动时提供动力。实质上，拖链式输送机是给那些有可变路径功能却在固定路径上运行的搬运器提供动力。拖链式输送机可以安装在空中、与所在面平齐或者地下。拖链式输送机系统通常包括选择和推动装置，可以对堆积物的动力拖车进行自动转换。拖链式输送机通常用在长距离输送场合以及频繁运转场合。

4）悬挂输送机

悬挂输送机由一系列滚轴组成，这些滚轴悬挂在高架轨道上。滚轴通常在一条封闭回路内等间距放置，并且由链条连接起来。经过特殊设计的搬运器能够搬运多件货物。悬挂输送机已经广泛应用于加工、装配、包装和储存作业中。

5）双轨式输送机

高架布置的双轨式输送机与悬挂式输送机相同的是都采用等距离散布搬运器，由悬挂链输送。但是，该输送机有两条轨道，一条有动力，另外一条没有动力。搬运器悬挂在无动力轨道上的滚轴上。动力链和无动力轨道上的滚轴之间的连接是利用开关来完成的。这些动力链上的开关在滚轴上等间距成对配置，推动搬运器在无动力轨道上向前运动。这种设计的优势是搬运器可以脱离动力链，并且可以在突耳前积货。若双轨式输送机不是安装在高处而是安装在地上，这时被称为插入式双轨输送机，这种输送机常在汽车装配厂内安装。

4．其他输送机类型

其他动力输送机类型包括轨车式输送机、螺旋输送机、垂直振动提升输送机等。这里仅讨论轨车式输送机。

轨车式输送机是用来在轨道上输送小车的。如图 5-5 所示，它是利用螺旋原理，小车可以通过旋转的管子来输送。与小车连接的是紧靠在旋管上的驱动轮。小车的速度是由驱动轮与旋管的接触角度来控制的。这种输送机的基本组成部分是旋管、轨道和小车。每辆小车都是独立控制的，这样旋管上可以有多辆小车。这些小车可以在旋管上聚集，因为驱动轮和旋管平行时，小车是静止的。

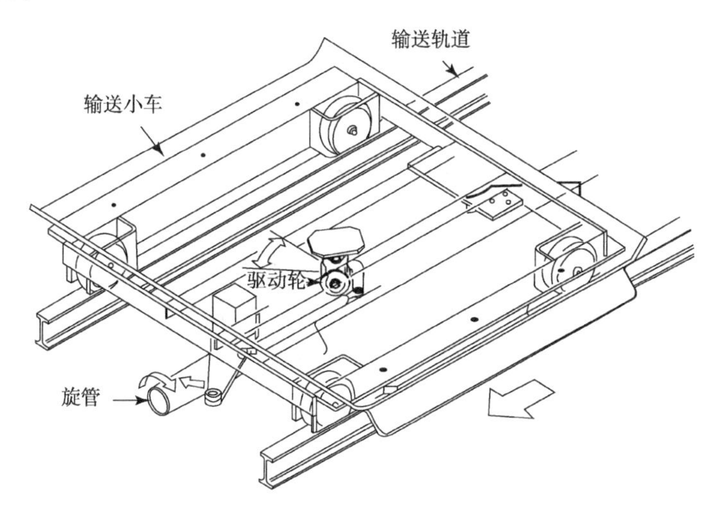

图 5-5　轨车式输送机

5.2.2　传输线运行及其特征

传输线设备有各种各样的运行方式及特征。这里仅讨论动力传输线。根据系统中物料移动的运动形式，可以将传输带分为两种基本类型：连续型、异步型。连续运动输送机沿着路径以 v_c 匀速运动。连续运动输送机包括带式输送机、辊子输送机、滑轮输送机、悬挂式输送机和平板输送机等类型。

异步型传输带以停止、运动的方式进行，装货时处于停止状态，然后在工作站间移动，最后停止并保持在工作站直到货物卸完为止。异步搬运允许搬运器在系统中独立运行。属于这种类型的传输机有双轨式输送机、拖链式输送机、轨车式输送机等，有些辊子输送机和滑轮输送机的运行也属于异步型。运用异步型传输带的理由包括：①载货（积累负荷）；②临时存储；③允许邻近的制造部门有不同生产节拍；④平抑传输线上各工作站生产循环周期不同的情况；

⑤满足沿路径不同的传输带速度。

传输线也可以分为三类：单程传输、连续循环传输、重循环传输。接下来将讨论这三类传输线的运行特征。5.6.2 节将运用数学公式分析这些传输系统。如图 5-6（a）所示，单程传输线用于输送从源点到目的地的货物。单程传输线用于无须在两个方向传输物料或无须将搬运箱从卸货点运回起始装货点的场合。单程动力传输带包括辊子、滑轮、带和拖链式类型。另外，所有重力传输带的运行也属于单程传输类型。

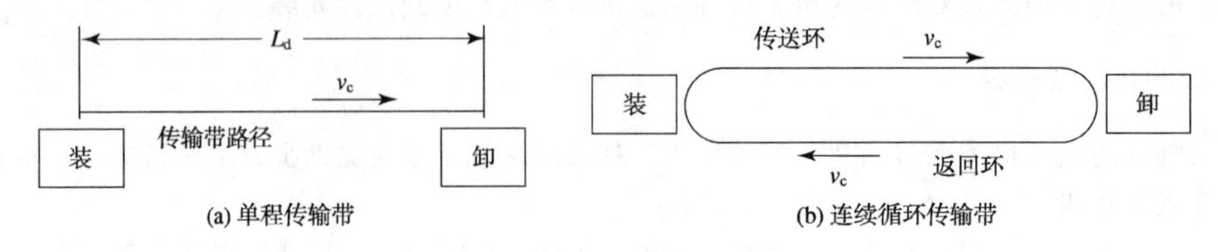

图 5-6 单程、连续循环传输带

连续循环传输带构成一个回路，如图 5-6（b）所示。吊链输送机属于这种传输类型。然而，每一种传输类型都可以配置成回路，即使是前面所定义的单程传输带，只要把几段单程的传输带简单地连接起来便可形成回路。连续循环传输系统可以在传输线上任意两工作站点间传送物料。连续循环传输系统常用于在装货点和卸货点间用搬运器（如吊钩、篮子）运送物料，且搬运器固定在传送环上。在这种情况下，空的搬运器能从卸货点自动返回到装货点。

在前面所论述的连续循环传输系统中，是假设在装货点被装上的物品一定在卸货点被卸下，在返回回路上没有物料，返回回路的目的仅仅是将空的搬运器送回重新装货。这种运行方式忽略了闭回路传输线的一个重要优点，即同时具有存储和运送物料功能。允许物料（零件）保留在返回回路上的传输系统称为重循环传输系统。由于具有存储功能，传输带可用来积蓄零件，以平衡装货点和卸货点的物料处理能力。在重循环传输系统中会出现两个问题，一是当装货点需要搬运器时，没有可用的搬运器；二是卸货点空闲时没有需要卸货的搬运器。

5.3 AGV 输运系统

自动导引小车（Automated Guide Vehicle，AGV），又叫无人搬运车，是一种通过计算机系统集中控制，以电池为动力，装有非接触导向装置、独立寻址系统，按照一定程序自动完成运输任务的无人驾驶自动运输车。根据美国物流协会的定义，AGV 是指装备有电磁式或光学式自动引导装置，能够按照预定的导引路径行驶，具有编程与停车选择装置、安全保护以及移载功能的运输小车。AGV 是一种集声、光、电、计算机为一体的简易移动机器人，是生产自动化中物流系统的重要搬运设备，也是柔性制造系统（FMS）的重要组成部分。

AGV 与输送设备等其他系统设备结合，可方便灵活地构成由计算机系统集成控制的自动仓库或全自动物流系统。自动导引小车系统（Automated Guide Vehicle System，AGVS）具有服务面广、运输路线长、柔性好、运输路线灵活多变、运行费用少、系统安全可靠及无人操作等特点，广泛使用于厂内运输、装备生产线、仓库、医院等场所，特别适用于有噪声、有污染、有放射性等有害人体健康的地方，以及通道狭窄、光线较暗等不适应驾驶车辆的场合。当货物运量增大时，可以方便地增加车辆数量，方便构建新的搬运系统，并且不影响正常的生产作业。

AGV 主要由车架、蓄电池、充电装置、电气系统、驱动装置、转向装置、自动认址和精确停位系统、移载机构、安全系统、通信单元和自动导向系统等组成。AGV 的外形如图 5-7 所示。

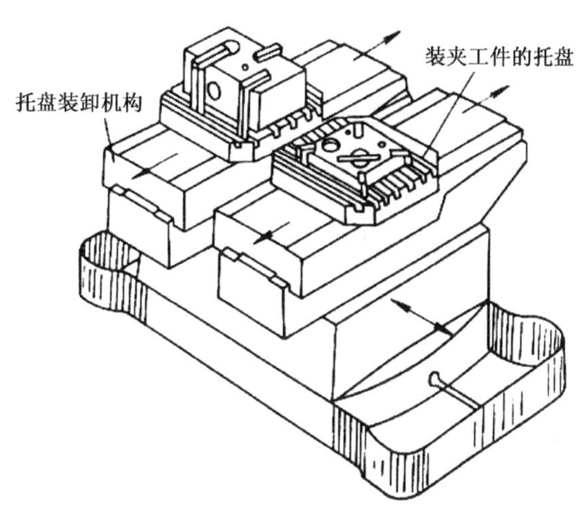

图 5-7　自动导引小车

5.3.1　AGV 的分类

从当前的应用和研制水平看，自动搬运小车分为有轨自动小车和自动导引小车两大类。有轨自动小车依靠埋设在地面上的轨道进行导向搬运物料，是搬运小车发展初期采用的一种方式。导轨可以设计成水平、竖直、斜坡等形式，在车间地面铺设轨道，噪声大、造价高、影响车间面积利用率和保洁工作。自动导引小车有固定路线型、半固定路线型和无固定路线型，其中固定路线型技术成熟，应用最广泛。

从导引方式分，AGV 可分为固定路径导引和自由路径导引，分类情况如图 5-8 所示。目前，应用最广的是电磁导引和激光导引技术，最先进的是视觉导引技术。

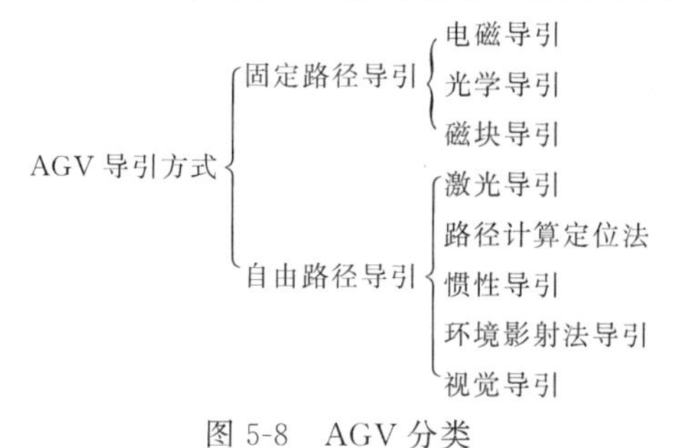

图 5-8　AGV 分类

5.3.2　AGV 的主要技术参数及评价

1. AGV 主要技术参数

(1) 额定载质量：AGV 所能承载的最大质量。

（2）车体尺寸：车体的外形尺寸，这一参数应与承载货物的尺寸和作业场地相适应。

（3）停位精度：AGV 作业结束时所处的位置与理论设定位置之间的误差。

（4）最小转弯半径：AGV 空载低速行驶、偏转程度最大时的瞬时转向中心与 AGV 纵向中心线的距离。

（5）运行速度：AGV 在额定质量下行驶的最大速度。

（6）工作周期：AGV 完成一次工作循环所需的时间。

2. AGV 引导技术的评价指标

（1）运行精度。这是指小车运行线路和停车定位的精度。因为 AGV 在物料装卸点处要与其他的自动化物流设备进行衔接，要有一定的运行精度要求。而不同导引技术中的传感器、计算机仿真等因素引起的运行误差，会使 AGV 实际的运行路线不能精确地沿预定路线行驶，所以要求 AGV 必须具有较高的运行和定位精度。

（2）可靠性。引导系统的可靠性包括系统发生失灵、引导机构本身影响或阻止系统正常发挥功能的概率以及引导机构的耐久性、维修性、安全性等。由于 AGV 是与其他生产设备和工作人员在同一工作环境中，因此要求要有较高的可靠性。

（3）灵活性。灵活性是指 AGV 运行路线变更的难易程度。因为工厂的生产物流路线随着生产任务的变化和车间的重组而改变，同时多品种小批量的试生产也要求经常改变车间的物流路线，因此灵活改变运行路线是实际工作的要求。无论采用何种引导技术，都应该尽量使运行路线网络的拓扑结构保持不变，否则小车物流路线的变更将不仅涉及线路的位移，还涉及对控制系统的重新编程，使整个变化过程复杂化。

（4）可控制性。这是指在一定引导方式下 AGV 启停控制、转弯运行、岔道选择等实现的难易程度，以及小车与中央控制系统之间数据通信的实现方法与性能水平。

（5）系统的成本。在成本概念中，不但要考虑 AGV 本身的生产成本，还应考虑使用周期内的其他消耗，包括安装、维护和能源的消耗等。

5.3.3 AGV 系统

自动导引车系统（AGVS）是指自动导引小车所组成的物料搬运和进行作业的机电一体化系统。AGV 控制系统如图 5-9 所示，可设计为 4 层或 3 层计算机控制结构形式。

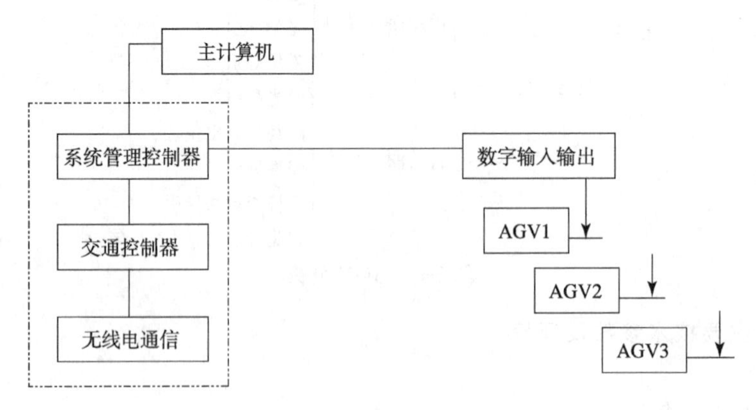

图 5-9 AGV 控制系统框图

1. 主计算机

主计算机是工厂自动化生产的管理核心，是 AGV 地面管理系统的上位机。主计算机的功能是完成生产日程计划的编制，控制物流输送系统中 AGV、AS/RS（Automated Storage and Retrieval System）、输送机和机器人的生产活动，准时把物料从 AS/RS 中取出并送到加工/组装工位。主计算机还负责维持、控制库存位量，保持数据记录，作出生产管理报告为生产决策提供依据。

2. 系统管理控制器

系统管理控制器和交通控制器组成 AGV 地面管理系统。系统管理控制器主要任务是向上与主计算机通信，当系统管理控制器从主计算机接收到物料搬运任务后，与交通控制器通信，控制系统的车辆调度。同时，系统管理控制器还负责对空闲的 AGV 寄存在特定区随时调度；监控系统工作；维持库存以及系统关闭后重新启动等。

3. 交通控制器

交通控制器是 AGVS 车辆交通管理的核心，当其收到由系统管理控制器传来的指派任务后，选择一条路径和运行时间表，并把这条路径的导航指令传给被指派的 AGV。被指派的 AGV 在行驶中，一方面向交通控制器报告它的位置，另一方面与指派位置进行比较，直到到达指派目的地为止。交通控制器另一个任务是控制路径上交叉路口和道岔合流部的交通管理，以避免撞车。

4. 车上控制器

AGV 的车上控制器一般采用单片机控制，其主要任务是控制 AGV 导向、启动、停车、车速、选择路径、安全监控、避免碰撞和交通干涉、与交通控制器通信、与其他物料搬运设备如输送机、AS/RS 和机器人等接口联系。

AGVS 技术在日本、美国、德国等国家已经广泛应用。目前主要的发展方向是开发不需固定线路的、具有全方位运行以及在超重负荷、高定位精度等一些特殊工况下工作的 AGV。

5.4 自动化立体仓库

5.4.1 自动化立体仓库概述

自动化立体仓库又称高层货架仓库、自动仓储系统（Automated Storage and Retrieval System，AS/RS），如图 5-10 所示。它是一种采用高层货架，利用计算机管理、自动控制的物料搬运设备，用于货物存取作业的仓库。其功能从过去一般仓库单纯进行物资的存储保管，发展到可分拣、理货。在不直接进行人工处理的情况下，自动化立体仓库能自动地担负物资的接收、分类、计量、包装、分拣、配送等多种任务，有助于实现高效率物流和大流量储藏，适应现代化生产和商品流通的需要。

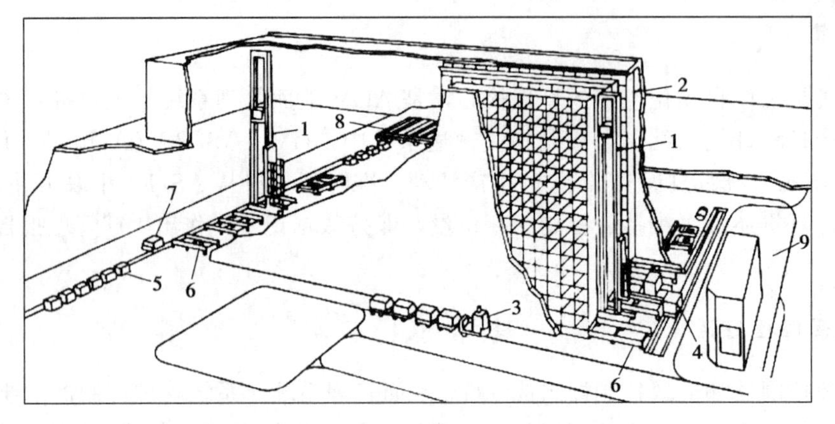

图 5-10　自动化立体仓库

1-堆垛机；2-高层货架；3-场内 AGV；4-场内 RGV；5-中转货位；
6-出入库传送滚道；7-场外 AGV；8-中转货场；9-计算机控制室

1. 自动化立体仓库的特点

自动化立体仓库是生产物流的主要组成部分，是一项复杂的综合自动化系统，涉及工艺、系统设计、土建结构、机械、无线电、光学检测、信息识别、电子控制、计算机、通信及视频图像处理等多种专业学科。与一般仓库相比，其优点有以下三个方面：

（1）高层货架存储。采用高层货架存储货物，存储区充分利用仓库空间，因此节省了库存占地面积，提高了空间利用率。采用高层货架存储可以实现货物先进先出原则，防止货物自然老化、变质、生锈或发霉，同时也便于防止货物的丢失及损坏，有效地做到防火防盗，防止货物搬运过程中的破损。

（2）自动存取。AS/RS 使用机械和自动化设备，运行和处理速度快，提高劳动生产率，降低操作人员劳动强度。同时，使存储方便地纳入企业的物流系统，使企业物流趋于合理化。

（3）计算机控制。计算机控制能够始终准确无误地对各种信息进行存储和管理，从而减少货物处理和信息处理过程中的差错。借助于计算机管理还能有效地利用仓库存储能力，便于清点和盘存，加快资金周转，节约流动资金，提高仓库管理水平。

自动化立体仓库的信息系统可以与企业的生产信息系统连网，实现整体企业信息管理自动化。由于使用自动化立体仓库，仓储信息管理及时准确，便于企业领导随时掌握库存情况，进行均衡生产，并根据生产及市场情况及时对企业规划作出调整，提高生产的应变能力和决策能力，促进企业的科学管理。

2. 自动化立体仓库的功能

自动化立体仓库的功能一般包括收货、存货、取货和发货等。

（1）收货。收货是指仓库从原材料供应方式或生产车间接收各种材料或半成品，供工厂生产或加工装配之用。收货时需要站台或场地供运输车辆停靠，需要升降平台作为站台和载货车辆之间的过桥，需要装卸机械完成装卸作业。卸货后需要检查货物的品名和数量，以及货物的完好状态。确认货物完好后方能入库存放。

（2）存货。存货是将卸下的货物存入到自动化系统规定的位置，一般是存放到高层货架上。存货之前首先确认存货的位置。某些情况下可以采取分区固定存入原则，即按货物的种类、大小和包装形式等实行区分位存放。随着移动货架和自动识别技术的发展，已经可以做到随时存放，既提高仓库的利用率，又可以节约存取时间。存货作业一般通过各种装卸机械完成。系统对保存的货物还可以定期盘查，控制保管环境，避免货物受到损伤。

(3) 取货。取货是指根据需求情况从库房取出所需的货物。可以有不同的取货原则，通常采用的是先入先出方式，即在出库时，先存入的货物先被取出。对某些自动化立体仓库来说，必须能够随时存取任意货位的货物，这种存取要求搬运设备和地点能频繁更换。这就需要有一套科学和规范的作业方式。

(4) 发货。发货是将取出的货物按照严格的要求发往用户。根据服务对象不同，有的仓库只向单一用户发货，有的则需要向多用户发货。发货时需要配货，即根据使用要求对货物进行配套供应。因此，发货功能的发挥不仅要靠运输机械，还要靠包装机械的配合。当然，各种检验装置也是不可缺少的。

(5) 信息查询。信息查询是指能随时查询仓库的有关信息，可以查询库存信息、作业信息以及其他相关信息。

3. 自动化立体仓库的发展

仓库的产生和发展是第二次世界大战之后生产和技术发展的结果。20世纪50年代初，美国出现了采用桥式堆垛起重机的立体仓库；50年代末60年代初出现了巷道式堆垛起重机立体仓库；1963年美国率先在高架仓库中采用计算机控制技术，建立了第一座计算机控制的立体仓库。此后，自动化立体仓库在美国和欧洲得到迅速发展，并形成了专门的学科。60年代中期，日本开始兴建立体仓库，并且发展速度越来越快，成为当今世界上拥有自动化立体仓库最多的国家之一。

我国对立体仓库及其物料搬运设备的研制开始并不晚。1963年研制成第一台桥式堆垛起重机（机械部北京起重运输机械研究所），1973年开始研制我国第一座由计算机控制的自动化立体仓库（高15m，机械部起重所负责），该库1980年投入运行。到2003年为止，我国自动化立体仓库数量已超过200座。自动化立体仓库由于具有很高的空间利用率、很强的入出库能力、采用计算机进行控制管理而利于企业实施现代化管理等特点，已成为企业物流和生产管理不可缺少的仓储技术，越来越受到企业的重视。

5.4.2 自动化立体仓库的构成

自动化立体仓库主要由机械系统和控制管理系统两部分组成。机械部分包括货物储存系统、货物存取和传送系统。

(1) 货物储存系统。货物储存系统由立体货架的货格（托盘或货箱）组成。货架的结构形式可分为分离式、整体式和柜式三种，按其高度分为高层货架（12m以上）、中层货架（5～12m）、低层货架（5m以下），货架按排、列、层组合成自动化立体仓库储存系统。

(2) 货物存取和传送系统。货物存取和传送系统由有轨或无轨堆垛机、出入库输送机、装卸机械组成。出入库输送机可根据货物的特点采用各类输送设备，装卸机械一般由行车、吊车、叉车等装卸机械组成。

(3) 控制和管理系统。控制系统是自动化立体仓库充分发挥优越性的关键。为了实现货物出、入库的自动控制，仓库中所用的各种存取设备和输送设备本身配备了控制装置，保证物流、信息流的畅通。根据自动化立体仓库的不同情况，采用不同的控制方式。

有的仓库存取堆垛机、出入库输送机的控制采取单台PLC控制，单台设备之间无联系。

PLC操作的单台设备控制，是直接应用于堆垛机和出入库输送机的控制系统，可实现堆垛机入库取货并送到指定的货位，或从指定的货位取出货物放到出库货台上。

有的仓库只对各单台设备进行连网控制。高级的自动化立体仓库的控制系统采用的方式，是由管理计算机、中央控制计算机和直接控制堆垛机、出入库输送机等现场设备的可编程控制器组成控制系统。

管理计算机主要承担出入库管理、盘库管理、查询、打印及显示、仓库经济技术指标计算机分析等功能，包括在线管理和离线管理。

中央控制计算机是自动化立体仓库的控制中心，它沟通并协调管理计算机、仓库的各台设备之间的联系，并可对设备进行故障检测及查询显示，控制和监视整个自动化立体仓库的运行和现场状态。

5.5 柔性供料系统

由数控加工设备、物料运储装置和计算机控制系统等组成的柔性制造系统（FMS），能根据制造任务或生产环境的变化迅速进行调整，适应于多品种、中小批量生产。其中的重要组成部分是供料系统，即刀具和工件原材料的运储，例如积放式悬挂输送机、积放式有轨导向小车、自动导引小车、搬运机器人、托盘交换器、自动化立体仓库等。本节主要讨论FMS中的物料运储部分，AGV及自动化立体仓库已讨论，所以重点论述物流输送形式、托盘及托盘交换器等问题。

5.5.1 FMS物流输送形式

物流输送系统是为FMS服务的，它决定着FMS的布局和运行方式。由于大部分的FMS工作站点多，输送线路长，输送的物料种类不同，因此物流输送系统的整体布局比较复杂。一般可以采用基本回路来组成FMS的输送系统，图5-11是几种典型的物流基本回路。

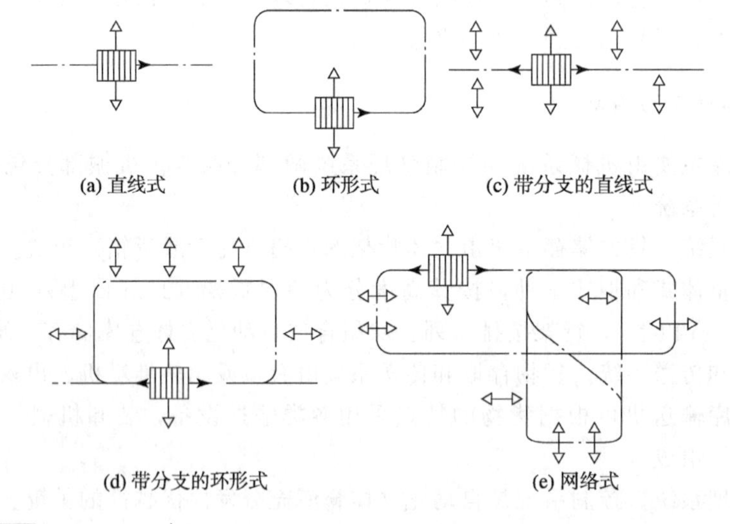

图5-11 典型的物流基本回路

1. 直线型输送形式

图 5-12 为直线型输送形式，这种形式比较简单，在我国现有的 FMS 中较为常见。它适用于按照规定的顺序从一个工作站到下一个工作站的工件输送，输送设备作直线运动，在输送线两侧布置加工设备和装卸站。直线型输送形式的线内储存量小，常需配合中央仓库及缓冲站。

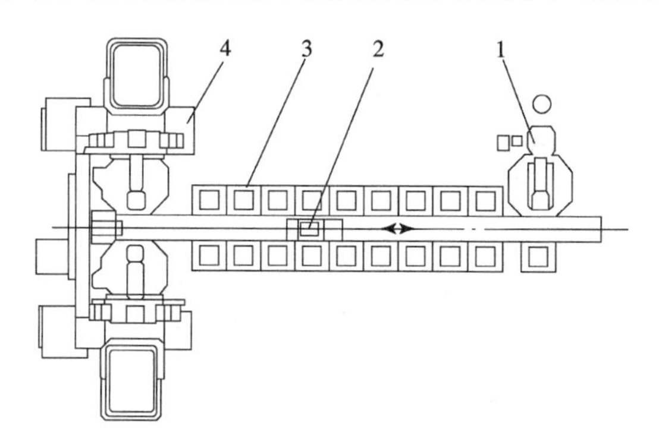

图 5-12 直线型输送形式

1-工件装卸站；2-有轨小车；3-托盘缓冲站；4-加工中心

2. 环型输送形式

环型输送形式的加工设备、辅助设备等布置在封闭的环形输送线的内外侧。输送线上可采用各类连续输送机、输送小车、悬挂输送机等输送设备。在环形输送线上，还可增加若干条支线，作为储存或改变输送线路之用，故其线内储存量较大，可不设置中央仓库。环型输送形式便于实现随机存取，具有非常好的灵活性，所以应用范围较广。

3. 网络型输送形式

图 5-13 所示为网络型输送形式。这种输送形式的输送设备通常采用自动导向小车。自动导向小车的导向线路埋设在地面下，输送线路具有很大的柔性，故加工设备敞开性好，物料输送灵活，在中、小批量的产品或新产品试制阶段的 FMS 中应用越来越广。网络型输送形式的线内储存量小，一般需设置中央仓库和托盘自动交换器。

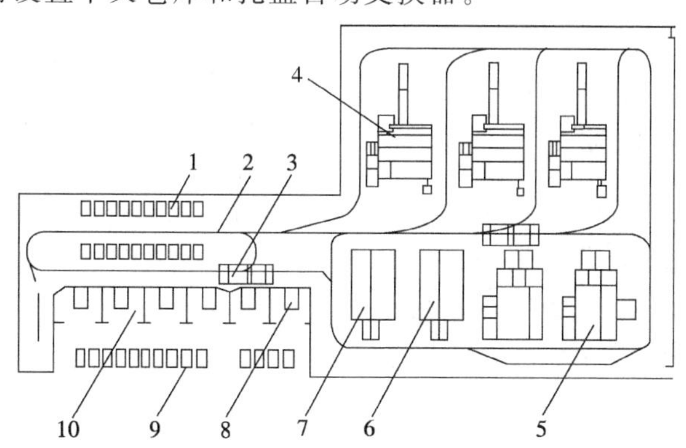

图 5-13 网络型输送形式

1-托盘缓冲站；2-输送回路；3-自动导向小车；4-立式机床；5-加工中心；
6-研磨机；7-测量机；8-刀具装卸站；9-工件存储站；10-工件装卸站

4. 机器人为中心的输送形式

图 5-14 所示为机器人为中心的输送形式。它是以搬运机器人为中心，加工设备布置在机器人搬运范围内的圆周上。一般机器人配置了夹持回转类零件的夹持器，因此它适用于加工各类回转类零件的 FMS 中。

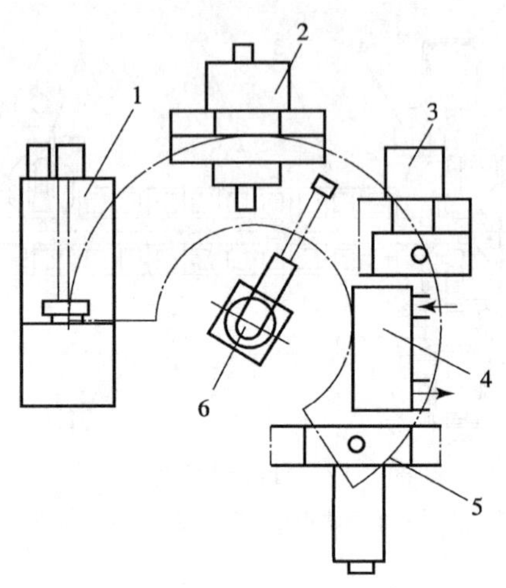

图 5-14 机器人为中心的输送形式

1-车削中心；2-数控铣床；3-钻床；4-缓冲站；5-加工中心；6-机器人

5.5.2 托盘及托盘交换器

1. 托盘

在柔性物流系统中，工件一般是用夹具定位夹紧的，而夹具被安装在托盘上，因此托盘是工件与机床之间的硬件接口。为了使工件在整个 FMS 中有效地完成任务，系统中所有的机床和托盘必须统一接口。托盘结构形状一般类似于加工中心的工作台，通常为正方形结构，带有倒角的棱边和 T 形槽，以及带有用于夹具定位和夹紧的凸榫。有的物流系统也使用圆形托盘。

2. 托盘交换器

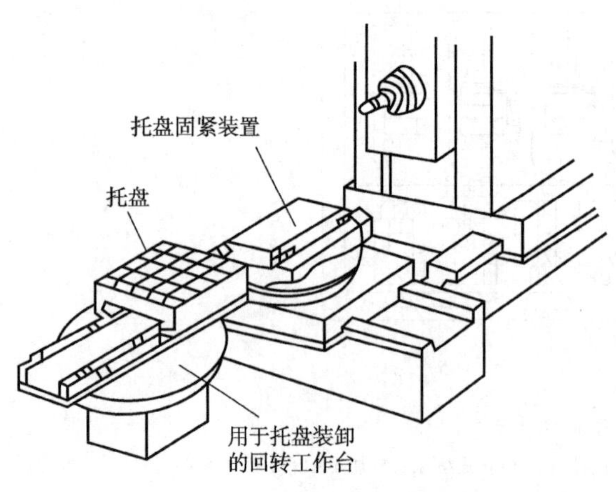

图 5-15 回转式托盘交换器

托盘交换器是 FMS 的加工设备与物料输送系统之间的桥梁和接口。它不仅起连接作用，还可以暂时存储工件，起到防止系统阻塞的缓冲作用。由于设置了托盘交换器，使工件的装卸时间大幅度缩减。托盘交换器一般有回转式托盘交换器和往复式托盘交换器两种。

(1) 回转式托盘交换器。回转式托盘交换器通常与分度工作台相似，有两位、四位和多位形式。多位的托盘交换器可以存储若干个工件，所以也称缓冲工作站或托盘库。两位的回转式托盘交换器如图 5-15 所示，其上有两条平行的导轨供托盘移动导向用，托盘的移动和交换器的回转通常由液压驱动。这种托盘交换器有两个工作位置，机床加工完毕后，交换器从机床工作台移出装有工件的托盘，然后旋转 180°，将装有未加工工件的托盘再送到机床的加工位置。

（2）往复式托盘交换器。往复式托盘交换器的基本形式是一种两托盘的交换装置。图5-16是五托盘的往复式托盘交换器，它由一个托盘库和一个托盘交换器组成。当机床加工完毕后，工作台横向移动到卸料位置，将装有已加工工件的托盘移至托盘库的空位上，然后工作台横向移动到装料位置，托盘交换器再将待加工的工件移至工作台上。带有托盘库的交换装置允许在机床前形成一个小的工件队列，起到小型中间储料库的作用，以补偿随机或非同步生产的节拍差异。

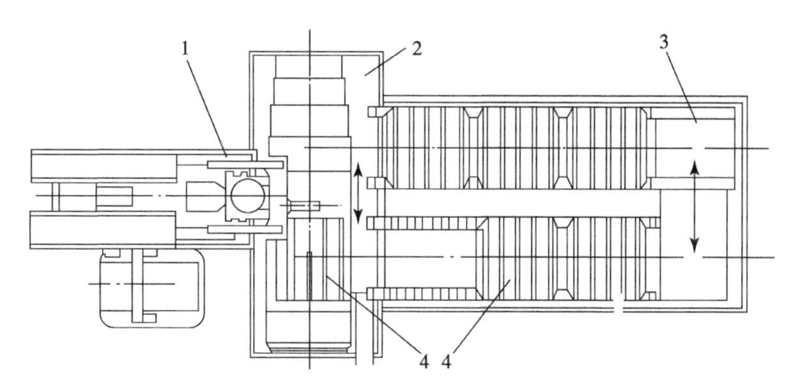

图 5-16　往复式托盘交换器

1-加工中心；2-工作台；3-托盘库；4-托盘

5.6　物料输送系统分析

通过图表技术可以实现物料移动的可视化，而在分析物料流频率、传送周期以及其他绩效指标中定量方法很有效。本节主要介绍物料传输中的图表技术、车辆系统分析、传送带分析等问题。

5.6.1　物料搬运中的图表技术

在描述物料流信息的图表技术中，从至（From To）表是一个有用的工具，如表 5-1 所示。在该表中，左边列表示物料搬运的起始点（即装货点），而表的最顶行表示目的地点（即卸货点）。从至表描述布局中各装/卸货点间（双向）可能的物料流动情况。从至表能表示物料流问题相关的参数有物料运送数量、两点间的物料流动频率以及两点间的距离。

表 5-1　从至表（表中数值左半部分表示物料流动速率，右半部分表示物料传送距离）

	至（To）	1	2	3	4	5
从（From）	1	0	9/50	5/120	6/205	0
	2	0	0	0	0	9/80
	3	0	0	0	2/85	3/170
	4	0	0	0	0	8/85
	5	0	0	0	0	0

另外一种常用的物料搬运图表技术是物料流图技术。如图 5-17 所示，表示了物料流与流动相关的节点（源点及终点）信息。节点表示物料流动中的设施节点，用箭线表示节点间的物料流动及其方向。节点表示产品制造工艺流程中所涉及的生产部门或设施，图 5-17 所表示的信息与表 5-1 一致。

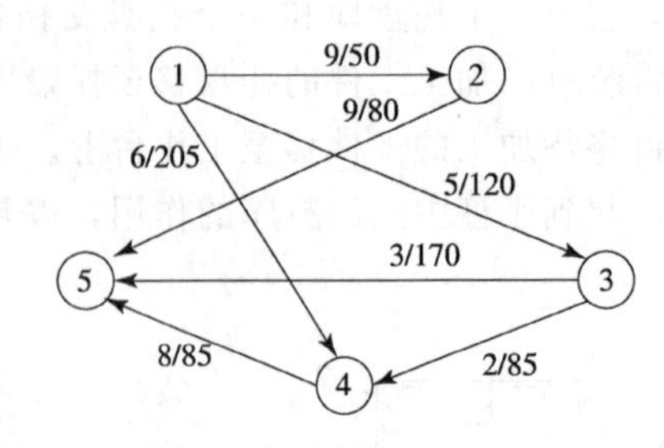

图 5-17　表示两节点间物料传输情况的物料流动图

（箭线标注数值表示物料流动速率及距离，与表 5-1 一样）

5.6.2　搬运车辆系统分析

可以运用数学模型描述基于车辆的物料输送系统的运作问题。这类系统中常用的设备包括工业用车辆（手动或动力车辆）、自动导引小车、单轨道系统和其他轨道导引车辆以及某些传输带系统和起重设备等。这里假设车辆在整个系统运行中为匀速，忽略加速度、减速度以及由于车辆处于负荷或空载或其他原因引起的各种速度差异性的影响。在基于车辆的传输系统运行中传送物料的一个周期（循环）时间由四个部分组成：①起始点的装货时间；②到目的地的运行时间；③卸货时间；④在两次传送间的空行时间。每车辆每次传送的总周期时间为

$$T_c = T_L + \frac{L_d}{v_c} + T_U + \frac{L_e}{v_e} \tag{5-1}$$

式中，T_c 为物料传送的循环时间（min/次），T_L 为装货时间（min），L_d 为物料传送距离（m），v_c 为车辆速度，T_U 为卸货时间（min），L_e 为车辆空运距离，直到下一次传送的开始。

由式（5-1）所计算的 T_c 是一个理想值，由于该式忽略了由于车辆系统可靠性、交通阻塞及其他可能导致传送速度下降的因素所引起的运送速度减慢。另外，并非每一次传送周期时间都是一样的。从上一次传送到下一次传送的起始点可能会有差异，这将影响式中的 L_d 和 L_e 的值。所以，式中所提到的参数表示的是系统平均值。

传送循环时间可以用来确定车辆运输系统中的一些有用的参数。可以应用 T_c 来确定两个参数：①每车辆的传送速率；②确定给定物料运送需求下的车辆数。我们将以小时为分析依据，当然式（5-1）照样可以解决其他时间单位的分析（计算）问题。

每车辆的每小时运送频率相当于将 60min 分成若干个传送循环时间 T_c，在每小时内调整各种时间损失。可能的时间损失包括：①可用性问题；②交通阻塞；③手动搬运车辆的人工操作效率。可用性 Availability（用 A 表示）是可靠性因素，定义为在一个工作轮班中车辆处于可操作、没有故障或修理状态时间所占的比例。

为了解决交通阻塞导致的时间损失问题，引入交通因素参数 T_f 来量度交通阻塞引起的时间损失对系统性能的影响。交通因素引起的效率低问题的根源包括交叉路口的等待、车辆阻塞（如自动导引车辆系统）和在装卸点的排队等待。如果车辆无阻塞，$T_f = 1.0$；随着阻塞的增

加，T_f 值减小。阻塞、交叉路口的等待和装卸点的排队等待情况取决于系统中的布局尺寸和车辆数量。如果系统中只有一辆车，阻塞情况很少甚至不会发生，这时交通因素参数接近于1.0。对于有许多车辆的系统工程，会发生严重阻塞现象，交通因素参数值将会很小。AGVS的交通因素参数一般在 0.85～1.0 之间。

对于基于工业车辆的系统，无论是手动车辆还是动力车辆，都需要人工操作，因而在考虑系统运作效率低问题时交通阻塞不是主要的因素。其性能取决于车辆操作人员的效率。这里定义效率 Efficiency 为操作人员实际的工作速度与标准或正常情况下的工作速度的比值。用 E 来表示操作人员效率。

基于以上所定义的因素，可将每车辆每小时的可用时间（Available Time）表示为

$$AT = 60AT_fE \tag{5-2}$$

式中，AT 为可用时间（min/h，车辆），A 为可用性参数，T_f 为交通因素，E 为工人效率。

现在可以引出两个重要的性能指标参数。一个是每车辆的搬运频率：

$$R_{dv} = \frac{AT}{T_c} \tag{5-3}$$

式中，R_{dv} 为每车辆每小时内的搬运频率（次/h，车辆），T_c 为用式（5-1）计算出的传送循环时间（min/运送），AT 为通过时间损失修正的每小时内可用时间（min/h）。

另一个性能参数是工作负荷 WL。满足一定的运送量 R_f 要求的车辆需求数量等于总的工作负荷量除以每车辆的可用时间。工作负荷（Work Load）可定义为物料传送系统在 1h 内需要完成的总工作量，用时间表示。这可表示为

$$WL = R_fT_c \tag{5-4}$$

式中，WL 为工作负荷（min/h），R_f 为每小时内需要运送物料的频率（次/h），T_c 为运送周期时间（min/次）。完成给定工作量的车辆数量可用式（5-5）确定：

$$n_c = \frac{WL}{AT} \tag{5-5}$$

式中，n_c 为所需的车辆数，WL 为工作负荷（min/h），AT 为每车辆的可用时间（min/h，车辆）。式（5-5）可简写成：

$$n_c = \frac{R_f}{R_{dv}} \tag{5-6}$$

式中，n_c 为所需的车辆数，R_f 为系统中总的运送需求量（次/h），R_{dv} 为每车辆每小时内的搬运频率（次/h，车辆）。

尽管交通因素考虑了车辆运行过程中的阻塞问题，但不包括装卸点中等待车辆到来的时间耽误。由于装卸需求量的随机特性，当车辆处于其他运送任务时，工作站出现等待现象。前述公式没有考虑这样的时间损失。如果要减少工作站的闲置时间，需要比由式（5-5）或式(5-6)计算出的数量更多的车辆。当分析这种更复杂的随机问题时，基于排队论的数学模型更适合。

例 5.1 已知 AGVS 的布局如图 5-18 所示，AGV 以逆时针方向从装货点运送物料到卸货点。装货时间为 0.75min，卸货时间为 0.5min。如果在该布局中由 AGV 完成每小时 40 次的运送工作量，需要多少车辆？给定以下参数：车辆速度为 50m/min，可用性参数值为 0.95，交通因素参数为 0.90，不考虑操作人员的效率，即 $E=1.0$。确定：（1）运行距离（有载荷或空运）；（2）每循环时间的理想（理论）时间；（3）需要多少车辆来满足运送需求。

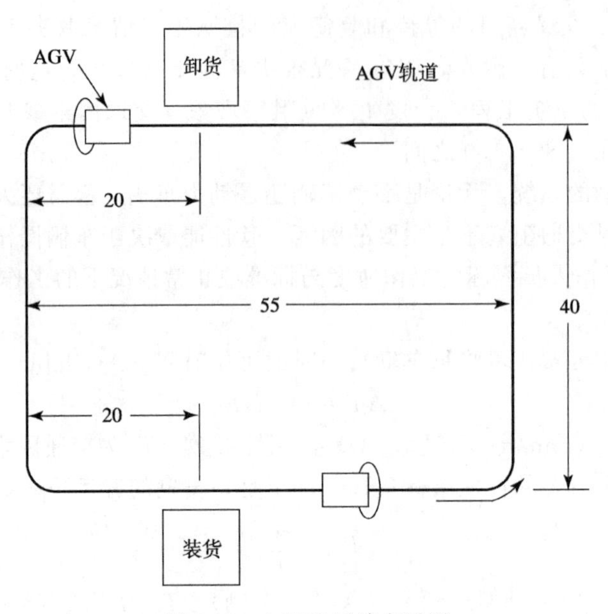

图 5-18　AGVS 回路布局图

解：(1) 忽略曲线或角边的距离微小缩减问题，由布局图可知 L_d 和 L_e 的值分别为 110m 和 80m。

(2) 每车辆每次运送的理想时间值可由式 (5-1) 计算得

$$T_c=(0.75+\frac{110}{50}+0.5+\frac{80}{50})\text{min}=5.05\text{min}$$

(3) 确定每小时搬运 40 次时的车辆数量。首先计算 AGVS 的工作负荷及每车辆每小时的可用时间：

$$WL=40\times 5.05\text{min/h}=202\text{min/h}$$

$$AT=60\times 0.95\times 0.90\times 1.0\text{min/h}=51.3\text{min/h}(\text{每车辆})$$

所以，所需要的车辆数为

$$n_c=\frac{202}{51.3}=3.94(\text{辆})$$

由于车辆数量应为整数，圆整为 $n_c=4$ 辆。

确定平均运行距离 L_d 和 L_e，需要分析 AGVS 的布局图。本例是一个简单的回路，可以直接计算出 L_d 和 L_e 值。对于复杂的 AGVS 布局，问题更复杂些。

5.6.3　传输带分析

传输带运行问题的研究已在少量文献中出现。这里主要讨论三种基本的传输运作问题，即单程传输、连续循环传输和重循环传输。

1. 单程输送机

考虑单程动力输送机 (图 5-6)，装货点在上游端，卸货点在下游端。物料在一端装货，在另一端卸货。物料可能是零件、纸板箱、托盘箱或其他单元载荷。假定传输带运行速度为恒定值，则将物料从装货点运送到卸货点的时间为

$$T_d = \frac{L_d}{v_c} \tag{5-7}$$

式中，T_d 为运送时间（min），L_d 为装、卸货点间的传输带长度（m），v_c 为传输带速度（m/min）。

传输带上物料流的频率取决于装货点上装货的频率。装货频率等于装物料所需时间的倒数。给定传输带的速度，装货频率确定了传输线上物料的间距。可由式（5-8）表示这些关系：

$$R_f = R_L = \frac{v_c}{S_c} \leqslant \frac{1}{T_L} \tag{5-8}$$

式中，R_f 为物料流的频率（个/min），R_L 为装货频率（零件个数/min），S_c 为传输带上物料间的中心间距（m/part），T_L 为装货时间（min/part，min/个）。有人可能会说装货频率 R_L 是装货时间 T_L 的倒数。然而，R_L 是由需要的物料流动频率 R_f 设置的，而 T_L 由人因工程因素决定。输送机上的装货工人能以比所需物料流更快的频率完成任务。另一方面，物料流频率不能设置为比人能完成装货的频率快。

另外，卸货时间应与装货时间相等或更少，即

$$T_U \leqslant T_L \tag{5-9}$$

式中，T_U 为卸货时间（min/part），如果卸货时间比装货时间长，传输带上会堆满没有卸下的货，或掉到地上。

在式（5-8）和式（5-9）中，我们用的单位零件（个数）(parts)，对于其他单元载荷这些公式照样成立。物料搬运的“单元载荷原则”（注：在《设施规划》课程中有介绍）的优点可用搬运 n_p 个零件为一个搬运箱而不是一个零件来证明。将式（5-8）改写，以反映这个优点，如下：

$$R_f = \frac{n_p v_c}{S_c} \leqslant \frac{1}{T_L} \tag{5-10}$$

式中，R_f 为物料流的频率（个/min），n_p 为搬运箱中零件的个数，S_c 为传输带上物料间的中心间距（m/part，m/个），T_L 为装货时间（min/part，min/个）。在这种情况下，物料流动的频率更大了。然而，装货时间仍然有局限，且 T_L 不只包括将搬运箱装到传输机上的时间，还包括将零件装入箱子的时间。在给定的条件下，前述公式有具体含义并需要作一定的修正。

例 5.2 在某一零件生产车间和装配车间之间有一条长 35m 的辊动传输线。传输线的速度为 40m/min。零件在生产车间首先被装在大的工具箱（Tote Pans），然后被放上传输带，传送到装配车间。装货点有两个操作人员，第一个操作人员将零件放入箱子，需要 25s/个，每个箱子装 20 个零件。零件从生产工位进入装货工位的频率为 25s（周期）。第二个操作人员将装好的箱子放上传输线，需要 10s/箱。请确定：（1）在传输线上箱子间的距离；（2）最大可能的物料流频率（个/min）；（3）装配车间卸货时间的最小值。

解：（1）传输线上箱子的距离取决于装货时间。需要 10s 将箱子放入传输带，但零件装成箱需要 25s，所以，装货周期时间为 25s。传输线的速度为 40m/min。所以，间距为

$$S_c = (25/60) \times 40 = 16.67(\text{m})$$

（2）由式（5-10）得物料流频率为

$$R_f = \frac{20 \times 40}{16.67} = 48(\text{parts/min})(个/\text{min})$$

这与 25s 内完成 20 个的零件装载频率一致，即 0.8 个/s 或 48 个/min。

（3）卸货的最小许可时间必须要与传输带上箱子流动的频率一致。取每 25s 一箱子，也就是：$T_U \leqslant 25\text{s}$。

2. 连续循环传输机

连续循环传输机，如吊链输送机，其路径由无终端的链在轨道回路中形成，而搬运器悬挂在轨道上并由链牵引，传输带在装货点和卸货点间运送物料。整个回路可分为两段：一段为运送（向前）回路，该段上搬运箱载有货物；另一段为搬运箱空载的返回回路，如图 5-6（b）所示。运送回路的长度用 L_d 表示，返回回路的长度用 L_e 表示，总长度则为 $L=L_d+L_e$。运转整个回路的总时间为

$$T_c=\frac{L}{v_c} \tag{5-11}$$

式中，T_c 为总的循环时间，v_c 为传送链的速度（m/min）。在运送回路中的时间为

$$T_d=\frac{L_d}{v_c} \tag{5-12}$$

式中，T_d 为运送货物的时间（min）。

搬运箱以 S_c 等距离分布在链上，这样回路上总的搬运箱数量为

$$n_c=\frac{L}{S_c} \tag{5-13}$$

式中，n_c 为搬运箱的个数，L 为传输线的总长度，S_c 为搬运箱间的中心距离（m/carriers）。n_c 的值必须是整数，且 L 和 S_c 要与实际需要相一致。

由于只有在传送回路上有 n_p 个零件在传输，而在返回回路上无零件，所以传输系统中最大传输零件个数为

$$\text{系统总的零件个数}=\frac{n_p n_c L_d}{L} \tag{5-14}$$

在单程输送机上，装货工作站与卸货工作站间的最大物料流频率为

$$R_f=\frac{n_p v_c}{S_c}$$

式中，R_f 为每分钟的零件数。这个频率要与在装货和卸货上所用的极限时间一致，在式（5-8）～式（5-10）中已定义。

3. 重循环输送机

在前面的 5.2 节已论述重循环输送机中的两个复杂问题，即在装货点需要装货时没可用的搬运箱，而在卸货点空闲时无可卸载的货物。Kwo，T. T. 在 1958 年和 1960 年分别发表的两篇文献中，已讨论了单一装货点、单一卸货点的重循环传输问题，提出在设计重循环传输系统时需要遵循三个基本原则：

（1）速度准则。该原则指出传输带的运行速度必须在一定的许可范围内。速度的下限取决于装货点及卸货点各自的装（卸）货频率。而装（卸）货频率由传输系统决定。分别用 R_L 和 R_U 代表装货点和卸货点的频率，则传输带的速度必须满足如下关系：

$$\frac{n_p v_c}{S_c}\geqslant \text{Max}\{R_L, R_U\} \tag{5-15}$$

式中，R_L 为需要的装货频率（parts/min，个/min），R_U 为卸货频率。而速度的上限取决于搬运人员的能力上限。其能力由装（卸）搬运器所需时间决定，也就是：

$$\frac{v_c}{S_c}\leqslant \text{Min}\{\frac{1}{T_L}, 1/T_U\} \tag{5-16}$$

式中，T_L 表示搬运器装货所需时间（min/台），T_U 为搬运器卸货时间。除了需要满足式(5-15)和式（5-16）外，速度的另一极限当然是不能超出传输机械的技术许可范围。

（2）产能约束。物料流动频率至少等于由物料储备需求及物料在装卸点之间移动所需时间所决定流动频率需求。这可由式（5-17）表示：

$$\frac{n_p v_c}{S_c} \geqslant R_f \tag{5-17}$$

在这种情况下，R_f 表示的是重循环输送机所需的系统配置。

（3）均布原则。该原则指的是在整个传输线上零件（货物）应平均分布，这样不会出现传输线的有些段搬运箱成堆，而有些段几乎为空的现象。这条原则可以避免出现在装货点或卸货点等待时间过长的异常现象。

思考题

1. 生产系统中物料搬运有何意义？
2. 常用的物流搬运自动化设备有哪些？
3. 简述自动化传输线的分类及其特点。
4. 简述 AGV 的定义、构成及分类。
5. AGV 系统的组成原理是什么？
6. 阐述自动化立体仓库的构成。
7. FMS 物流输送形式有哪几类？各自都有什么特点？
8. 论述搬运系统分析的常用方法。

参考文献

傅卫平，原大宁. 2007. 现代物流系统工程与技术. 北京：机械工业出版社

方庆琯，王转. 2004. 现代物流设施与规划. 北京：机械工业出版社

周骥平，林岗. 2001. 机械制造自动化技术. 北京：机械工业出版社

Tompkins J A 等. 2007. 设施规划. 伊俊敏等译. 3 版. 北京：机械工业出版社

Groover M P. 2002. Automation, Production Systems, and Computer-Integrated Manufactuing. Second edition. Prentice-Hall and Tsinghua university press

第 6 章　装配自动化技术

6.1　自动化装配的流程及工艺

6.1.1　自动化装配的流程

在装配产品时，必须确保正确的装配顺序和零部件装配间的串联、并联关系。在装配中，连接方法和数量的选择对装配会产生影响，装配中并联的装配工序越多对装配的要求就越高。因此，在装配产品时，首要任务就是确定正确的产品装配流程图。

定义：自动化装配流程图是一个网状的计划装配图，通过网结表示零件的移动方向，用连接线表示零件间的相互关系。根据包含零部件的情况，装配流程按原理可以划分为图 6-1 所示的几种形式。

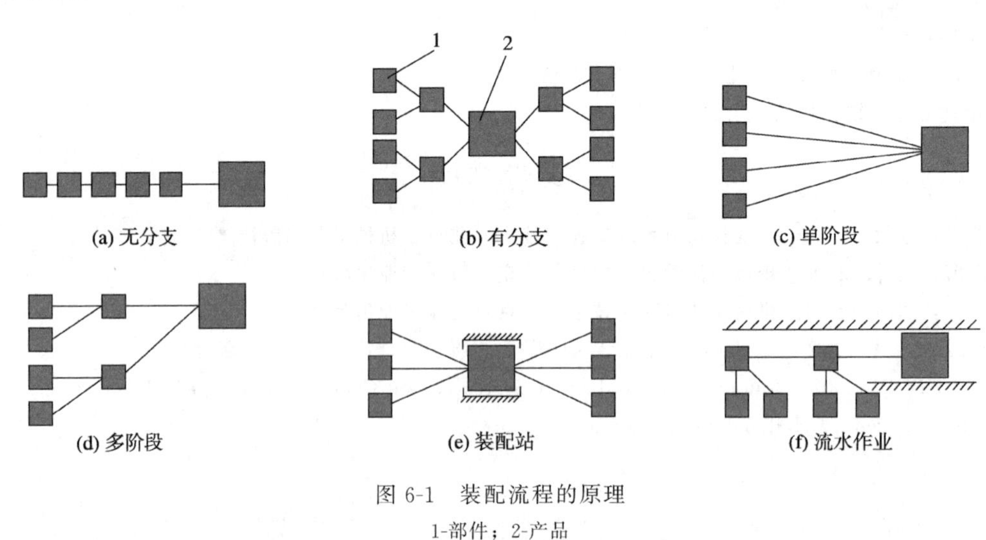

图 6-1　装配流程的原理

1-部件；2-产品

装配流程按时间和地点的关系分为：

(1) 串联装配；

(2) 时间上平行的装配；

(3) 时间和地点相互独立的装配；

(4) 时间上独立、地点相互联系的装配。

装配流程随着考虑对象的不同分为：

(1) 配合面。配合面是在装配时各个零部件相互结合的面。用配合面可以描述装配零部件之间的关系，在装配时应当注意哪些配合面被占用或被关闭。图 6-2 所示部件的装配关系可以这样描述

$$(e_1[f_1, f_3])(e_2[f_2, f_5])(e_3[f_4, f_6])$$

从上式可以看出，两个出线的表面就是配合面。图 6-2 所示部件包括三个配合面，即

$$(bg1[e_1, e_2, e_3])$$

(2) 对象。在装配时应将配合面多、质量大、形状复杂的零件视为基础件，最为敏感的零件在最后装配。

(3) 任务。将一个产品分解成可传输的部件，当一个 O 形圈装入槽内后，槽就构成了一个部件。

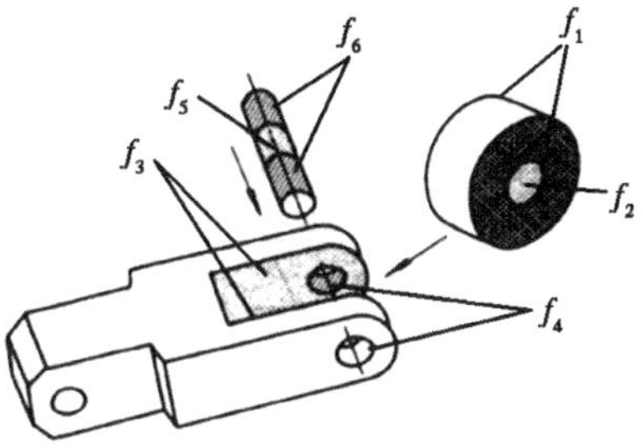

(4) 工艺过程。在装配中，先进行简单的操作，后进行复杂的操作。

图 6-2　一个部件上的各个配合面

(5) 功能。在装配中，产品的各个零部件有不同的价值。

(6) 组织。在工厂进行大批量生产装配产品时，尽量避免频繁地更换工具，借助计算机和装配流程图可以很好地组织生产。

通过表 6-1 可以确定最佳的装配流程。

表 6-1　在确定最佳装配顺序时优先权的导出

<table>
<tr><td colspan="4">配合过程的优先权</td></tr>
<tr><td>连接方法</td><td colspan="3">特　　点</td></tr>
<tr><td>弹性涨入</td><td>弹性变形</td><td colspan="2">常规连接</td></tr>
<tr><td>套装
插入
推入</td><td>配合公差</td><td colspan="2">被动连接</td></tr>
<tr><td>电焊
钎焊
粘接</td><td>材料
结合</td><td rowspan="2">不可拆卸连接</td><td rowspan="3">主动连接</td></tr>
<tr><td>压入铆接</td><td>形状
结合</td></tr>
<tr><td>螺纹连接、加紧</td><td>力结合</td><td>可拆卸连接</td></tr>
</table>

<table>
<tr><td colspan="3">从技术功能考虑的优先权</td></tr>
<tr><td>功　能</td><td>说　　明</td><td>例　　子</td></tr>
<tr><td>准备支点</td><td>构成几何布局</td><td> 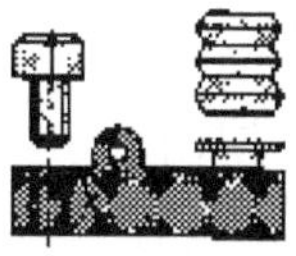</td></tr>
<tr><td>定位</td><td>确定连接之前的相对位置</td><td> 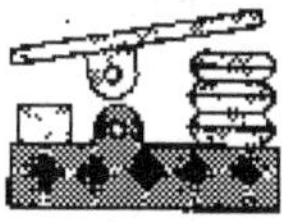</td></tr>
<tr><td>固定紧固</td><td>零件位置被固定</td><td> </td></tr>
</table>

在自动化装配流程中，首要解决的问题是如何实现产品装配的自动化，所以以下因素必须考虑：

（1）配合、连接过程的复杂性；

（2）配合、连接未知的可达性；

（3）配合件的装配情况；

（4）完成装配后部件的稳定性；

（5）配合件、连接件和基础件的可传输性；

（6）装配流程的方向；

（7）部件的可检验性。

如果某种装配操作由于技术、经济、质量方面的原因没有实现自动化，那么必须考虑人工装配和自动化装配混合的方法，如图 6-3 所示。

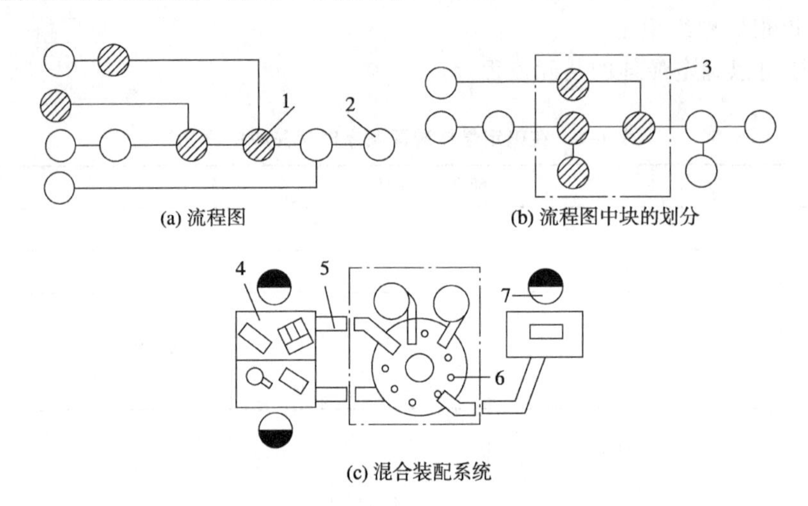

图 6-3　混合装配法

1-自动化装配；2-非自动化装配；3-自动化装配段；4-人工装配工位；
5-中间料仓和传送链；6-自动化装配机；7-工人

6.1.2　自动化装配的工艺

1. 自动装配工艺设计要求

自动装配工艺要比人工装配工艺设计复杂的多，例如，集合形状复杂的装配件的定向问题，凭借人工操作很容易解决，可是在自动装配中可能成为难以解决的问题。又如，按照已装入件的配合间隙，通过手工测量、修配或选择相应厚度的垫片装入，即能符合装配要求，这是传统的人工装配工艺的方法。在自动装配中，就需要配备自动检测设备和储料器，根据自动检测结果，驱动执行机构，先从储存不同的各组垫片中取出厚度合适的垫片再进行自动装入。由以上列举的情况可知，自动装配的工艺设计要比人工装配的工艺设计复杂的多。为使自动装配工艺设计先进可靠，经济合理，在设计中应注意如下几个问题。

1）同步装配工艺节拍

在自动装配设备中，多工位刚性传送系统多采用同步方式，故有多个装配工位同时进行装配作业。为使各工位工作协调，并提高装配工位和生产场地的效率，必然要求各工位同时开始和同时结束。因此，要求装配工作节拍同步。

对装配工作周期较长的工序，可分散几个装配工位，这样可以平衡各个装配工位上的工作时间，使各个装配工位的工作节拍相等，而对非同步装配系统则无严格要求。

2）避免装配基础件的位置变动

自动装配过程是把装配件按规定方向和顺序装到装配基础件上。在自动传送装置上自动传送时，要求在每个装配工位上准确定位。因而，要避免或减少基础件的位置变动，如转位、升降、翻身等动作，以免重新定位。

3）合理选择装配基准面

为确保装配定位的精度，必须合理选择装配的基准面，装配基准面大多是加工面或是面积大的配合面，同时需要考虑装配夹具所必需的装夹面和导向面。

4）对装配零件分类

对装配件进行分类可以要提高装配自动化的程度。多数装配件的形状比较规则，容易进行分类，按几何特性可分为轴类、套类、平板类和小杂件四类，每类按尺寸又分为长件、短件、匀称件三组，每组零件又分为四种稳定状态。因而，共有 48 种状态。通过分类分组后，采用相对应的料斗装置就能实现多数装配件的自动供料。

5）装配零件的自动定向

形状规则的配件可以实现自动供料和自动定向，少数关键件和复杂件经常不能实现自动供料和自动定向。为使形状复杂的装配件实现自动定向，可用以下方法。

（1）概率法：零件自由下落至分类口，分类口按零件的几何形状设计，凡是可以通过分类口的零件就能定向排列。

（2）极化法：利用零件形状和质量存在差异，达到定向排列。

（3）测定法：依照零件的形状，转化为气动的、电气的或机械的量，由此来确定排列位置。

对于太复杂的关键件，为使自动定向机构不太复杂，最好采用手工定向或逐个装入，这样在技术经济上更合理。

6）精密配合副的分组选配

利用选配来保证自动装配中精密配合副的装配。依据配合副的要求，如质量、转动惯量、配合尺寸来确定分组选配，可分为 3～20 组。分组越多配合精度越高。

7）装配自动化程度的确定

装配自动化程度的确定是一项重要的设计原则，需要根据工艺的成熟程度和实际经济效益来确定，具体如下：

（1）在螺纹连接工序中，由于多轴工作头对螺纹孔位置偏差的限制较严，多用单轴工作头。

（2）形状规则、对称而数量多的装配件易于实现自动供料，因此自动化程度高；复杂件和关键件不易实现自动定向，所以自动化程度低。

（3）装配零件送入储料器的动作和装配完成后卸下部件的动作，按较低的自动化程度考虑。

（4）装配质量检测和不合格件的调整等工作的自动化程度低，利用手工操作代替，以免自动检测工作头的机构过分复杂。

（5）品种单一的装配线，自动化程度较高，多品种的自动化程度则较低，但在装配工作头的标准化、通用化程度提高的基础上，多品种装配的自动化程度可以提高。

(6) 对于不甚成熟的工艺，除采用半自动化外，需要考虑手动的可能性；对于采用自动或半自动装配而实际经济效益不明显的，采用人工监视或手工操作。

在自动装配线上，对下列各项装配工作应优先达到较高的自动化程度：

(1) 装配基础件在工序间的传送，包括翻身、摆转、升降等改变位置的传送；

(2) 装配夹具的定位、传送、返回；

(3) 数量多且形状规则的装配件的供料和传送；

(4) 过盈连接作业、平衡作业、密封检测、清洗作业等工序。

8) 提高装配自动化水平的技术措施

为了不断提高自动装配线的水平，应考虑重要的装配工艺及其装置和供料、传送、检测等。提高水平措施主要有以下几方面：

(1) 自动装配线逐渐趋向部件通用化、机构典型化，只需要调整或更换少量装配工作头和装配夹具，因此可适应多品种的产品装配，提高和扩大装配线的通用化程度。

(2) 由装配件上线到成品下线的综合制造系统，即加工、检验、等工序与装配工序结合起来，采用通用性强且易于调整的程序控制装置进行全线控制，实现更大规模的自动化生产。

(3) 采用装配工位实现数控化，向自动化程度较高的数控装配机发展，可使多品种的自动装配线适应系列产品装配的需要。

(4) 扩大装配线的通用程度，可广泛采用非同步式自动装配线。

(5) 广泛采用电子计算机控制装配线，拥有存储系统和可调整系统，使二者实现柔性连接，扩大装配线的通用程度。

(6) 应用具有视觉和触觉的智能装配机器人。这种装配机器人上配置了传感器，能适应装配件传送和从事各种装配工作，如抓取、握住、对准、插入、转动、拧紧等。

2. 自动装配工艺过程

产品装配工艺过程按水平的不同分为三个层面：

(1) 第一层面。首先确定该产品的生产周期和批量，然后具体分析该产品是否适合自动化装配，如果适合自动化装配，再确定是专用自动化还是柔性自动化，有时还要对产品的设计装配工艺性进行改进，以满足产品的装配工艺。

(2) 第二层面。利用装配流程图，确定装配操作的顺序，进而确定产品的装配工艺过程。

(3) 第三层面。依照产品的功能，把装配工艺过程分解到各个实际的组成部分。将装配工艺分成四个功能范围：

①前装配辅助功能。在这一功能范围内有整理、分离、上料、检验，为装配工作装备基础件和配合件，且包含更换料仓或从传送带上分离电子元件。

②装配功能。装配功能的作用是把两个或多个零件先定位配合再连接到一起，包括抓取、移动、连接（压接、旋入、铆接等）。

③后装配功能。装配完部件或产品时，首先将其从装配设备上取走，然后更换空料仓，在开始新装配之前，要检查装配设备。

④监控功能。监控功能包括整个装配系统的检测、坐标控制、装配过程控制以及前仓库和后仓库间的信息交换。

装配工艺过程的确定可分四步进行：

(1) 基础件的准备。把基础件固定在一个托盘或一个夹具上，使其在装配机上有一个确定的位置，称为定位。当配合件移动时，基础件的位置变换精度非常重要，如图 6-4 所示，只有向上的垂直运动是唯一的可能，其位置和方向并不是绝对的精确，由于间隙和加工误差（Δx，Δy，$\Delta\varphi$，$\Delta\theta$）仍然存在，与理想状态存在偏差。

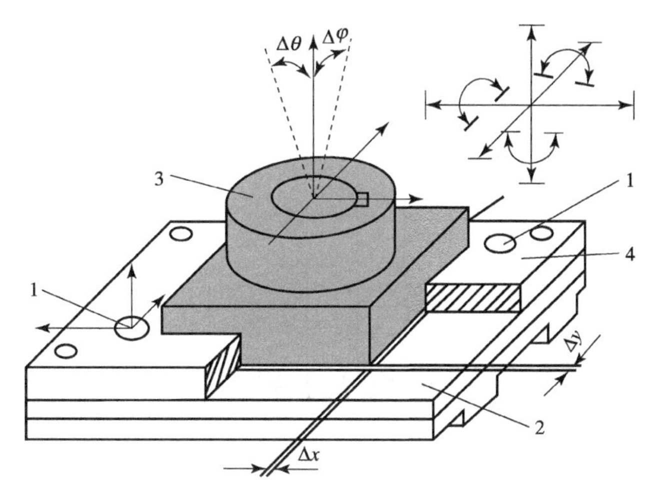

图 6-4　固定基础件的示意图

1-定位孔；2-托盘；3-基础件；4-基础件夹具

（2）传送系统。按被传送物体与运动系统的相对关系分为固定耦合和相对运动。被传送物体与运动系统间无相对运动称为固定耦合。依靠摩擦力，在固定耦合的情况下，被传送物体可以准确地到达目标位置，在装备机上需加上定位装置（阻尼、挡块、定位销等）。有些情况下，物体依靠加速度力、摩擦力、重力在垂直方向移动。

（3）功能图。利用功能图，确定自动化装配机的产品装配方案。图 6-5 所示是一台装配机的功能图，表示一个接头的装配过程。

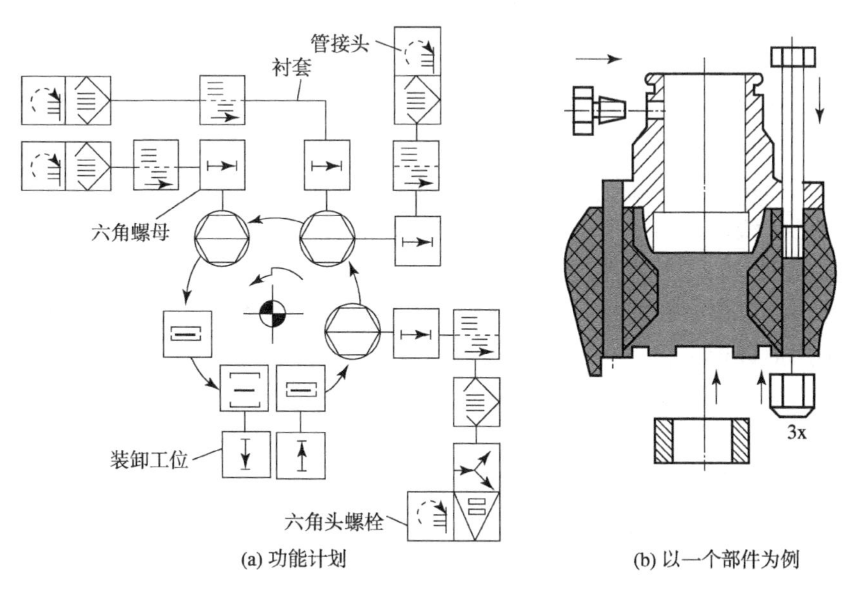

图 6-5　一台装配机的功能图

（4）将功能图转化为一种技术方案。地貌图是可以把具有技术-物理效应和经过整理的、标准的功能元件编纂到一起，然后把各个单件的档案结合在一起就可以得到不同的方案，如图 6-6 所示。图中，A——适合于这项装配任务的技术方案，PV——不同的装配方案，V_{mn}——一个技术功能元素的变种。

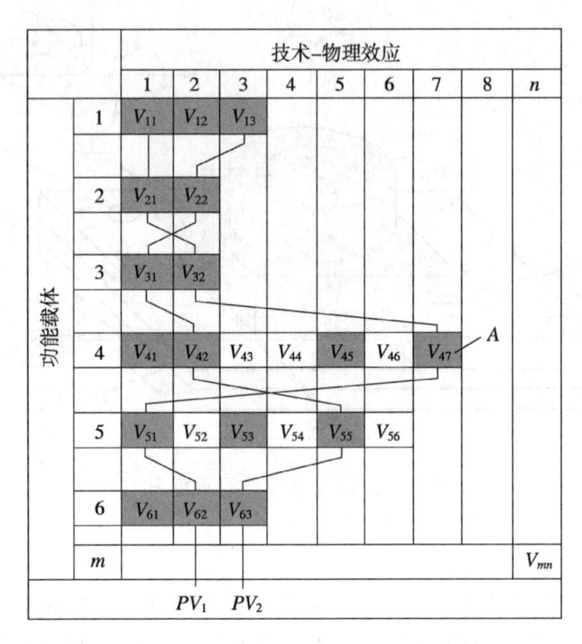

图 6-6　“地貌图”方法确定装配方案

①优化备选方案：为了优化备选方案，借助利用值分析法进行，先确定评价目标和权重系数。一个方案变种 j 的利用值 N_{wj} 用式（6-1）来确定

$$N_{wj}=\sum_{i=1}^{n}\frac{g_i y_{ij}}{100} \tag{6-1}$$

式中，g_i 为目标 i 的权重，y_{ij} 为利用值（第 i 个目标，第 j 个变种）。

②连接设备：在很多情况中装配工作都是分散到各个工位上进行的，因此连接设备是必不可少的，是各个装配工位间的连接环节。连接设备的选择需考虑以下三个方面：

• 此种连接方法是固定还是松弛，是否需要中间存储器。

• 传送路径是直线形、圆形还是通道式、空中悬挂式。另外，还必须考虑是否需要工件托盘的返回通道。

• 选择何种连接方法。只有综合考虑技术性能和经济成本才能作出正确的连接方法选择，因此需要使用利用值分析法。

③信息流：产品的装配往往是很复杂的，因此需要一套功能齐全复杂的控制系统。确定方案需要考虑：

• 何时需要集中控制，何时需要分散控制；

• 是否把工件托盘作为信息载体；

• 哪些接口需要设置。

6.2 自动装配机的结构形式

随着自动化技术的不断发展，产品的装配可以利用自动化装配机实现。装配机是按一定时间节拍工作，将基础件固定在其上，用配合件往基础件上安装的机械化装配设备。自动化装配时依据所定节拍有节奏地工作，设备是与料仓相连接的。为了解决中小批量生产，技术人员开发了可编程的自动化装配机。可编程自动化装配机能够完成相似的任务，具有很强的柔性，即柔性自动化装配。图 6-7 列出了典型的装配设备。

装配设备分为机械化装配设备、专用装配设备、单工位装配机、多工位装配机、通用装配设备。图 6-7 为装配设备的分类。

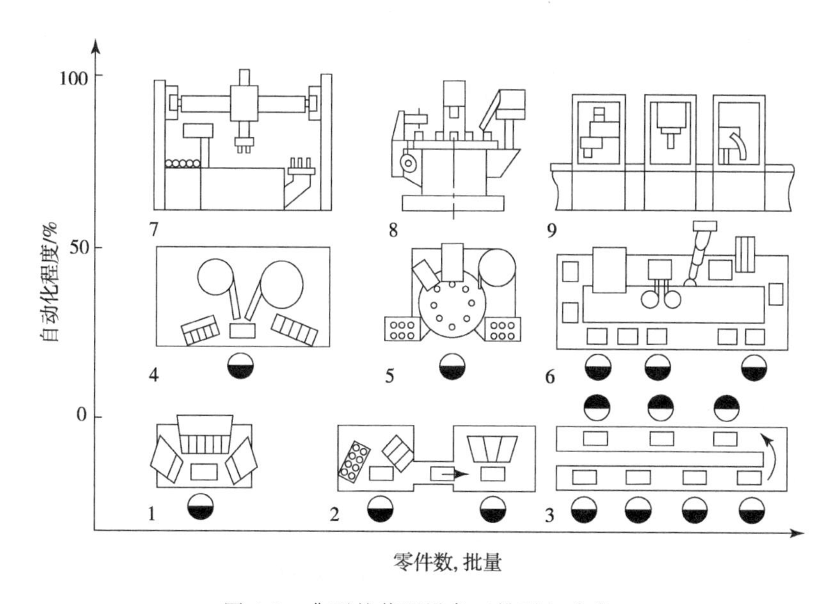

图 6-7 典型的装配设备（排列与分类）

1-单独的设备手工装配工位；2-有缓冲的传送链手工装配工位；3-手工装配系统；
4-机械化装配站；5-半自动化装配站；6-柔性的半自动化装配线；
7-柔性的自动化装配间；8-自动化装配站；9-非柔性的全自动装配设备

装配机的组成单元由基础单元、主要单元、辅助单元和附加单元组成，根据它的功能特点、特征参数和链接尺寸连接在一起自动化地完成一种装配任务。

基础单元的部件有各种架、板、柱，工作单元和驱动部分，它直接实现一定工艺过程，包括运动模块和装配操作模块，根据所设定的不同装配任务选择不同的工作方式（螺纹连接、压入、焊接等）。辅助单元和附加单元包括控制、分类、检验、监控及其他功能模块。装配过程包含以下功能：

（1）配合、连接对象的准备；

（2）配合、连接对象的传送；

（3）连接操作和结果检查。

表 6-2 为装配过程的子系统。

表 6-2　基本功能和子系统

准　　备					准备系统
基础件	配合件	辅助材料	工件托盘		
供给 分离 定向 转递（交）	供给 分离 定向 定位	供给 配量	供给 存储	⇨	基础件和配合件的准备设备 传送链、仓储系统
传　　送					传送系统
基础件	配合件	辅助材料	工件托盘		抓钳　传送链、传送带
定位 夹紧 传递	抓取 定向 定心 定位	定位	分配 制动 向前输送 托盘返回	⇨	工业机器人
连　　接					连接系统
基础件	配合件	辅助材料	工件托盘		
修正错误 补偿误差	修正错误 补偿误差 连接	配量 检查	定位 夹紧	⇨	连接设备 传感器 连接工件 精密定位系统
检　　验					检验系统
基础件	配合件	辅助材料	工件托盘		
检　验	测量 检验	测量 检验	计数 测量 信息存储	⇨	传感器 测量工具设备 信息处理系统

6.2.1　单机装配自动化

单机装配是一种只有单一工位，所有装配操作都在一个位置上完成，没有传送工具，有一种或几种装配操作的装配机。单工位装配机适合在基础件的上方定位并进行装配操作，即基础件布置好后，另一个零件的进料和装配也在同一台设备上完成。其应用范围为只有几个零件组成且装配动作简单的部件，优点是结构简单，可以装配最多由六个零件组成的部件。这种装配机的效率可达到每小时 30～12000 个装配动作，多用于电子工业和精密工具行业，如接触器的装配（图 6-8），用于螺钉旋入、压入连接。

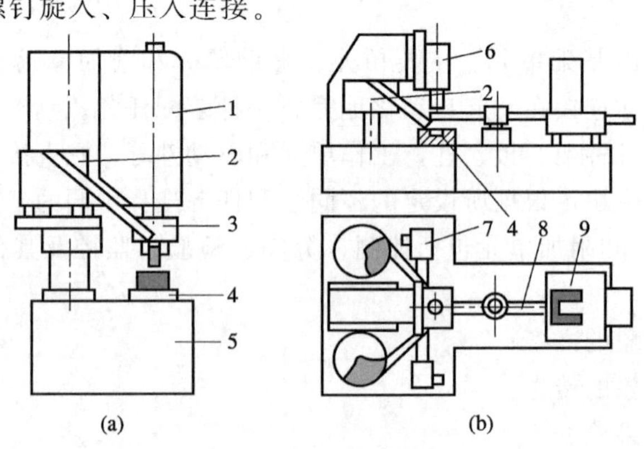

图 6-8　单工位装配机

1、5-机架；2-送料单元；3-旋入工作头和螺钉供应环节；4-夹具；
6-压头；7-分配器和输入器；8-基础件送料器；9-基础件料仓

图 6-9 所示为同时使用几个振动送料器给单工位装配机供料，要求零件先在振动送料器内整理、排列再输送到装配位置；经整理后基础件 2 落入一个托盘，其保留在那里直至装配完毕，先装配子部件滚子 3 和套 4，送基础件 2 到缺口中，同时连接螺栓 8 和螺母 7。装配间使在装配时基础件的位置不变。图 6-10 为两个机械臂的传递设备，装配机器手有能力在基础件被夹紧的情况下完成一个部件的全部装配工作。

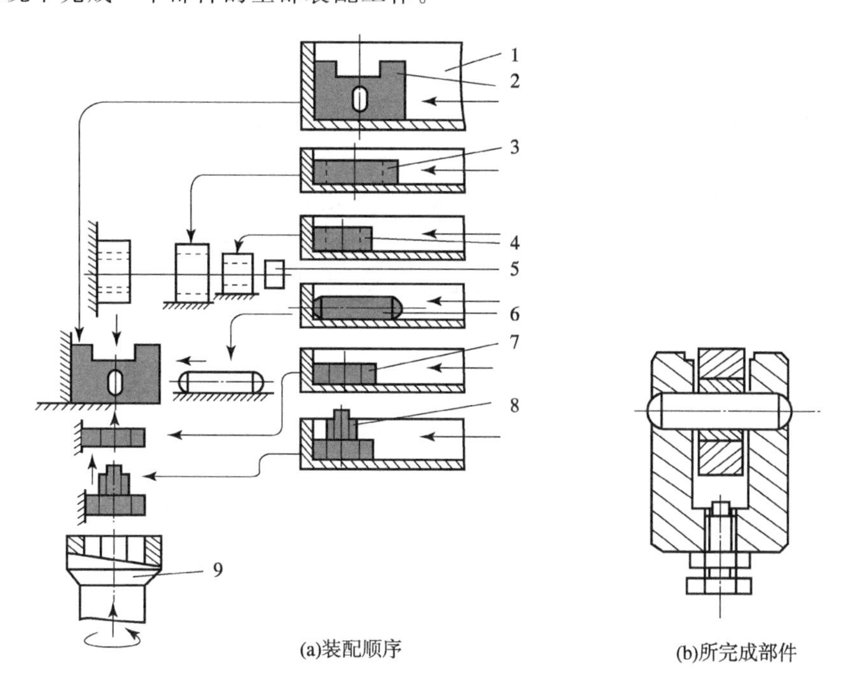

图 6-9 在单工位装配机上所进行的多级装配示意图

1-供料；2-基础件；3-滚子；4-套；5-压头；6-销子；
7-螺母；8-螺栓；9-旋入器头部

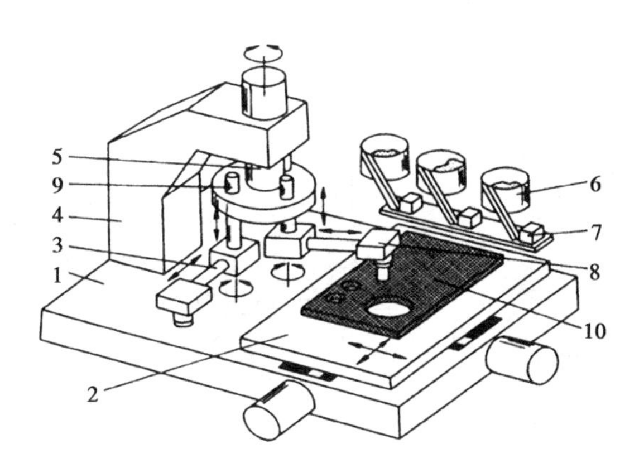

图 6-10 在两坐标移动的工作台上进行装配的装配间

1-底盘；2-两坐标工作台；3-装有抓钳的送料臂；4-立柱；5-回转轴；
6-振动送料器；7-配合件的配料器；8-装配机械手；9-滑杆；10-基础件

6.2.2 自动装配流水线

同步式自动装配流水线是产品或部件的装配在多个工位上完成，工位之间用传送设备连接，所有的基础件和工件托盘都在同一时间移动、同一时间停止。同步式自动装配流水线只能适应相互之间区别不大的同一类工件的装配，其传送方式是环形的或纵向的。

1）圆形回转台式装配机

圆形回转台式装配机是一种集中控制和多工位的装配机械，其核心部分是回转台，在回转台周围设有连接、检验和上下料设备。其圆形传送方式和传送精度适合于自动化装配，工位数通常为 2，4，6，8，10，12，16，20。

图 6-11 为圆形回转台式装配机，其可以完成最多由 8 个零件组成部件的装配，要求基础件的质量不超过 1kg；每小时可以完成 100～12000 个部件的装配，每分钟可以走 10～100 步。圆形回转台式装配机通过一个盘形凸轮控制，其最大速度不超过 300mm/s，如是气动控制可以达到 1000mm/s。

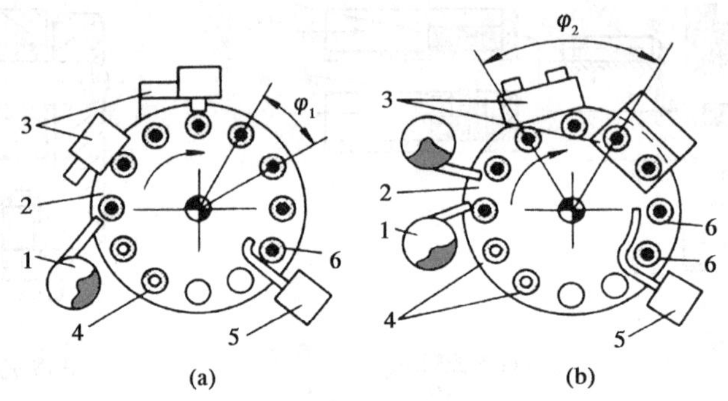

图 6-11 以手工方式上下料的圆形回转台式装配机

1-机架；2-工作台；3-回转台；4-连接工位；5-上料工位；6-操作人员

图 6-12 所示为机壳内一个连续匀速旋转的行星轮驱动所有的凸轮轴，连接单元和上料单元可以通过预留的耦合接口实行凸轮控制，中心立柱不先转，起到一个刚性的回转中心的作用。

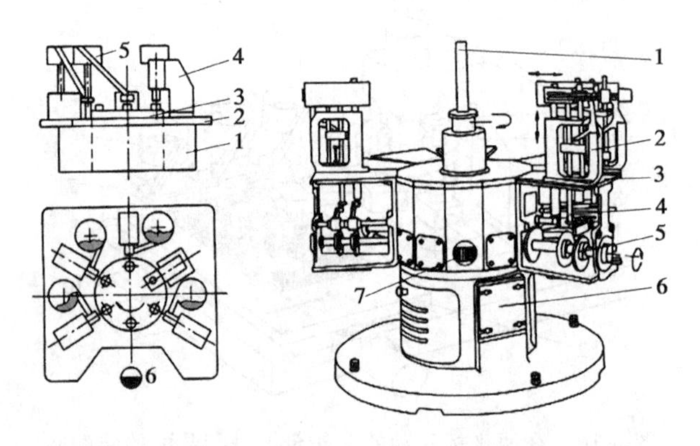

图 6-12 凸轮控制的多工位的圆形回转台式装配机

1-刚性的中心立柱；2-工作单元；3-托架；4-杠杆和顶杆；5-凸轮轴；6-机架；7-行星轮（连续回转）

图 6-13 所示为一个滑块把运动传递到各个工位，工作台与控制元件分开的结构。这种结构提供的运动方向是垂直方向的，这种控制方法适用于快速工作的装配机。

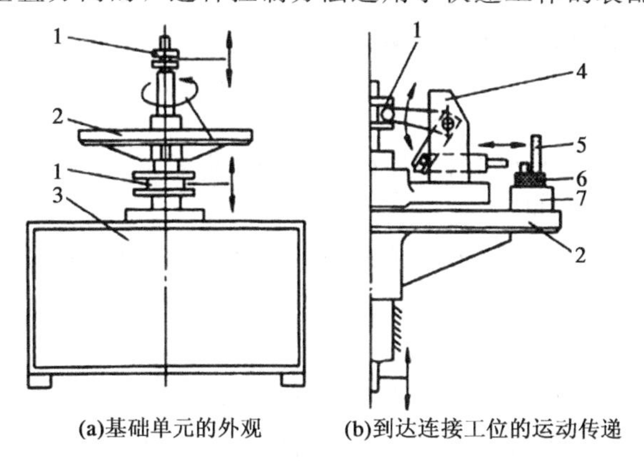

图 6-13 带有中心滑块的圆形回转台式装配机

1-中心滑块；2-圆形回转台；3-机架；4-固定支架上的连接工位；5-配合件（被连接的零件）；6-基础件；7-工件托盘

圆形回转台式装配机可以由单步机或双步机来构成，区别在于同时操作的装配单元数是一个还是两个。在单步机上每个节拍只向前进给一个装配单元，在双步机上每个节拍向前进给两个装配单元，其原理如图 6-14 所示。

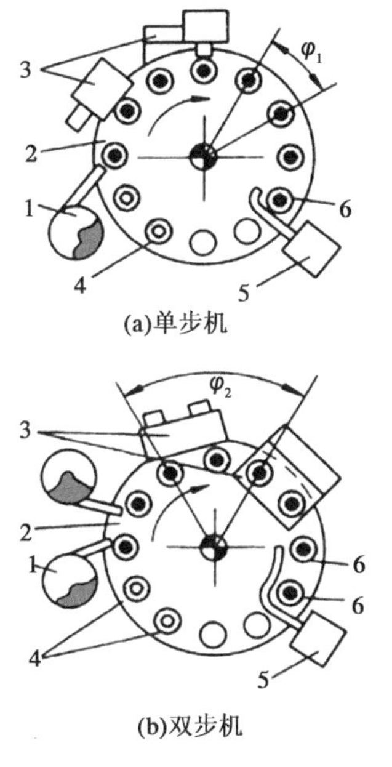

图 6-14 圆形回转台式装配机的工作原理

1-上料单元；2-圆形回转台；3-连接操作单元；4-基础件上料；5-输出单元；6-完成的部件

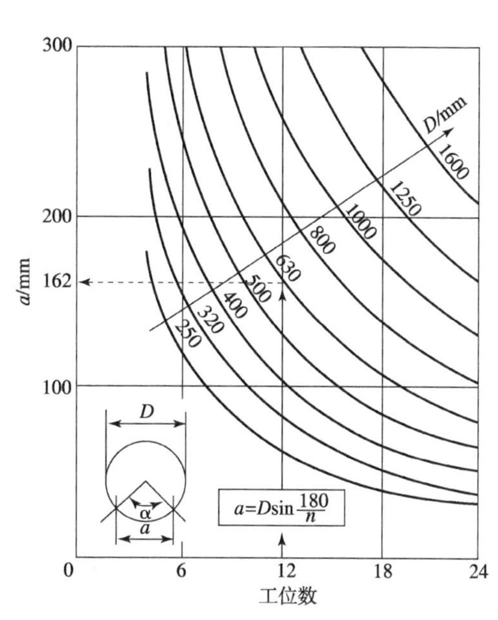

图 6-15 圆形工作台占有空间的计算函数图

选用圆形回转台式装配机时需考虑几何学和运动学的要求。首先是确定分度回转盘的直径，还必须考虑部件体积、装配工位的数量、圆形工作台的直径等因素。分度回转盘外沿上为每个工位分配的距离就是工件托盘允许占用的最大尺寸，按照标准在直径 1000mm 的工作台上总的工位数不超过 24 个。每个工位在圆形工作台上允许占有的空间在图 6-15 可以查到。

在外沿直径为 D 的圆形工作台上每个工位允许占有的距离 a 是工位数 n 的函数。对于圆形工作台的选择，一般圆形工作台的惯性矩、直径等都已在制造过程中由厂家确定，用户只需在此基础上做补充计算，特别是对于惯性矩：

$$J_{s1}=\frac{m_1 d^2}{8} \text{或} J_{s2}=\frac{m_2(D^2-d^2)}{8} \tag{6-2}$$

式中，d 为回转盘的内径，D 为回转盘的外径，J_{s1} 为惯性矩，J_{s2} 为空心盘的惯性矩，m_1 为实心盘的质量，m_2 为环形盘的质量。

回转盘的外沿是为了安装工件托盘，将基础件夹紧在托盘上，为减小整体的惯性矩，围绕回转轴的回转质量要尽量减小，即

$$J_{\Lambda}=r^2[m_3 z+(m_4+m_5)(z-n)] \tag{6-3}$$

式中，J_{Λ} 为整体结构的惯性矩，m_3 为工件托盘的质量，m_4 为基础件的质量，m_5 为一个配合件的质量，n 为入口到出口之间的空工位，r 为工件托盘所在位置的半径，z 为工位数。

计算出的总惯性矩 J_{ges} 必须小于厂家所给的允许惯性矩值，即

$$J_{ges}=J_{s1}+J_{\Lambda}<J_{zul} \tag{6-4}$$

式中，J_{s1} 表示实心盘的惯性矩。

圆形回转台式装配机的中心部件，是产生分度运动的驱动系统。它是把一个角速度为 ω_{an} 的匀速回转运动转变成向前的间断运动，图 6-16 表示其运动规律的一般形式。

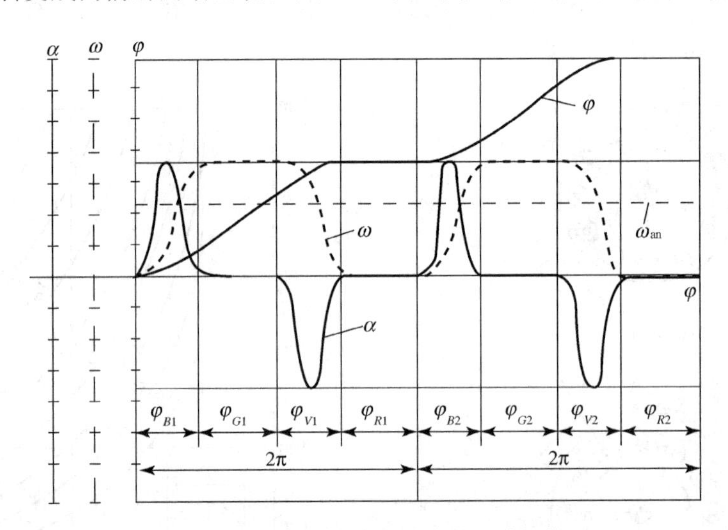

图 6-16　回转工作台角速度的运动规律

图中的曲线表示回转台的运动规律，其运动规律分为四个阶段：

（1）加速度阶段（φ_B）；

（2）匀速运动阶段（φ_G）；

（3）减速运动阶段（φ_v）；

（4）间歇阶段（φ_R）。

通过各种传动机构实现以上运动，主要有：

（1）圆柱形凸轮间歇传动；

（2）马尔它槽轮和行星轮传动；

（3）盘行凸轮间歇传动；

(4) 棘轮棘爪传动、压缩气缸驱动；

(5) 齿轮齿条传动；

(6) 通过单轴 NC 控制的电动机带动齿轮驱动。

下面进一步分别介绍自动生产系统装配线的各种传动机构。

(1) 圆柱形凸轮间歇传动。圆柱形凸轮间歇传动的工作原理是一个圆柱形凸轮推动一个滚子销盘带动回转台转动一个不距角，同一时间里至少总有两个滚子进行啮合。分度与间歇之比由凸轮的形状来决定，与回转台每周的分度次数无关。图 6-17 中间歇角由凸轮的工作角 φ_s 来确定，间歇角＝360°－φ_s。凸轮的工作角一般在 60°～90°，其计算公式为

$$\varphi_s = 360° \frac{t_s}{t_r} \tag{6-5}$$

节拍时间 t_r 由分度时间 t_s 和间歇时间 t_R 组成，即

$$t_r = t_s + t_R \tag{6-6}$$

分度时间是损失时间，在这个时间内装配单元上不能进行任何操作。滚子销盘的间距 h，由式 (6-7) 决定，即

$$h = 2r_1 \sin \frac{180°}{n} \tag{6-7}$$

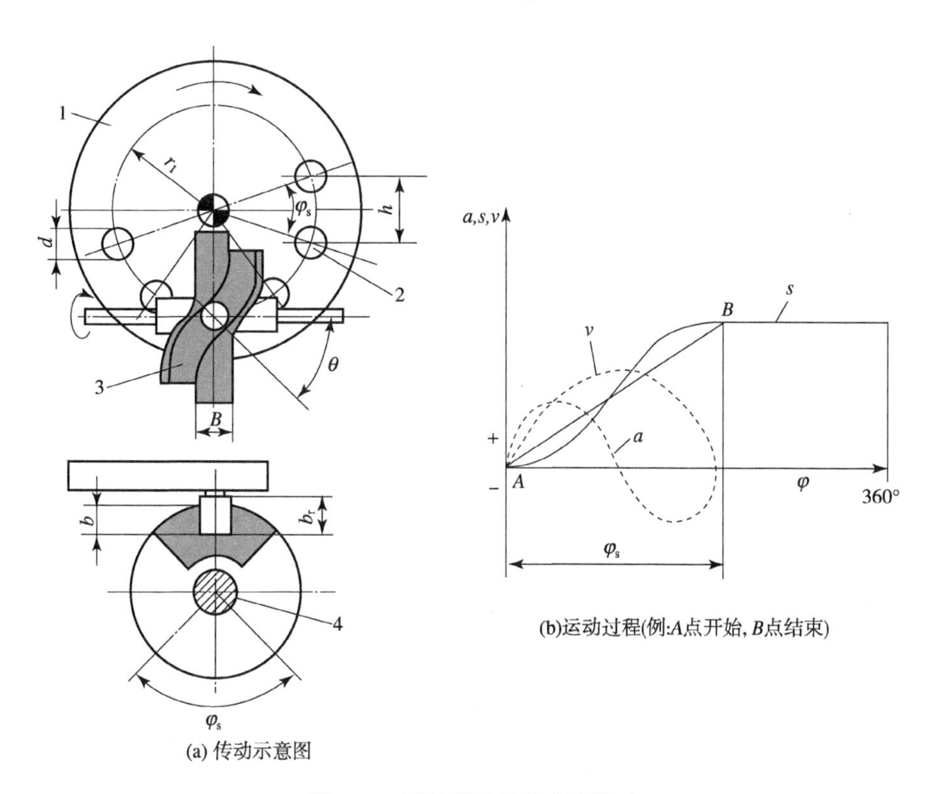

图 6-17　圆柱形凸轮的分度驱动

1-分度盘；2-滚子环；3-圆柱形凸轮；4-传动轴；

a-加速度；s-路径；v-速度

式中，n 为工位数，r_1 为滚子销盘的分度圆直径。

圆柱形凸轮的宽度 B 为

$$B=h-d \tag{6-8}$$

式中，d 为滚子直径。

滚子的啮合深度 b 为

$$b\approx(0.7\sim0.8)b_r \tag{6-9}$$

式中，滚子高度 $b_r=d$。由于圆柱形凸轮的直线部分可以起到锁定回转台位置的作用，因此凸轮间歇传动的回转台不需要另外的附加定位机构，为了分度过程的平稳，取 $\theta\leqslant40°$。

滚子环分为圆柱形和圆锥形，圆柱形的滚子环套在偏心销上，以便调整间隙，圆锥形的滚子环通过滚子与凸轮槽的啮合深度调整间隙。

（2）盘形凸轮间歇传动。盘形凸轮机构由一对镜面对称的凸轮（主动）和一个两面装有滚子的行星轮（被动）组成。其传动方式如图 6-18 所示，适合大质量或较快速度的间歇运动，通过一定的凸轮形状实现动力学上最理想的运动规律。

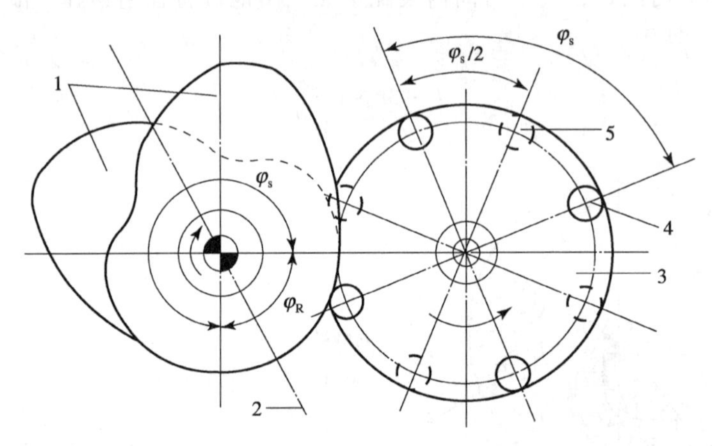

图 6-18　盘形凸轮间歇传动的原理

1-盘形凸轮；2-两个盘形凸轮的镜面对称轴；3-滚子行星轮；4-滚子；5-另一个端面的滚子

在一个平面上的滚子数量 n_r 必须满足 $n_r\geqslant3$，被动轮的驱动角 $\varphi_s=\dfrac{360°}{n}$，其中 n_r 是在一个侧平面上的滚子的数量。

两个盘形凸轮同轴，相互固定在一起并成镜面对称，两个平面上相邻滚子的位置夹角为 $\varphi_s/2$。

（3）马尔它传动。马尔它传动由一个连续旋转的主动轮和一个开槽的被动轮组成，其结构可以分为直接马尔它结构和间接马尔它结构。直接马尔它结构是槽轮的中心与圆形工作台中心重合，间接马尔它结构是指在两轴之间还有一级传动。马尔它传动具有体积小、质量小的特点，适合设置在圆形工作台内部。图 6-19 为马尔它传动。

图中，R 为冲击，a 为加速度，v 为速度，φ_s 为分度角，M4 为产生每周 4 次间歇运动的马尔它结构，M12 为产生每周 12 次间歇运动的马尔它结构。由图可知，当工位数比较多时其传动性能得到改善，当主动轮的销子从槽轮中退出以后，圆柱形闭锁装置能保持槽轮不动。

图 6-20 所示是有间隙的马尔它结构。被它带动的工作台越大，这种不可避免的间隙就越明显，所以在工作台的外沿要设有附加的定位装置。

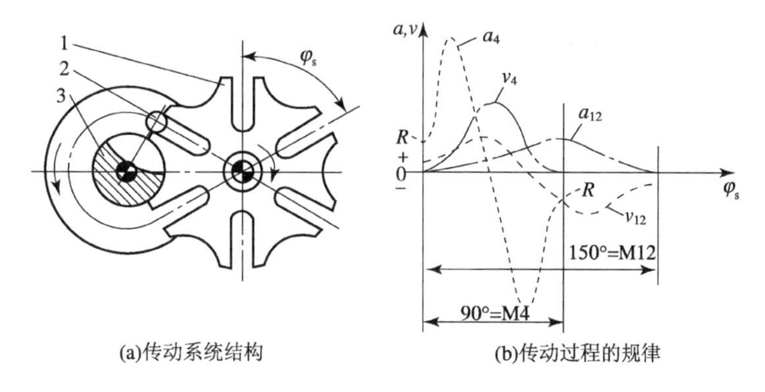

(a)传动系统结构　　(b)传动过程的规律

图 6-19　用马尔它结构产生间歇运动

1-马尔它槽轮；2-主动轮（连续旋转）；3-圆柱形闭锁装置

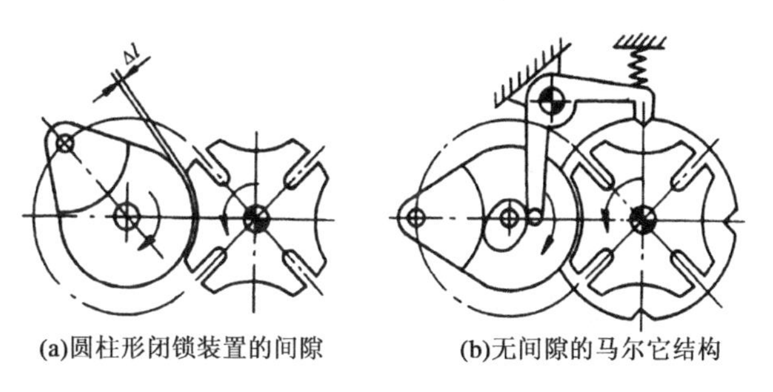

(a)圆柱形闭锁装置的间隙　　(b)无间隙的马尔它结构

图 6-20　马尔它结构的间隙

如果以 t_s 表示运动时间，t_R 表示间歇时间，那么其运动比 v 表示如下

$$v=\frac{t_s}{t_s+t_R} \tag{6-10}$$

被动轮每转的分度次数 n 一般是 4，6，8，可以由式（6-11）得出

$$n=\frac{360^\circ}{\varphi_s} \tag{6-11}$$

式中，φ_s 为分度角。与被动轮的分度角 φ_s 相对应的主动轮上的分度角 φ_s 可以由式（6-12）计算（图 6-21）：

$$\varphi_s=2\alpha_0=\frac{180^\circ(n-z)}{n} \tag{6-12}$$

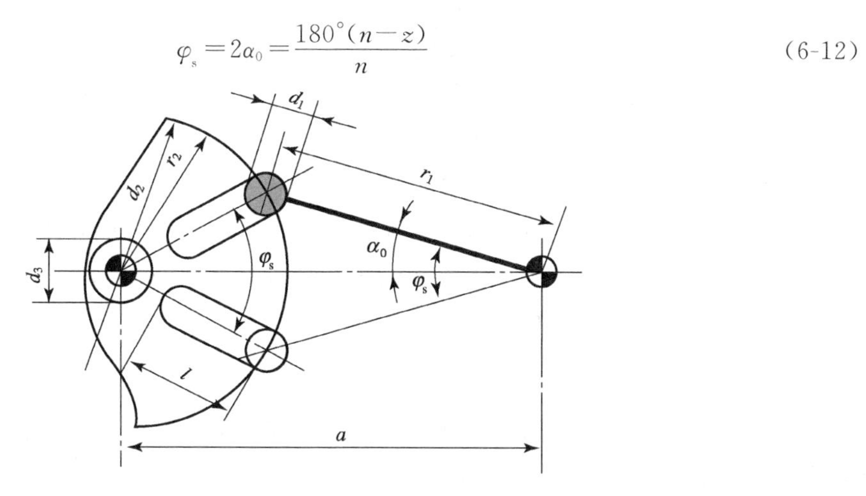

图 6-21　马尔它结构的几何关系

式中，α_0 是加速运动或减速运动的角度，$r_1=a\sin\left(\frac{\varphi_s}{2}\right)$ 是主动轮曲柄长度，$r_2=a\cos\left(\frac{\varphi_s}{2}\right)$ 是槽轮半径（a 为轴距）。

滚子的直径 d_1 按下列标准选取：

$$d_1\approx\frac{r_1}{(3-4)} \tag{6-13}$$

它的槽深 l 可以由以下几何关系导出：

$$l=r_1+r_2-a+\frac{d_1}{2} \tag{6-14}$$

实际选择 l 时应该比计算值大 2～3mm。槽的入口必须考虑倒棱，以利于顺利啮合，一般倒棱宽度 C 选择 1.5～3mm。

槽轮的直径 d_2 可以由式（6-15）计算出

$$d_2=2\sqrt{r^2+\left(\frac{d_1}{2}\right)^2}+C \tag{6-15}$$

而槽轮的轴径 d_3 可以按式（6-16）选出，以保证槽轮的功能不受干扰：

$$d_3<2\left(a-r_1-\frac{d_1}{2}\right) \tag{6-16}$$

（4）齿轮齿条传动。齿轮齿条传动需要几个单独的驱动机构（图 6-22），如 M1 用来分度，M4 带动撞块，M3 推动定位销，M2 是一个举升机构，可以把分度盘稍稍抬起 0.8mm，使分度容易进行，当分度盘落下时对支撑平面施加一定压力。其工作原理是工作台被抬起时，气缸 M1 通过齿条齿轮推动工作台回转分度，分度完成后，换向阀 VW 的电磁铁断电，弹簧推动阀芯向左，撞块由于弹簧力缩回，定位销伸出，工作台落下，气缸 M1 的活塞退回。但是反向运动不向工作台传递，因为离合器 4 只能单向传递运动。

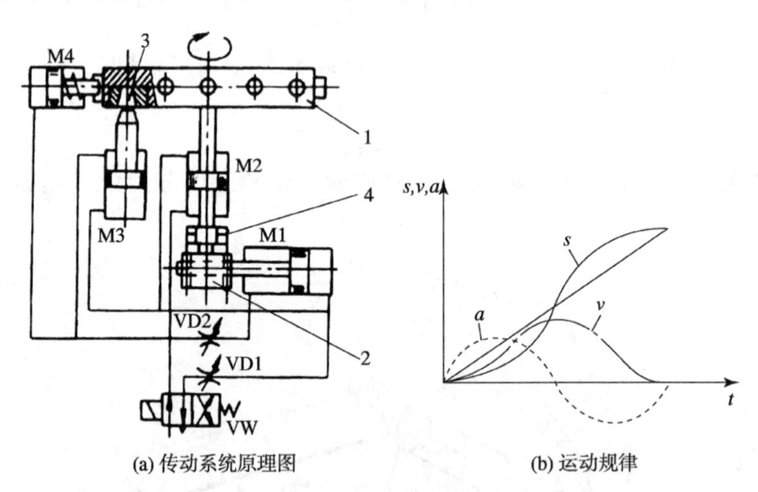

(a) 传动系统原理图　　(b) 运动规律

图 6-22　齿轮齿条传动

1-分度盘，工作台；2-齿轮齿条传动；3-定位销；4-离合器；

M1、M2、M3、M4-气缸；VD1、VD2-节流阀；VW-换向阀；a-加速度；s-路径；v-速度

（5）棘轮棘爪传动。棘轮棘爪传动是几个棘爪共同作用。借助一个动力，由棘爪产生分度运动，如气缸动力，推动棘轮分度，在驱动杆的行程末尾，棘爪落下，摆盘反向运动，分度盘

反靠，压紧棘爪，反靠结束时，棘爪仍然不放开。

图 6-23 所示的是另外一种传动方式，它是通过端部装有滚子的连杆 3 推动工作台 11 向前回转，当滚子套 4 与撞块 9 相接触时，工作台停止回转，压簧 7 与驱动液压缸 8 共同作用以保证工作台到达一个精确的位置。

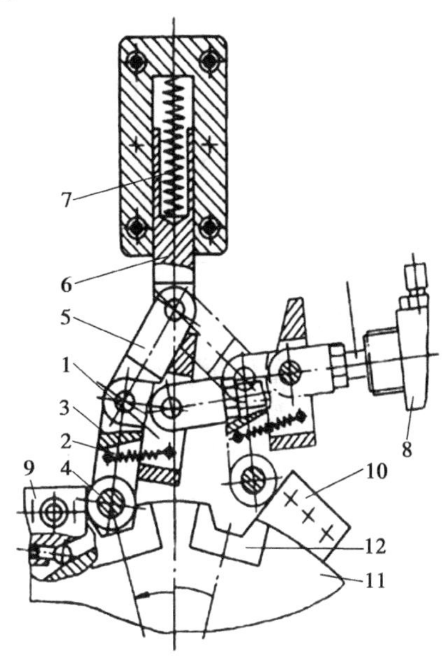

图 6-23　连杆传动的分度运动

1-阻挡块；2-拉簧；3-端部装有滚子的连杆；4-滚子套；5-连杆；6-压杆；7-压簧；8-驱动液压缸；9，10-撞块；11-圆形工作台；12-棱形镶块

圆形分度回转台上所装备的工作单元根据装配工艺来确定，同时必须考虑到监控和维修的方便，还要保留一定的空位。图 6-24 是一种装备方案的实际例子。

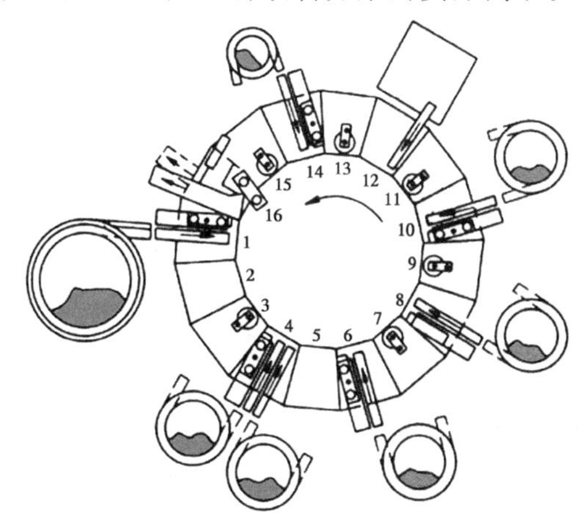

图 6-24　圆形回转台式自动化装配机（用于盒式磁带的装配）

依据装配工艺的要求，确定圆形回转台式装配机上所装备的工位数，包括连接工位、检验工位、备用工位、空位以及上下料工位等。当遇到不同的产品或不同的产品变种时，还需要对装配设备的控制进行调整、改调或改装。

2）鼓形装配机

鼓形装配机是工件托架绕水平轴按节拍回转的装配机，适用于基础件的长度比较大，基础件在回转过程中必须牢固地夹紧在架子上，夹具安装在回转盘上。鼓形装配机由几个模块组合构成，连接设备安放在滑动单元上，实现左右运动。在设计鼓形装配机结构时，一定要注意到其在重力作用情况下与圆形回转台式装配机有很大不同，如图 6-25 所示。

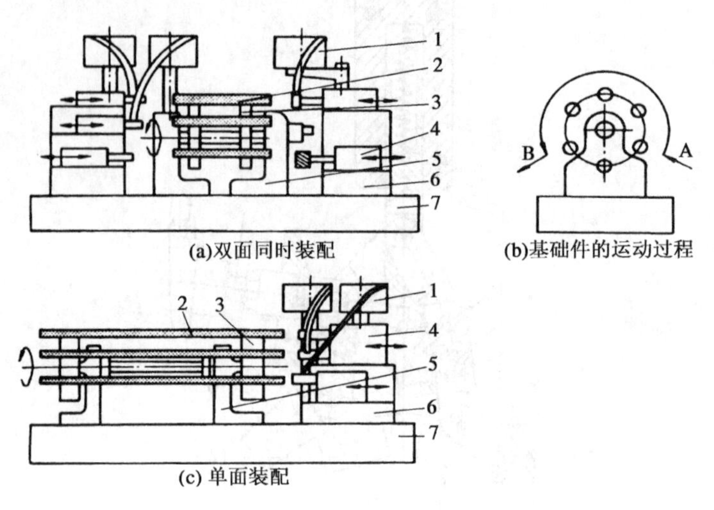

图 6-25　鼓形装配机

1-振动送料器；2-基础件；3-带有夹紧位置的盘；4-滑动单元；
5-鼓形支架及传动系统；6-滑台座；7-装配机底座；
A-基础件上料工位；B-取下装配好的部件

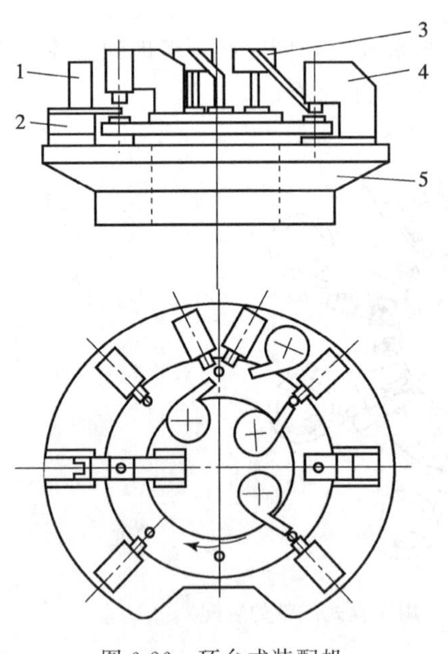

图 6-26　环台式装配机

1-料仓；2-连接工位；3-振动送料器；4-压入工位；5-底座

3）环台式装配机

环台式装配机是一种基础件或工件托盘在一个环形的传送链上间歇运动的装配机，相比圆形回转台式装配机需要更高的成本，特点是环内和环外都可以安排一定的工位。

在环台式装配机上的基础件或工件托盘的运动有两种不同的方式：一是所有的基础件或工件托盘都必须同时向前移动；二是属于一种松弛的连接，当一个工位上的操作完成以后，基础件或工件托盘才能继续往前运动。各个装配工位必须尽可能地均匀分配，以使它们的操作时间大体上一致（图 6-26）。

4）纵向节拍式装配机

纵向节拍式装配机是把各工位按直线排列，通过一个连接系统连接各工位，工件流是从一端开始，在另一端结束。纵向节拍式装配机具有一种空间上的优点，使得整理设备、准备设备、定位机构排列方便，与圆形回转台式装配机相比，车间生产面积利用更合理，纵向节拍式装配机的工位最多容纳 40 个工位，但它的节拍效率和延长性受移动物体质量的限制，质量越大，启动或停止时的加速度力就越大，启动和制动就越困难。纵向节拍式装配机的另一个优点是可到达性、可通过性好，再增加新的工位比较容易；缺点是纵向节拍式装配机的成本要比圆形回转台式装配机的成本高；由于纵向节拍式装配机长，难以对基础件准确定位，需要特殊的定位装置，要实现准确的定位需要把工件或工件托盘从传送链上移动到一个特定的位置。

纵向节拍式装配机分为履带式、侧面循环式和顶面式结构。履带式装配机用于工作台平行设置的水平履带传送链承载工件托盘，在传送链侧面设置连接单元的装配机，如图 6-27 所示；侧面循环式装配机是将履带绕水平坐标轴回转 90°，如图 6-28 所示；其标准长度 L 为 1524mm、2286mm、3048mm 和 3810mm，传送链的节距是 127mm、254mm 或是它们的整数倍，这种装配机适合装配直径比较大的部件。

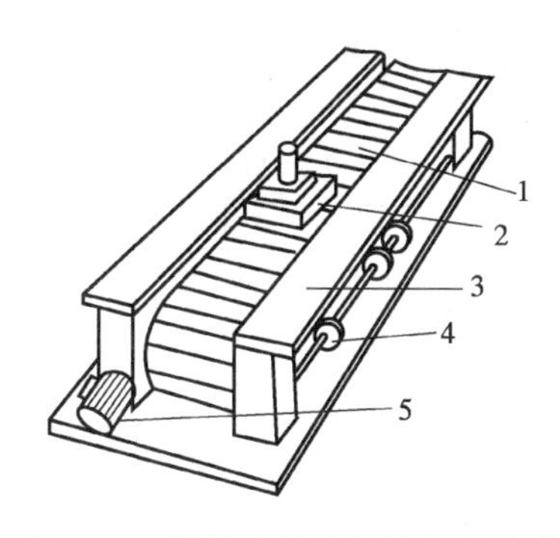

图 6-27　履带式装配机的基本单元

1-钢带或履带；2-工件托盘；3-装配单元和辅助单元安装平面；4-装有盘形凸轮的控制轴；5-能实现间歇运动的传动系统

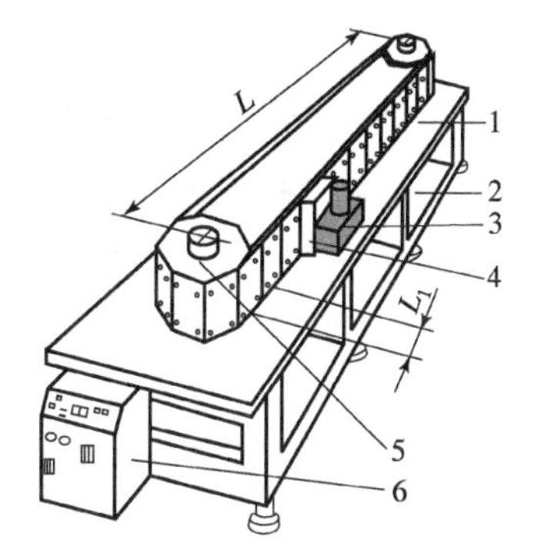

图 6-28　侧面循环式装配机的基本单元

1-工作台（上设装配单元）；2-机架；3-基础件；4-工件托盘；5-支撑盘；6-电控箱

顶面循环式装配机是垂直固定在传送链上的工件托盘绕机架侧面运动的装配机，其要装配的配合件可以从三面到达基础件，传送链和装配单元相对固定在工作台上，装配单元从上方垂直地装配工件；由于其传送链是在水平面上运动，所以这种结构形式适合装配中等质量的部件，例如对于 100kg 的部件装配，图 6-29（a）的传送链是集中驱动，图 6-29（b）的传送链是分散驱动。

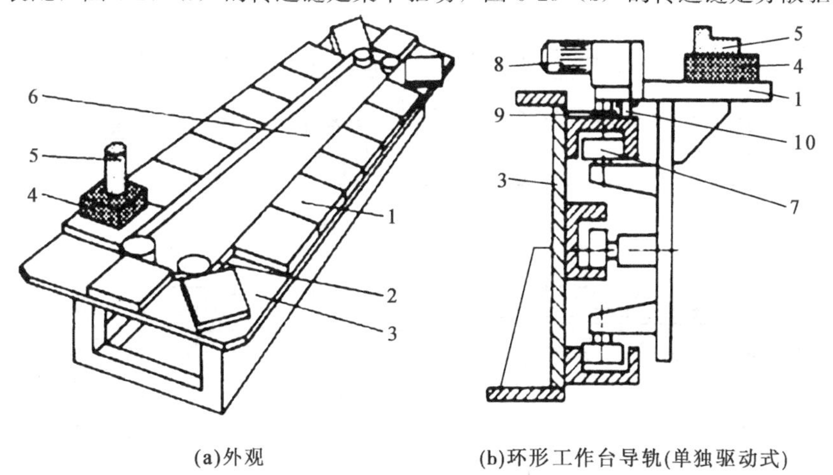

图 6-29　顶面循环式装配机

1-工作台；2-拖动工具；3-机架；4-基础件；5-配合件；6-装配单元安装位置；7-导向滚子；8-电动机与传动机构；9-导轨；10-传递运动的摩擦辊

直角环形纵向节拍式装配机是通过连杆或其他的推动方式向前推动沿直角形轨道运动的结构，它保证工件托盘的方向在通过轨道的直角时保持不变，如图 6-30 所示。其工作原理是一个装有推爪的推杆由气缸（或油缸）M1 驱动，推动工件托盘 7 向前还滑动长 t_1，当推杆需要退回时气缸 M2 推动推爪，躲开推杆，当推爪推开时凸轮块 3 转动，所有的定位销 4 被放开(伸出)，工件托盘通过弹簧力定位，安装在推杆 6 上的楔块控制定位销的进退，气缸 M3 用来推动工件托盘的横向进给，其每次的行程只有 t_2，由于在横向不进行装配，无须定位。

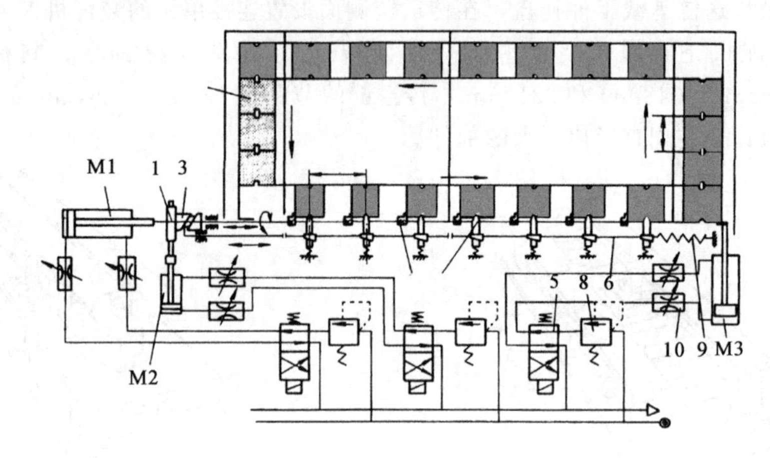

图 6-30　直角环形纵向节拍式装配机的结构示意图

1-小齿轮齿条传动；2-推爪；3-凸轮块；4-定位销；5-换向阀；6-推杆；7-工件托盘；8-限压阀；9-拉簧；10-节流阀

图 6-31 所示装配机，由于其传送链是不封闭的，必须有一专门的机构完成工件托盘的返回，返回通道设置在传送链的下方或后方，如果在装配上还有手工装配工位，必须给工作者留出一定的空间，这样工件托盘就不能从下方返回；图 6-31 所示两种方案，即滚道返回和步进返回。如果采用滚道返回，则托盘的重力作为推动力；如果采用步进返回，则通过托盘下方的推杆推动托盘返回。

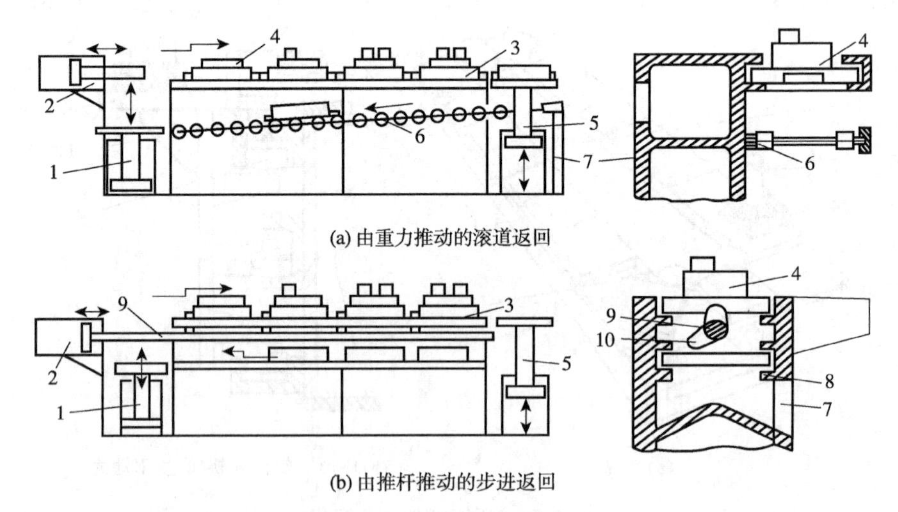

图 6-31　工件托盘的返回过程

1-往复液压缸；2-节拍运动液压缸；3-工件托盘；4-基础件；5-托盘下降液压缸；6-滚道；7-机架；8-返回滚道；9-回转推杆；10-返回推爪

图 6-32 所示是一个自行车踏板的装配过程，它是一个直角装配机的流程。

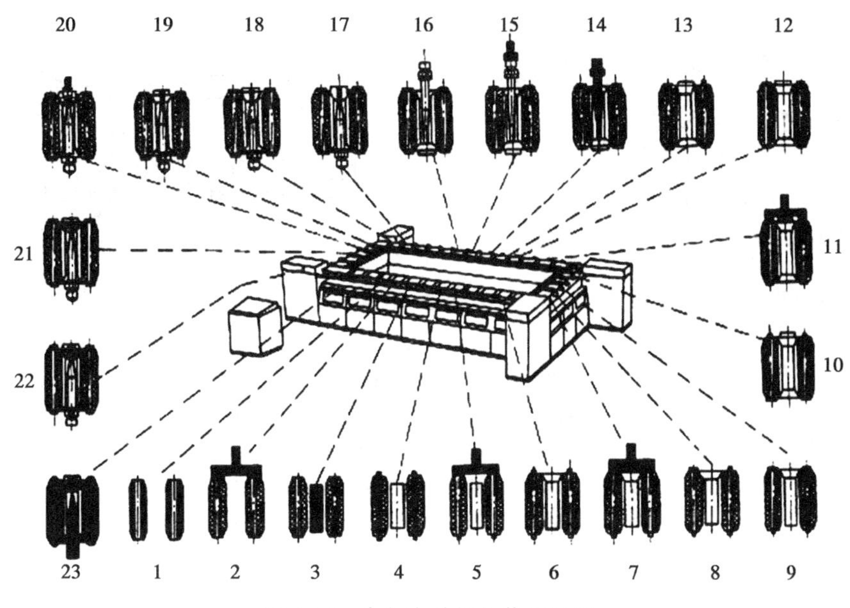

图 6-32　自行车踏板的装配过程

5）转子式装配机

转子式装配机是具有连续的传输运动的装配机，其操作都是凸轮控制，专为小型简单而批量大的部件装配而设计的。转子式装配机的工作原理是一定数量的工作转子通过传送转子连在一起，有专门的上料转子负责上料，每一台转子只装配一种零件，几个工位使用相同的工具同步地运转。一台转子式装配机可以看作是几个平行的工位，一条转子式装配线可以看作是串联-并联的结构，图 6-33 是一条转子式装配线的局部。

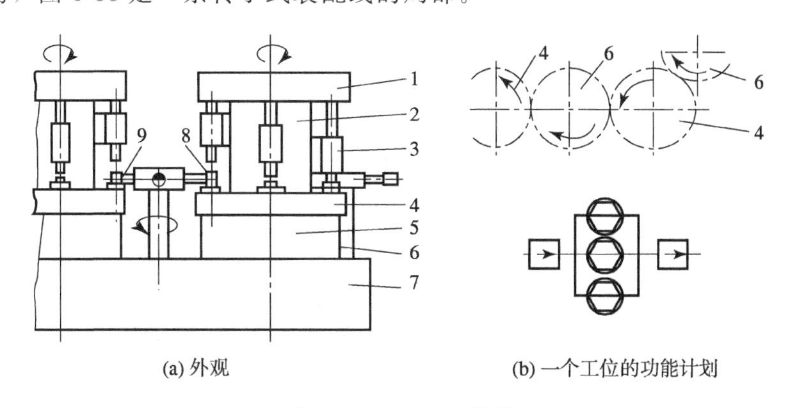

图 6-33　转子式装配机

1-控制凸轮的空间；2-滑台支架；3-工具滑台；4-转子工作台；
5-转子的轴承结构；6-传送转子；7-机架；8-抓钳；9-抓钳臂

图 6-34 所示，每台转子式装配机上的工作可以划分成几个区域，区域Ⅰ里每个工件托盘都有一个基础件和一个配合件，区域Ⅱ装配机执行一种轴向压缩的操作，区域Ⅲ中装配好的部件被传送到下一个工作转子，区域Ⅳ作为检查清晰工件托盘的工位。

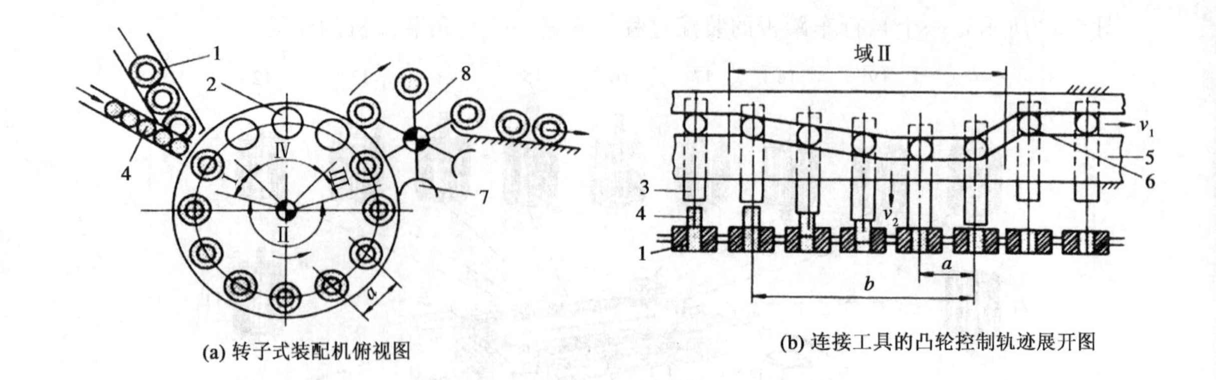

图 6-34　转子式装配机的结构原理

1-基础件；2-基础件接收器；3-压头；4-配合件；
5-固定不动的凸轮；6-滚子；7-抓钳；8-传送转子
a-两个配合件之间的距离；b-连接操作的路径；
v_1-连接工具的圆周速度；v_2-连接工具的垂直运动速度

转子式装配机有以下三个功能问题，这些问题必须通过合适的结构来解决：

（1）装配对象的速度突变。在料仓里零件的初速度 $v=0$，在极短的时间内达到转子的圆周速度，加速度极大；

（2）工件从工作转子到传送转子的传送时间很短，交接位置必须精确地重合；

（3）当流水线出现故障时，整个装配过程要发生中断。

图 6-35 是解决方案的原理图，其中的弹性抓钳是为上料所用，在完成传动后自动回到中间位置（图 6-35（a））。转子与传送链结合，出料的转子与接料的链在一个较大的范围相互贴近，以使抓钳的位置与被抓工件的位置重合（图 6-35（b））。要使一个传送过程中断可以采用改道的方法，如图 6-35（c）所示。

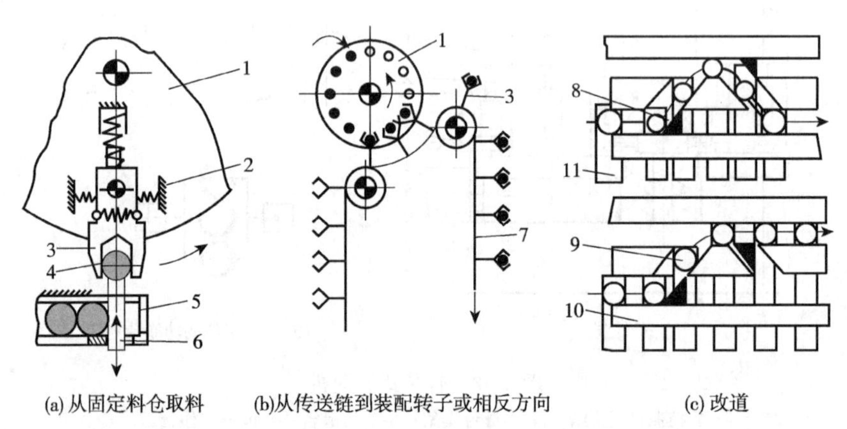

图 6-35　几种结构形式的可能性（用于转子式装配机）

1-装配转子；2-浮动弹簧；3-抓钳；4-配合件；5-料仓；6-推杆；7-传送链；
8-可移动楔块；9-滚子；10-导向块；11-连接工具（如压头）

6）纵向移动式装配机

纵向移动式装配机是装配工作在连续不断的移动中执行，没有间歇时间，没有接拍，没有启动和停止引起的加速度力，装配工位的同步移动可以通过平行同步移动的链或装配工位上的插销来实现；当完成装配后，插销缩回，装配单元在B点返回（图6-36）。

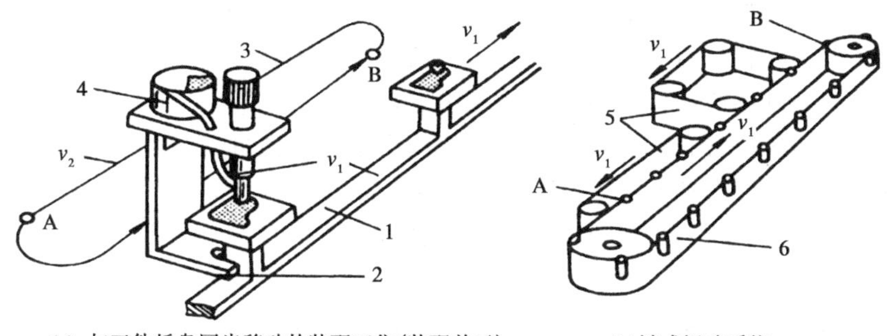

图6-36　使用连续纵向移动系统的装配机的工作原理

1-传送设备；2-带有插销的装配单元；3-装配单元返回轨道；4-上料设备；5-装备连接工具的链；6-传送带

A-装配工作开始；B-装配工作结束

7）异步式装配机

异步式装配机工作时不发生工件托盘的强制传送，每一个装配工位前有一个等待位置，构成松弛的连接，当一个工位发生故障时不影响其他工位的工作，每一个装配工位只控制在最近工件托盘的进出。

图6-37所示的是一种采用椭圆形通道传送工件托盘异步进给的装配设备，全部装配工作由四台机器人完成，另外一台专用设备作为检测，将没有完成装配的部件放入一个专门的收集箱子等待返修，把成品放上传送带输出。

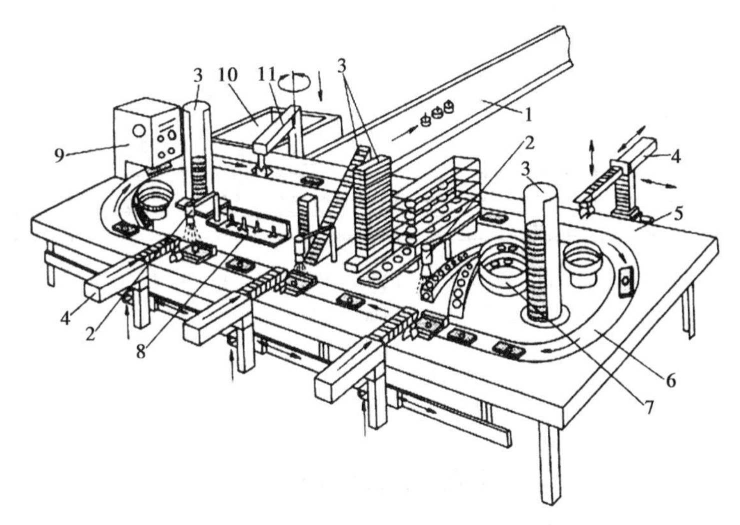

图6-37　异步传送的装配系统

1-装成部件的送出带；2-灯光系统；3-配合件料仓；4-装配机器人；5-工作台；6-异步传送系统；7-振动送料器；8-抓钳和装配工具的仓库；9-监测站；10-需返修部件的收集箱；11-用来分类与输出的设备

6.2.3 柔性自动装配线

目前，在自动装配技术中人们最关系的是柔性自动装配系统（FAS），柔性自动装配系统由装配机器人系统、物料搬运系统、零件自动供料系统、工具自动更换装置及工具库、视觉系统、基础件系统、控制系统和计算机管理系统组成。

柔性自动装配系统通常有两种形式：一是模块积木式柔性自动装配系统，二是以装配机器人为主题的可编程序柔性自动装配系统。按柔性装配系统结构分为以下三种：

（1）柔性装配单元。这种单元借助一台或多台机器人，在一个固定工位上按照程序来完成各种装配工作。

（2）多工位的柔性同步系统。这种系统由传送机构组成固定或专用的装配线，采用计算机控制，各自可编程序和可选工位，因而具有柔性。

（3）组合式结构的柔性装配系统。这种结构由装配所需要的设备（如钻孔、螺钉、旋拧螺钉机构）、工具和控制装置组合而成，可封闭或置于防护装置内。例如，安装螺钉的组合机构由装在箱内的机器人送料装置、导轨和控制装置组成，可以与传送装置连接，这种组合式多功能装配系统，通常要有三个以上装配功能。

柔性装配设备是工件托盘先到分支传送链，再到装配工位的装备，这种耦合方式称为“旁路”，如图 6-38 所示。采用这种结构的主要目的是为了提高生产效率，可以同时在几个工位平行地进行相同的装配工序，当一个工位发生故障时不会引起整个装配线的停车。

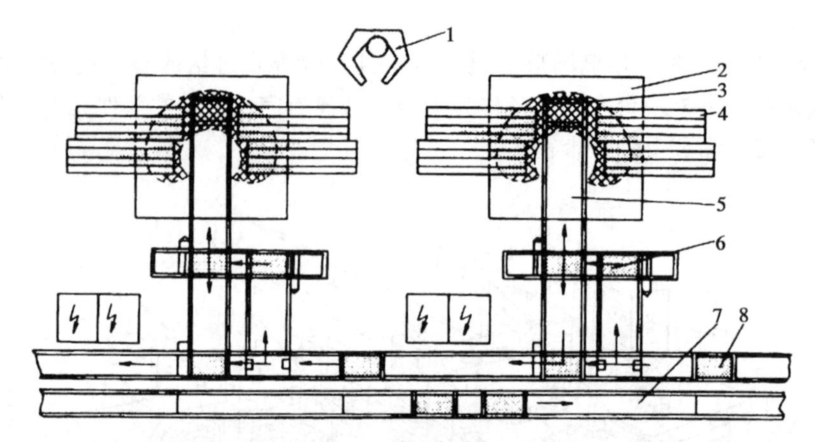

图 6-38 独立于强制节拍的装配件（BOSCH）

1-装配工人；2-装配工位；3-一台机器人的工作空间；4-配合件料仓；5-传送系统；6-横向传送段；7-返回通道；8-工件托盘或基础件

6.3 自动装配机的连接形式

6.3.1 连接的种类

连接工具是装配工作需要在若干个工位上完成，连接工艺设备的一种工具。连接的种类按以下内容来分：

（1）按照耦合程度分为固定连接、松弛连接、复合连接；
（2）按照相对于装配机的平行性划分；
（3）按照主要传送方向划分；
（4）按照传送系统的封闭性分为开放式连接和封闭式连接。

固定连接是直接把装配工位连接在一起，中间没有基础件或工件托盘的存储区，在所有工位上的基础件或托盘的向前传递都是同步的。

松弛连接是通过中间存储区连接各装配工位，基础件或托盘的向前传递在时间上是异步的，在每个装配工位前面都有等待区。

复合连接是各装配工段之间采用松弛连接，而工段内部的工位之间采用固定连接，最典型例子是采用松弛连接方式把若干台回转台式自动装配机连接在一条装配线。

图 6-39 是几个连接的实例，主要确定是松弛还是固定，如果是松弛连接，就要有一个存储基础件或工件托盘的存储区；如果在一台装配机上出现故障，存储区可以缓解紧张状态，不至于整个装配系统立即停止，存储区的作用取决于存储区的尺寸大小。

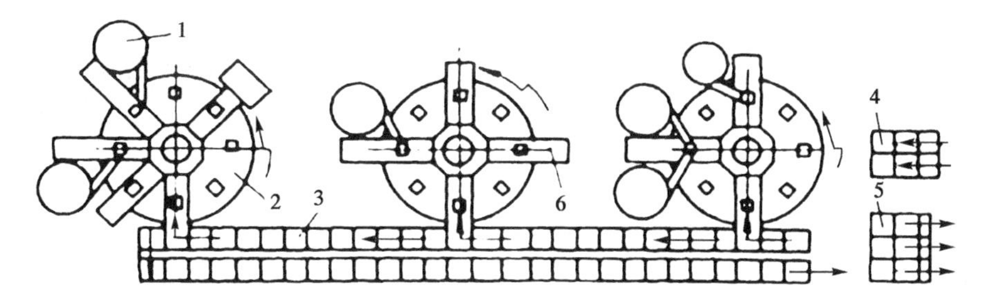

(a) 以直线连接方式连接若干台回转工作台式自动装配机(复合连接)

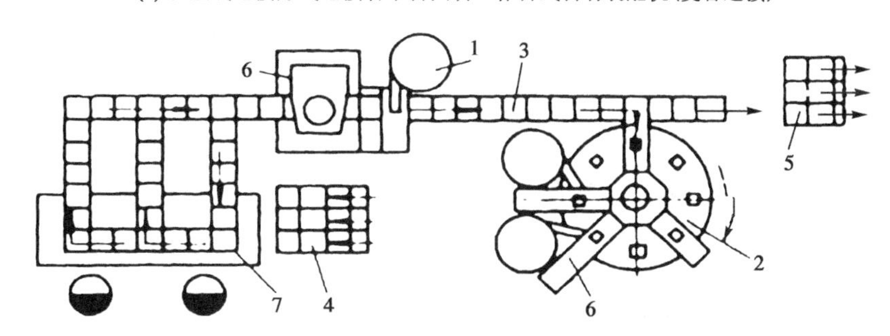

(b) 松弛连接的装配系统，部分采用侧面通过方式，部分内部连接

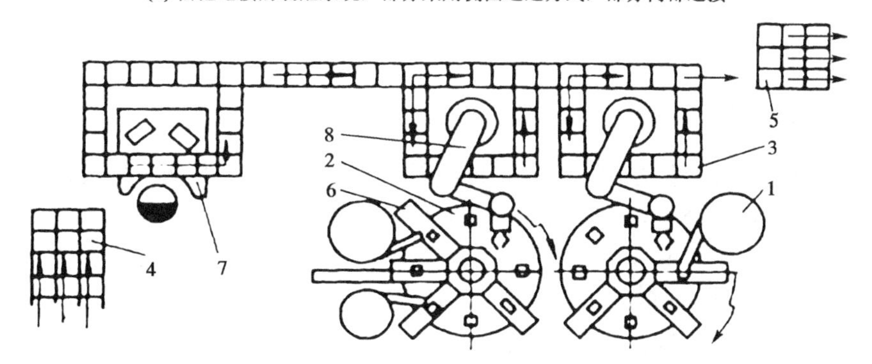

(c) 柔性装配系统，包括直线连接、圆形工作台和机器人工作间

图 6-39　连接装配机成为系统

1-给料设备；2-回转工作台；3-连接系统；4-准备系统；5-输出系统；6-连接工位；7-手工装配工位；8-装配机器人

随着自动化的发展在柔性自动化的领域出现了星形或网形连接结构，而且采用自由编程的连接工具，有以下两种情况：

（1）按照事先编好程序的装配机器人独立行走于各装配工位之间，这种方式主要用在大型产品装配。

（2）基础件被一个传送机器人传递到各个装配工位去装配。

按照装配工位和传送系统排列的集中程度，连接种类分为内部连接和外部连接。若是集中排列，则按照一定节拍运行的内部连接是合适的；若不是集中排列，则不按照统一的节拍运行，而且还要有一定的附加连接工具（表 6-3）

内部连接是指连接工具按下面的要求连接各个装配工位；基础件的主要传送方向穿过装配工位。外部连接是指连接工具按表 6-3 的要求连接各个装配工位；基础件的主要传送方向从装配工位一侧通过，再通过一条进场通道才能到达装配工位。

表 6-3　连接工具

名　　称	示意图	实　　例
内部连接	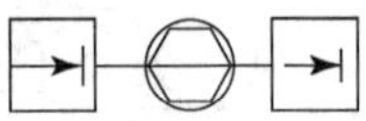	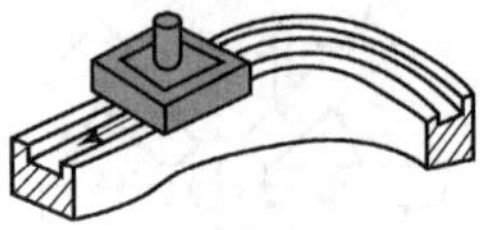
外部连接	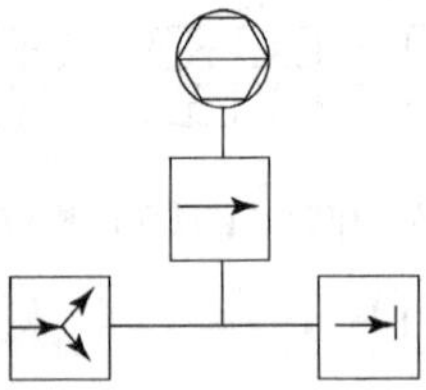	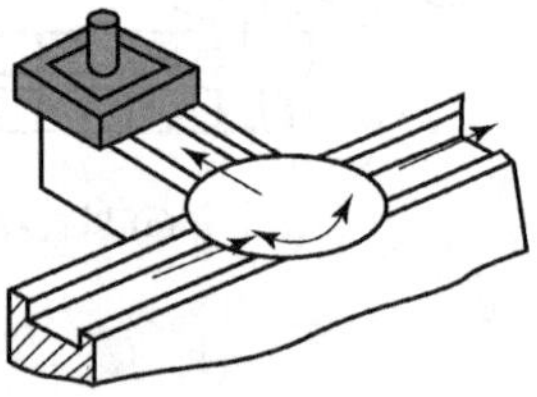
外部连接分支通道通过装配工位	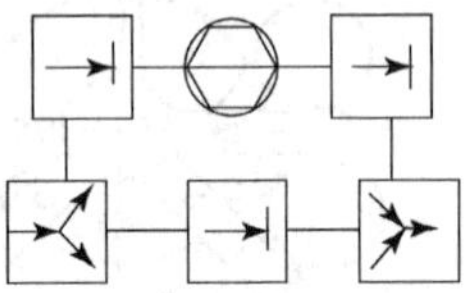	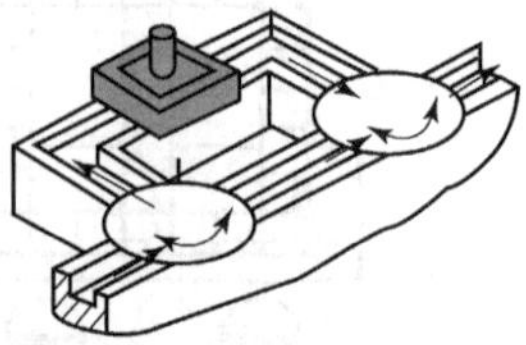

6.3.2　传送设备

1. 传送设备

传送设备是在装配工位之间、装配工位与料仓和中转站之间传送工件托盘、基础件和其他零件的设备。在传送系统中，方向需要变化的传送链的每个环节都是通过万向接头连接的，在水平面和垂直面内都可以弯成圆弧形。在垂直传送时，传送链的某些环节上装有携带爪，传送链的传送速度可以达到 5～60m/min（图 6-40）。质量小的零件使用双带传送系统传送是可靠的，工件托盘位于两条传送带上，装配操作时一般要从传送带上取下来。

通常，大的工件托盘可以使用滚道，滚子可以由链或平带带动。

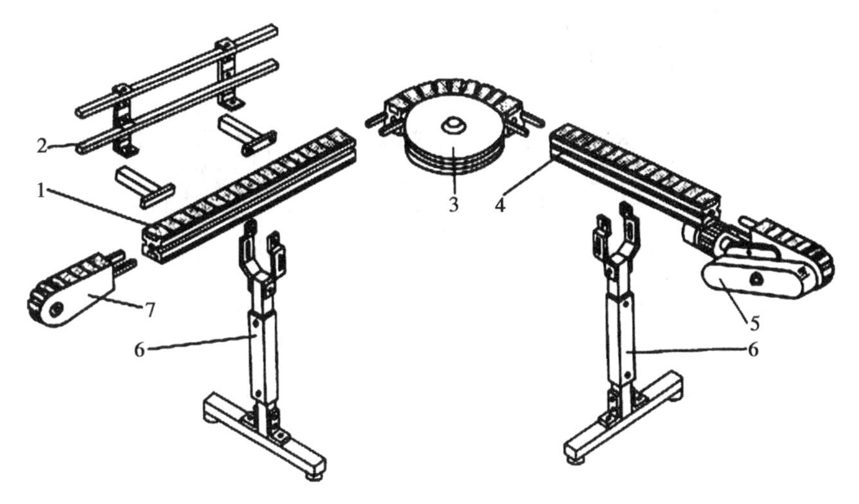

图 6-40　传动设备结构示意图

1-聚缩醛塑料制成的链节；2-传送平带或工件托盘的导轨；3-圆弧导轮；
4-传送链成形导轨；5-电动机、蜗杆蜗轮传动单元；6-支架；7-换向单元

在图 6-41 中，阻挡式滚动链能承载 240kg，速度 6～12m/mim，大承载辊 1 承载工件托盘或基础件，小承载辊 2 在成形导轨 4 上滚动。当被挡铁 6 挡住时，传送链并不停止运动，大承载辊只在工件托盘下方空转。每一个链节的长度为

$$L=2S+U_A+U_B \tag{6-17}$$

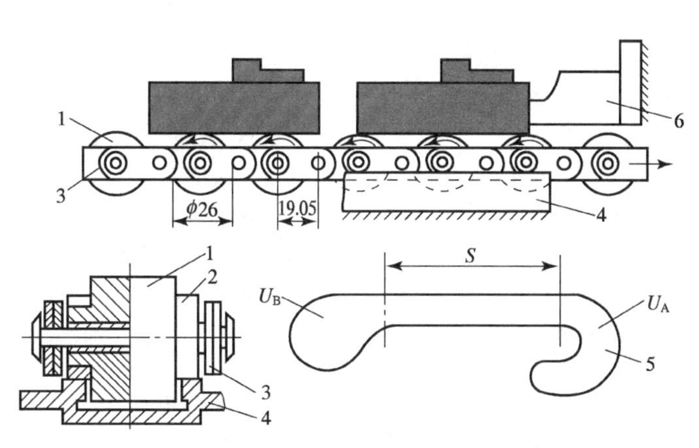

图 6-41　阻挡式滚动链的原理

1-大承载辊；2-小承载辊；3-基础链；4-成形导轨；5-链节；6-挡铁；
S-链节距；U_A-包缠传动；U_B-包缠转向

在图 6-42 中连接设备的安置可以根据装配系统的启停要求采用顶置式、下置式和通过式系统。其中，顶置式传输机用于大批量连续生产，可以和其他传送工具联合使用，质量大的装配单元可以由另外的支架来支撑。

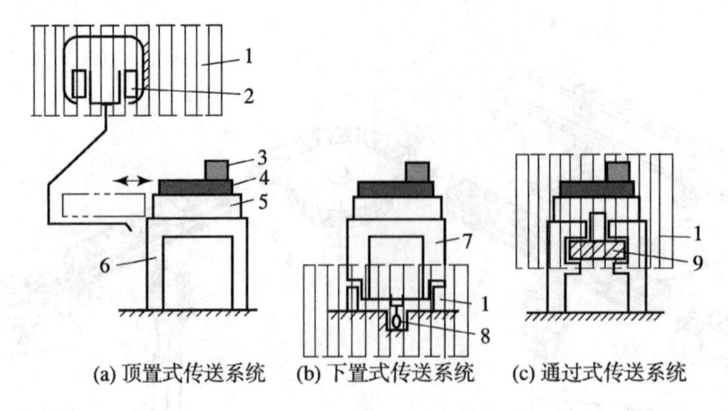

图 6-42　连接设备的安置

1-走廊范围；2-环形传输机；3-配合件；4-基础件；5-工件托盘；6-机架；7-行走机架；8-有托钩的下置式传送系统；9-传送工具（链、平带、钢带）

2. 传递设备

传递设备是用来自动化地传送工件、工件托盘和部件，并把仓库、传送系统和装配机联系起来的设备。传递过程包括三个功能：换位、运输、临时储存。换位是指物体的运动与耦合对象脱开；传递是指在传送系统内部从一个段变换到另一个段。如图 6-43 所示，为使工件托盘与原来的传送段分离就需要一个传递单元，传递单元从一个传送段接收工件托盘，并把它送到另一个横向运动的传送段，工件托盘沿横向继续运动。图 6-43（b）中抓钳系统的速度要比平带系统快。

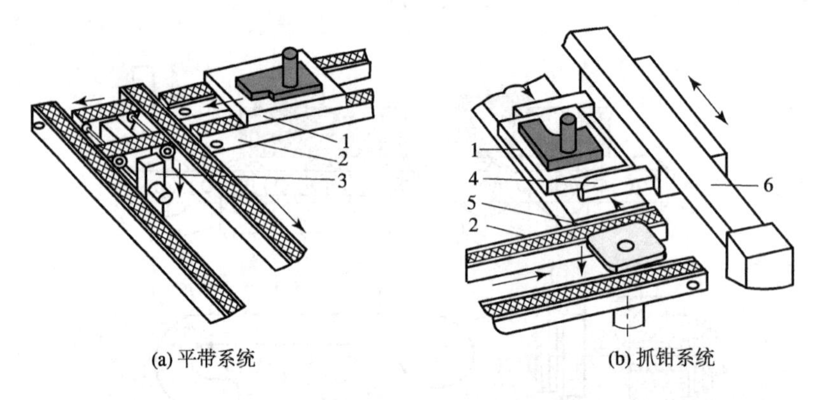

图 6-43　在传送系统内部工件托盘的传递

1-工件托盘；2-平带传输机；3-传递器；4-抓钳；5-举升机构；6-横向往复机构

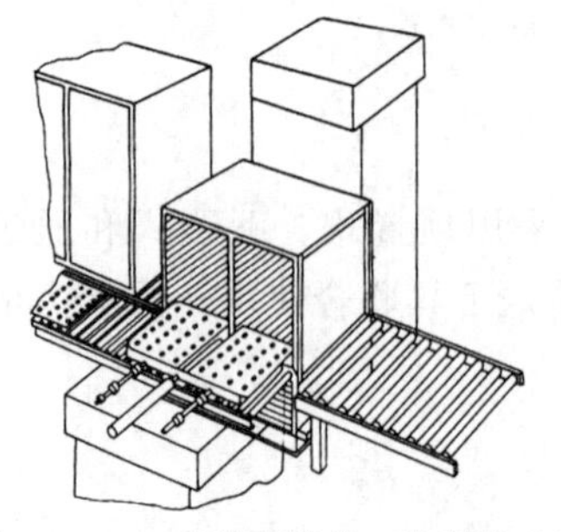

图 6-44　一条装配线的工件托盘仓库

图 6-44 是一条装配线的工件托盘仓库，它的一部分功能必须纳入总的信息系统和控制系统之下。选择传递设备必须说明其在质量和数量上的要求：

（1）连接单元的参数，如尺寸、外形、质量、体积、工件的可叠性、敏感性和包装密度。

（2）地点和路径参数，如来源地、目的地、两地之间的高度差和距离、最小路径宽度和可使用的能量。

（3）功率参数，如传递效率、运动速度、每分钟件数等。

除了传送和传递系统，自动化生产线还应该具备辅助系统，以保证物流系统的畅通，主要包括回转单元、转向单元和往复运动单元等。

6.3.3 自动装配的工件托盘

1. 自动生产线的工件托盘

工件托盘是装载着工件穿行于各个装配工位之间的装置，具有定位和加紧的功能。大多数情况下，基础件要安置在工件托盘上传送。

工件托盘必须满足以下要求：

(1) 对于那些形状复杂的工件，要保证其在工位之间安全可靠地传递，工件托盘必须具有好的导向性；

(2) 工件托盘必须在装配过程中承受操作力，在操作力的作用下工件不能移位，除非装配过程中要求把工件取下来；

(3) 在某些情况下工件托盘上要有辅助夹具，以便装配形状特殊的零件；

(4) 保证工件在工件托盘上精确定位的定位元件和工件托盘在装配工位精确定位的定位元件，在工件托盘上的止动表面就属于后者；

(5) 保证安装或取下工件时不发生碰撞的自由空间；

(6) 给编码工具保留位置；

(7) 在不同的方向、位置装配时搬送过程简单，如可以利用回转单元或转向单元；

(8) 可以同时携带若干个同类构建（图 6-45）；

(9) 可以同时作为传送单元、仓储单元和检验单元来使用。

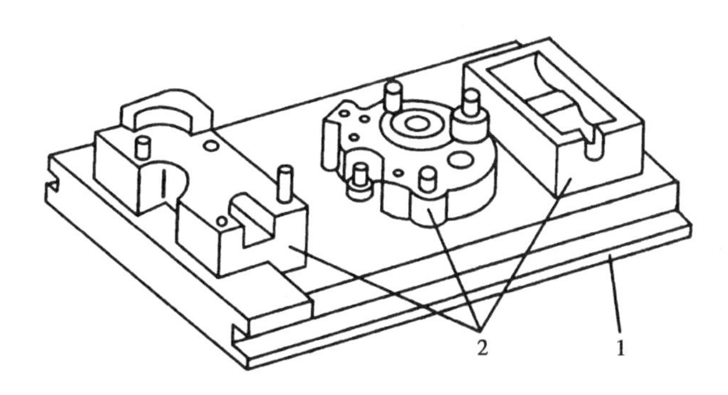

图 6-45 可以同时携带若干零件的工件托盘

1-圆形回转工作台；2-基体

仓储单元要求工件托盘的边沿和角具有特定的形状，以便堆垛。某些特殊功用的工件托盘，如印制电路板装配用的托盘，要求下面完全敞开，这是因为某些电子元器件的导线还要从下面折弯，所以工件托盘下面要给折弯设备保留敞开的操作空间。工件托盘大小的范围是100mm×100mm，误差在±0.01mm。

在柔性自动化装配过程中，工件托盘又是一个信息载体，控制系统通过识别和处理工件托盘的信息控制物流；在工件托盘上设置编码，当工件托盘在传送系统中运行的同时，电子阅读装置就可以读取编码的信息。

现代化的电子系统以控制系统和装配部件的运转数据一起实现以下功能：

（1）工件托盘的进出；

（2）工件托盘的定位；

（3）误差识别和存储。

工件托盘的识别系统按照物理原理分为：

（1）机械识别系统；

（2）微波识别系统；

（3）感应识别系统；

（4）二次雷达识别系统；

（5）光学识别系统。

机械识别系统是最简单的系统。图 6-46 所示是使用编码销的方法，这种编码在圆形回转台式装配机上也作为装配部件的临时标记。编码销可以按两个确定的位置调整。上调表示 1，下调表示 0，编码销的上调可以通过行程挡块，编码销的下调可以通过一个往复运动单元。用两个编码销只能表示很少的信息（00，01，10，11）。

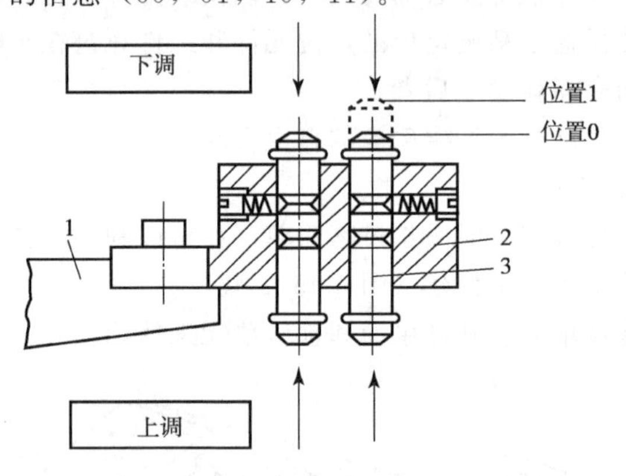

图 6-46　机械编码方法

1-工件托盘；2-零件定位元件；3-编码销

图 6-47 为一种排列结构，可移动的数据载体以最高 15m/min 的速度运动时可以边运动边读取信息。长方形或正方形的工件托盘的大小必须按照标准化的尺寸系列确定。

宽度（mm）：50，80，125，160，200，250，400，630。

长度（mm）：80，125，160，200，250，315，400，500，630。

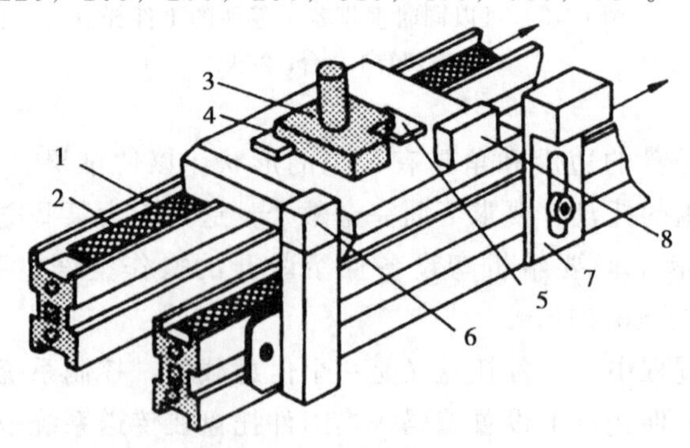

图 6-47　系统中的工件托盘

1-平带；2-成形导轨；3-部件；4-工件托盘；5-定位元件；6-译码器；7-置码器；8-数据载体

图 6-48 和图 6-49 是依据工件托盘的不同形状，所选择的适合于传送系统的另外选择方案。

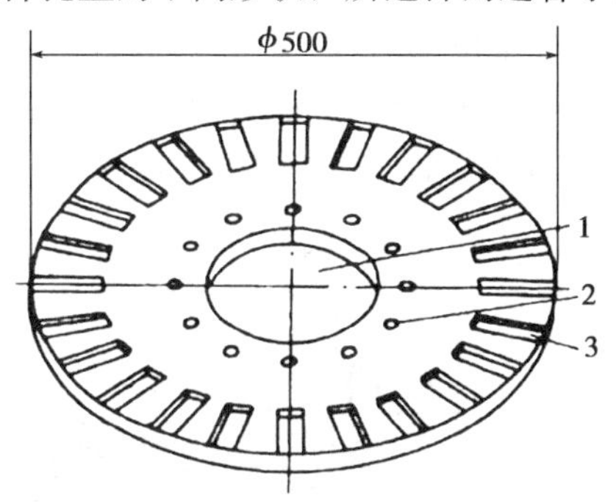

图 6-48　圆盘形的工件托盘

1-中心孔；2-定位孔；3-基础件接收器

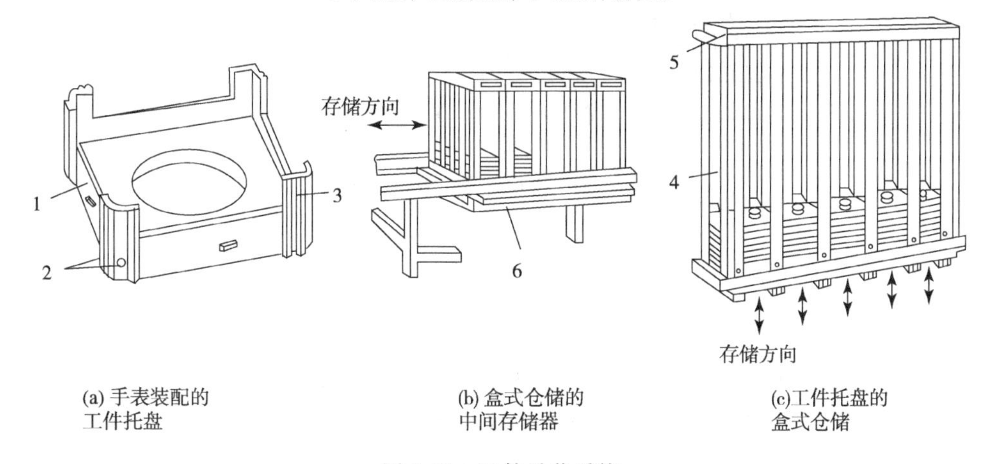

图 6-49　工件承载系统

1-塑料托盘；2-用于定位的金属销；3-用于仓储的导向；4-盒式仓储；

5-用于手工移动的拉手；6-托盘进出的机构

采用工件托盘从纵向运动向横向运动过渡的专门设备，成本很高，因此人们开发了另外一种工件托盘，这种托盘可以借助于导向元件的特殊集合形状自行转弯，图 6-50 显示了这种平滑的过渡方法。图中椭圆形托盘的运动与方形托盘的运动有本质的区别，椭圆形托盘的方向一直顺着传送带的运动方向，而方形托盘的方向则每经过一个拐角就转 90°，这对于从几个方向进行装配时是有利的。

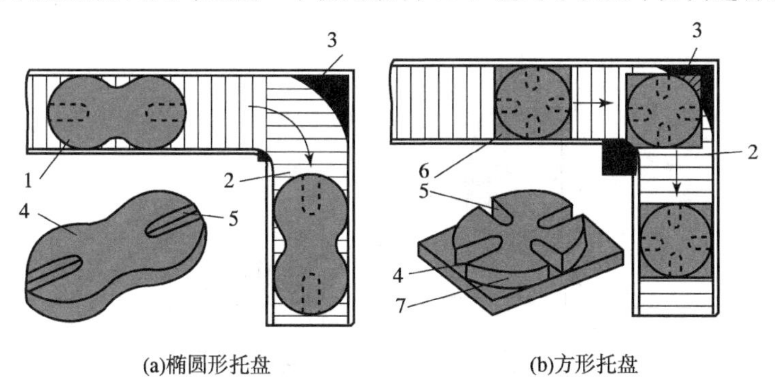

图 6-50　可以自行转弯的工件托盘

1-椭圆形托盘；2-滚道；3-导向模板；4-托盘下面外观；

5-用于托盘制动和定位的槽；6-方形托盘；7-导向盘

工件托盘尽快进入装配工位，需要一定的辅助措施，如可以使用大导程的螺杆或气动方式，这样可以使工件托盘进入装配工位的时间小于1s。如图6-51所示，工件托盘可以在垂直面内固定工件，在这个装配工位上，出于负载和精度原因，其滚子没有使用，在这一瞬间工件托盘是通过托盘两侧的滑块支撑和导向的。

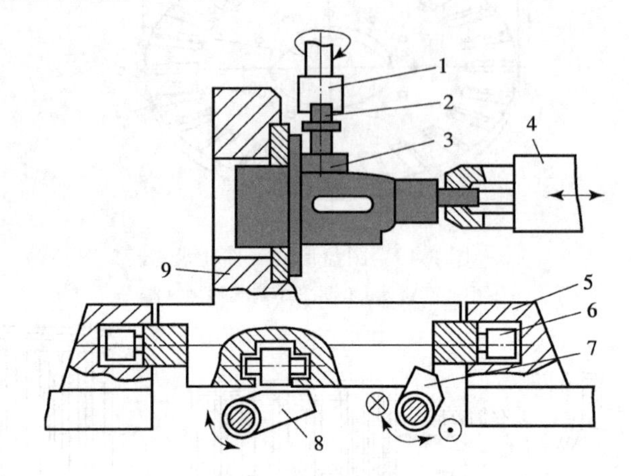

图6-51　用于水泵装配的工件托盘

1-螺钉旋紧主轴；2-配合件；3-基础件；4-保持架；5-滑动导轨；6-滚子；7-运输拉杆；8-定位杠杆；9-工件托盘

2. 托盘的制动器

工件托盘向各个工位的传送是通过“回转-往复运动”的运输拉杆同时完成的，工件托盘进入装配工位以后向后反靠，以便能够承受螺钉拧紧的作用力。大质量的工件托盘和装配部件在进入装配工位之前就开始制动。制动器是用来阻止运动的装置，安装在其他部件上，如压缩气缸上的工业制动器。

制动器有以下两种方式：

(1) 允许有超程，最后贴近制动元件定位；

(2) 不允许有超程，即必须提前制动，最后调整定位。

液压缸或气缸经常作为制动器来使用，在制动过程中动能转化成了流体的压缩功，制动过程可以由压缩曲线来表示，制动的路径可以通过溢流阀来调整（图6-52）。压缩曲线方程 $pv^n=$常数（n为多变指数，对快速运动的活塞压缩 $n=1.3$），制动力与由于活塞的行程对于气体的压缩成正比。

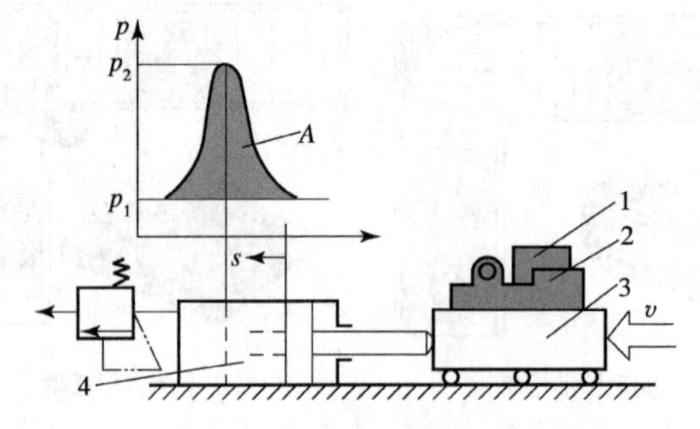

图6-52　气体制动原理

1-配合件；2-基础件；3-工件托盘；4-制动气缸；

A-压缩功；p_1-充气压力；p_2-最大压力；s-路径；v-速度

图 6-53 所示是制动器在传送系统中的应用。碰撞以后，制动器的撞块可以下降或向下翻转，以便让工件托盘继续向前运动一小段距离。所以它是一种允许超程的制动器，起到阻尼、减速的作用，并不能使工件托盘立即停止运动。这种办法对于圆形回转工作台的止动是很合适的，因为圆形回转工作台的准确定位还要通过反靠来实现。

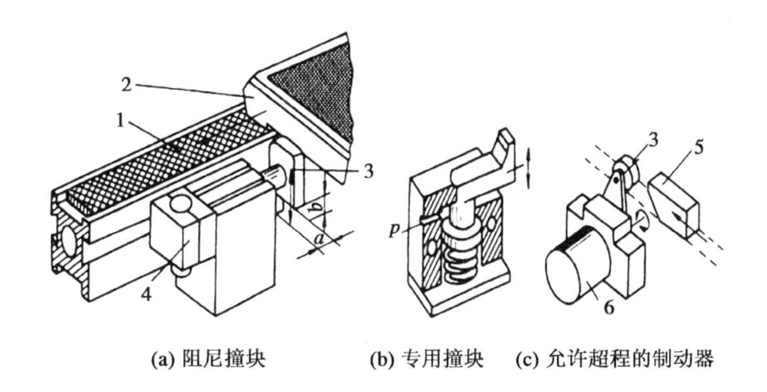

(a) 阻尼撞块 (b) 专用撞块 (c) 允许超程的制动器

图 6-53 碰撞制动器的应用

1-传送平带；2-工件托盘；3-制动器撞块；4-紧固件；5-撞块；6-回转式制动器；

a-制动距离；b-放开行程；p-压缩空气

要考虑质量大的装配部件是否可以让工件托盘在“空气垫”上滑动。这样工件托盘运动时的摩擦力小，滑槽中的孔和间隙可以是持续打开的，也可以是当工件托盘靠近时接触（带压簧的球阀）打开，通过控制脉冲或通过不等截面活塞打开。

6.3.4 物料储备仓

储备仓又称为故障应急储备仓，储备仓位于装配工位之间，以避免临时出现的故障不至于干扰整个装配系统的正常运行。在混合液连接的装配线中，储备仓通常位于手工装配工位和自动装配工位之间，以避免二者被迫地相互适应。

图 6-54 所示储备仓设置在主传送通道中或支路中，如果储备仓设在主传送通道中，工件或托盘保持原来的顺序不变；如果储备仓设在支路中，暂时不需要的工件就被闸断，以后再需要时闸门打开，储备件加入工件流。料仓的管理方式可以分为先进仓的工作先出仓（First-In-First-Out，FIFO）和后进仓的工件先出仓（Last-In-First-Out，LIFO）两种方式，后者称为逆行储备仓。

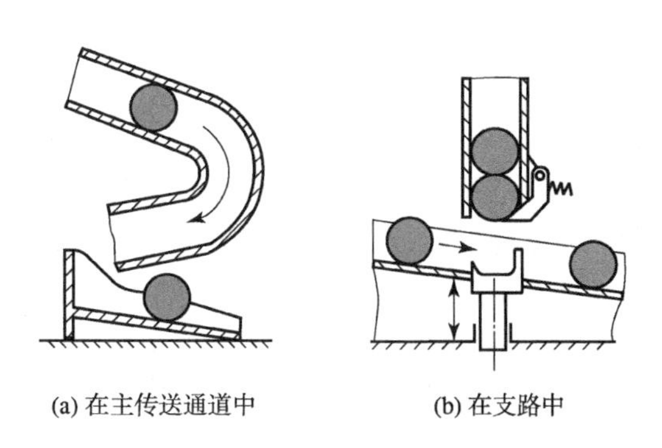

(a) 在主传送通道中 (b) 在支路中

图 6-54 储备仓的设置图

储备仓的使用与故障出现的概率和停机成本有关，而停机成本与购置成本和运行成本有关。如果储备的半成品，还有一个附加的成本因素在内，特别是当装配部件的价值较高时，这个问题尤其突出。在图 6-55 中，储存成本作为储量大小的函数。从成本曲线上可以看出，由于存储技术方面的花费，使得总成本上升，最佳储存能力的确定必须把装配工位的前储备和后储备的情况综合起来考虑，一种简化的概算方法如下：

$$Q=\frac{D_1+D_2}{T}\times 100 \tag{6-18}$$

式中，Q 为储存能力（件数），D_1、D_2 为故障发生的时间和储备仓供料的时间，T 为生产 100 件的额定工时。

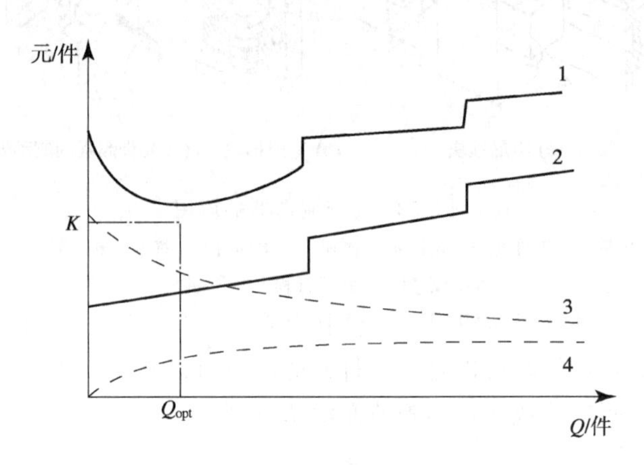

图 6-55　工件储备的经济型

1-总成本；2-储存成本；3-停机成本；4-储备仓充填成本；

K-与储备有关的成本；Q-储存能力；Q_{opt}-最佳储备仓大小

6.4　自动装配机的部件

6.4.1　运动部件

在生产线装配工作中的物体，其主要运动包括三个方面：

（1）基础件、配合件和连接件的运动；

（2）装配工具的运动；

（3）完成部件和产品的运动。

运动是坐标系中的一个点或一个物体与时间相关的位置变化（包括位置和方向），输送或连接运动可以基本上划分为直线运动和旋转运动。因此每一个运动都可以分解为直线运动或旋转运动。它们作为功能载体被用来描述配合件运动的位置和方向以及连接过程。按照连接操作的复杂程度，连接运动被分解成三个坐标轴的运动，表 6-4 对连接过程所要求的运动作了分类。在表 6-4 中的第三列代表各种连接操作（包括上置、侧贴、压入、插入、旋入）。

表 6-4　连接操作所要求的运动（A-运动目的；B-运动数量）

A／B	1 定向运动	2 定位运动	3 连接方向的运动	4 作业方向的运动
无运动		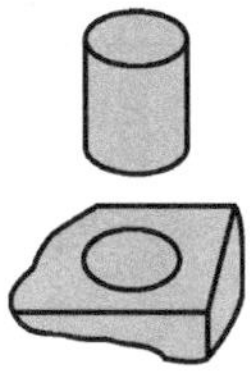		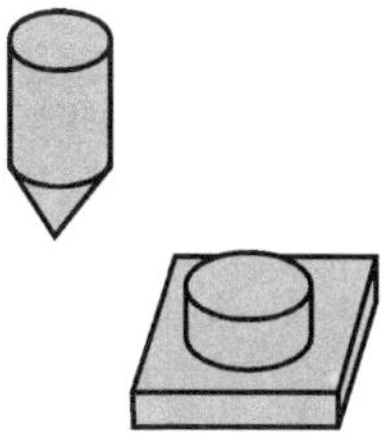
一个运动	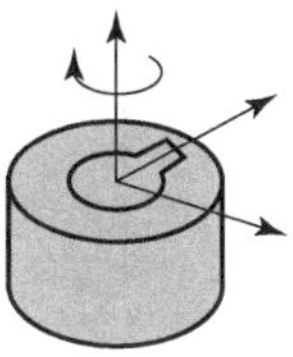	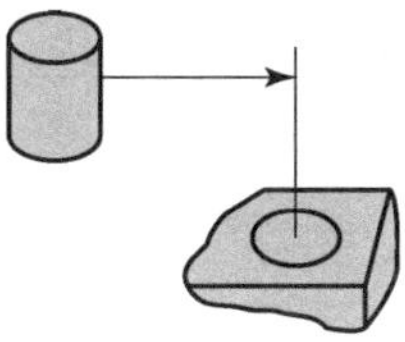	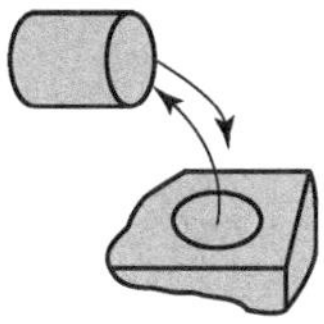	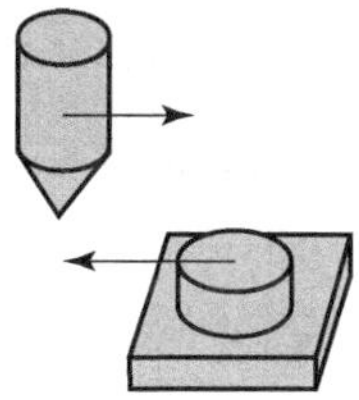
两个运动	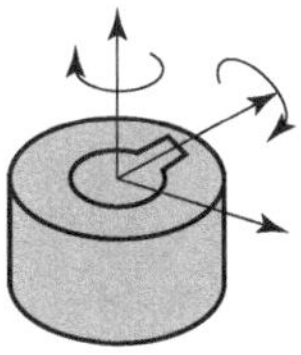	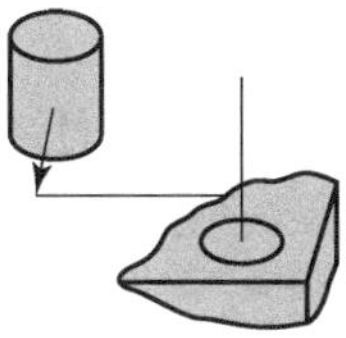	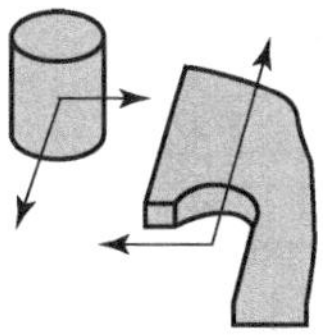	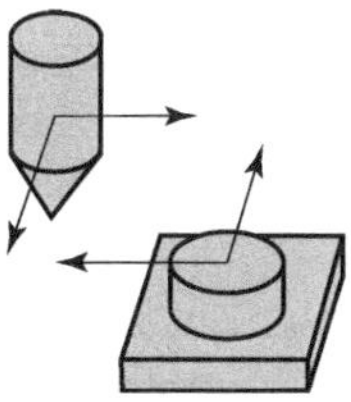
三个运动	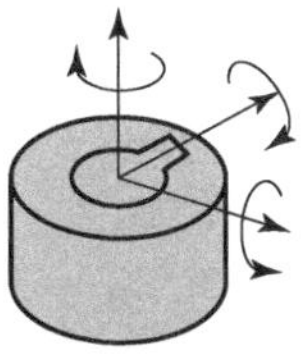	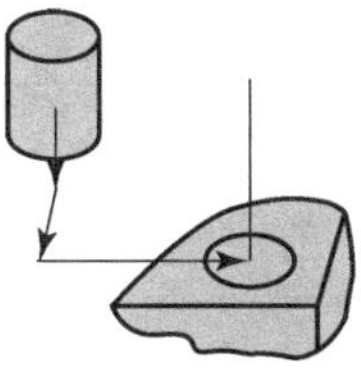	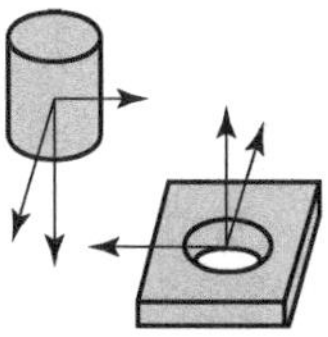	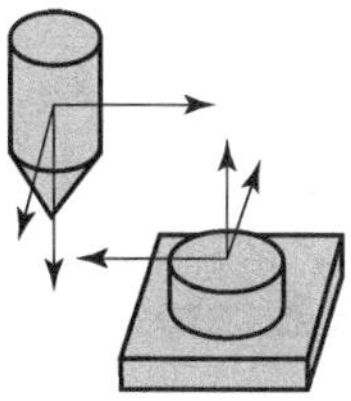
三个运动及附加运动			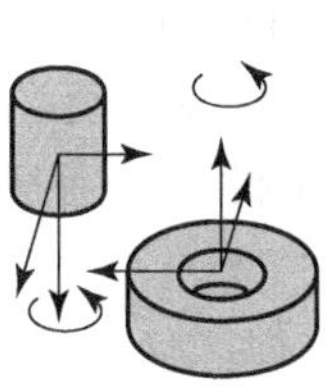	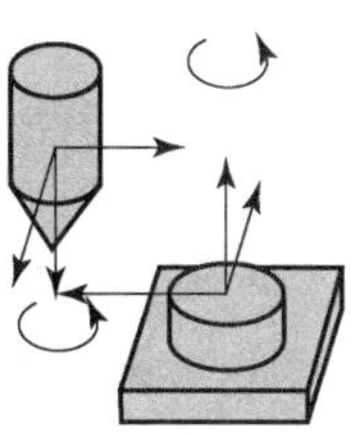

表 6-5 是把运动分解成装配模块和装配工作台的运动，列出装配模块的基本结构。需要注意的是：三个主坐标轴描述空间任意点是够的，但对于方向的描述还需要一个副轴

（例如抓钳轴）。下一步是采用串联、并联的方法进行运动合成，对于装配机来说，一种典型的方案是需要同时在几个方向上连接，那么抓钳和连接工具就作为装配模块的主要组成部分。

表 6-5　装配模块的典型的轴结构

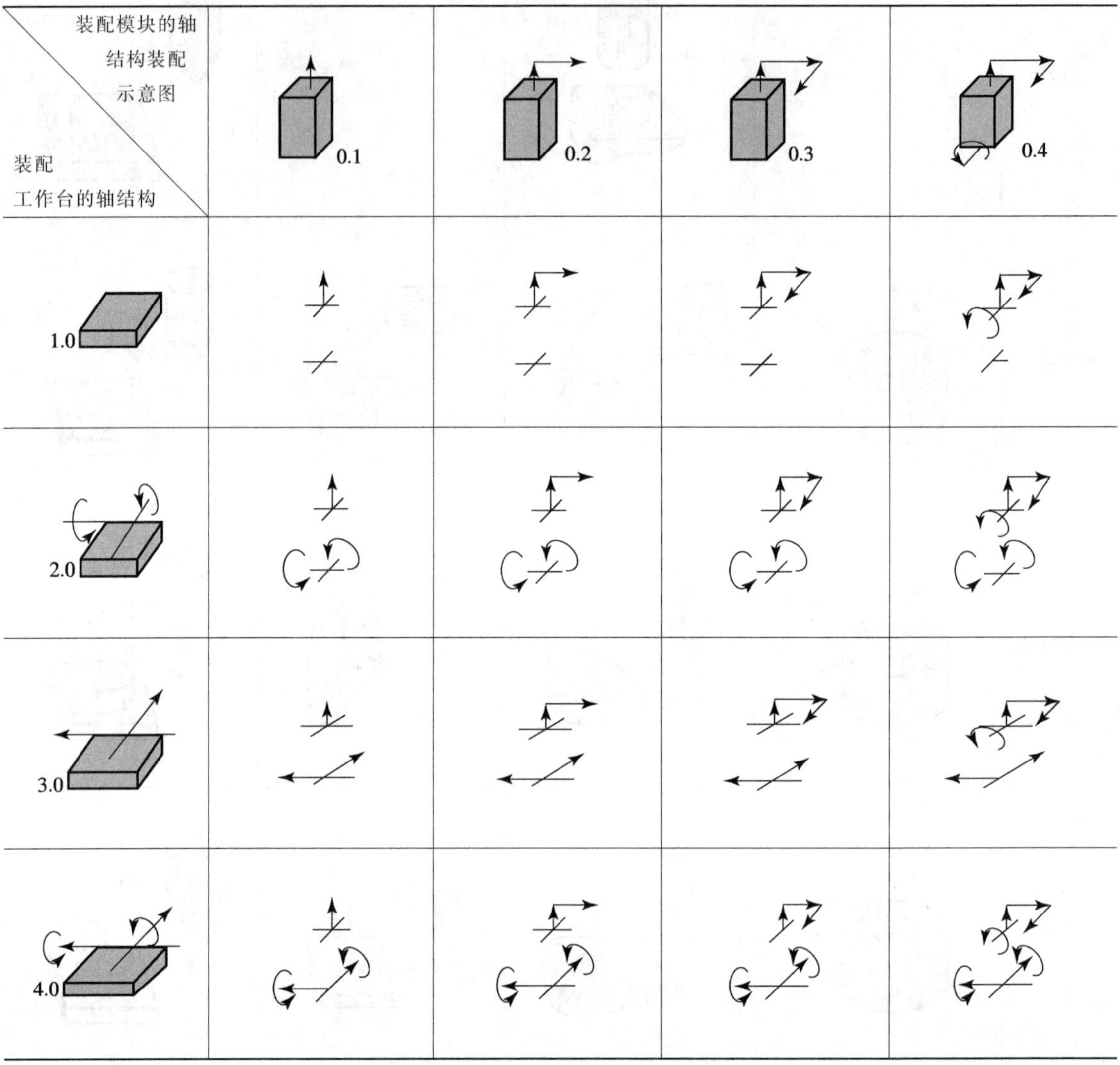

装配模块的轴结构装配示意图 / 装配工作台的轴结构	0.1	0.2	0.3	0.4
1.0				
2.0				
3.0				
4.0				

表 6-6 包含了单工位装配机的结构方案和单工位装配机的原理。对于运动系统来说，其结构变种的运动合成可按下述步骤进行：

（1）固定所有的边界条件，特别是路径、角度和时间；

（2）基本功能排列；

（3）把基本功能分配到典型的结构变种，如果某一结构变种在时间上不能满足要求，就要按照另一种结构变种进一步分配；

（4）按照一种选定的功能来进一步作结构的和技术的划分；

（5）若一个单工位装配机不能实现全部工作时，考虑下一个工位。

表 6-6　典型单工位装配机原理

连接示意图	结　构	0.1	0.2	0.3	0.4	0.5	0.6
串联	1.0	1.1	1.2	1.3	1.4		1.6
	2.0	2.1	2.2	2.3	2.4		2.6
	3.0	3.1	3.2	3.3	3.4		3.6
	4.0	4.1	4.2	4.3	4.4		4.6
并联	5.0					5.5	
	6.0	6.1	6.2	6.3	6.4	6.5	
	7.0	7.1	7.2	7.3	7.4	7.5	
串联加并联	8.0	1.1	1.2	1.3	1.4	5.5	1.6
	9.0	2.1	2.2	2.3	2.4	9.5	2.6
	10.0	3.1	3.2	3.3	3.4	10.5	3.6
	11.0	4.1	4.2	4.3	4.4	11.5	4.6

图 6-56 是表 6-6 中类型号为 3.2 的结构方案示意图。

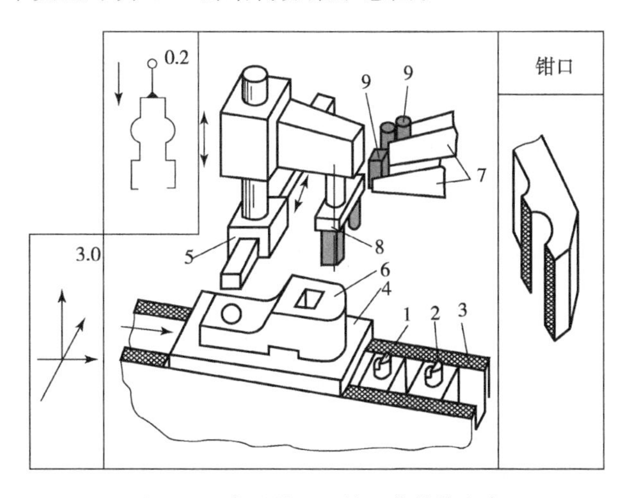

图 6-56　类型号 3.2 的工艺结构方案

1-第一个装配工位的定位挡块；2-第二个装配工位的定位挡块；3-传送系统；4-工件托盘；5-抓取设备 $F=2$（两个自由度）；6-基础件；7-配合件料仓；8-抓钳；9-配合件

6.4.2 运动部件的驱动方式

运动部件的驱动方式可分为直线电动机驱动、使用电动机的机械式驱动、往复磁铁驱动、液压驱动和气动。

1. 直线电动机驱动

直线电动机的动态和静态特性可以用简单的曲线来表示。图 6-57（a）所示的不是纯粹的并联特性，如同步异步电动机。图 6-57（b）中 $v=f(F)$ 的关系通过调整电压 U 或同时调整电压 U 和频率 f 清楚地显示出来。调整 U 没有显示出并联特性，调整 f 显示出接近并联特性。

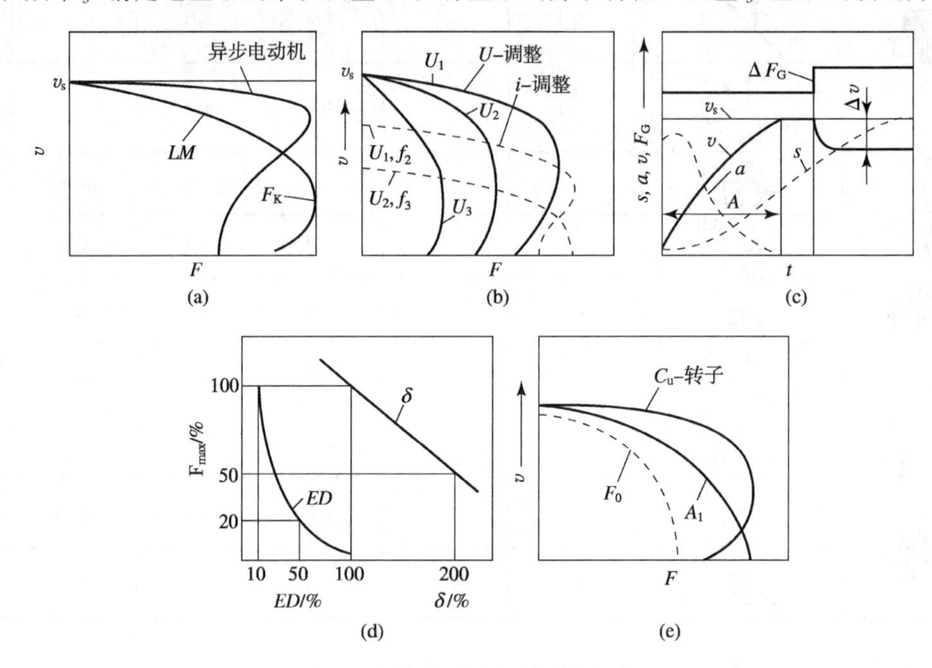

图 6-57 直线电动机的特性曲线

（a）为 v-F 特性（v-速度，f=常数时）；

（b）为 v-F 特性曲线，通过调整 U 或同时调整 f 和 U（$U_1>U_2>U_3$，$f_1>f_2>f_3$）；

（c）为阶跃负载时的动态特性（F-力，F_G-阻力，t-时间）；

（d）为按标准值的百分比变化的启动时间 ED 和气隙 δ 对力 F 的影响；

（e）转子（也称动子）的材料对于力 F 的影响，当速度 $v\geqslant 2$m/s 时，总效率为 0.4～0.7，总效率与转差率有关。

通常，直线电动机的可控性和可调节性比较好。下面是直流电动机的几个重要的技术参数。

（1）单定子结构形式：当 v=3m/s 时，F=15～300N；
当 v=6m/s 时，F=55～1100N。

（2）双定子结构形式：当 v=3m/s 时，F=37～910N；
当 v=6m/s 时，F=178～4110N。

当转差率为 1 时，启动时间为 10%，气隙为 5～10mm，频率为 50Hz，电压为 380V。

2. 使用电动机的机械式驱动

机械驱动所产生的力，在理论上是无限大的，其界限是由尺寸、强度、磨损和结构来确定，而速度则是由加速度、惯性，以及磨损、润滑、质量和结构等限制的。这种方式的优点是，通过力耦合，形状耦合或摩擦耦合产生一种同步的或强制的运动。在摩擦耦合的情况下，由于负载引起的打滑强制运动可以近似获得，因而可得到各种 s-t 曲线，并避免加速度的突然跃升。如果在传动系统中有自制动环节，就可以承受静态负载，但是由此增加了磨损，同时造成功率损失。机械式驱动的效率公式为

$$\eta_{总}=\eta_{电动机}\eta_{传动} \tag{6-19}$$

其典型的运动过程曲线如图 6-58 所示。

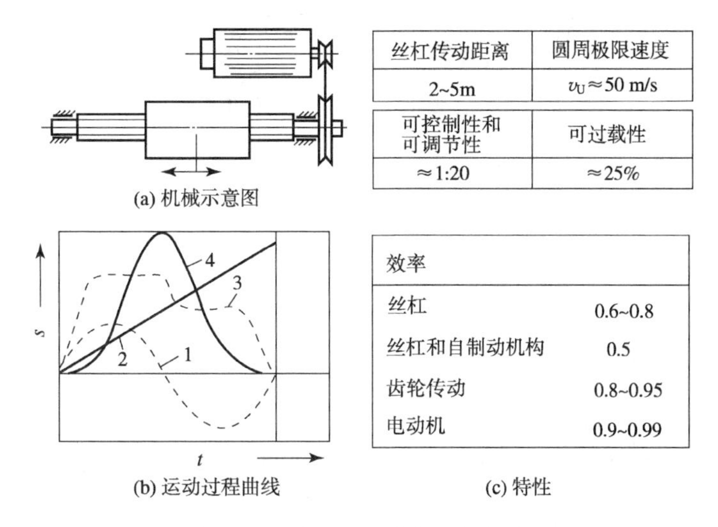

图 6-58 使用电动机的机械式传动的典型运动过程

1-非匀速周期性的运动；2-匀速运动；3-非匀速间歇运动；4-凸轮控制的非匀速运动；s-路径；t-时间

需要注意的是，当旋转方向改变时，齿轮驱动必须考虑齿轮间隙。图 6-59 是在忽略滞后量情况下典型的传动曲线和特性。

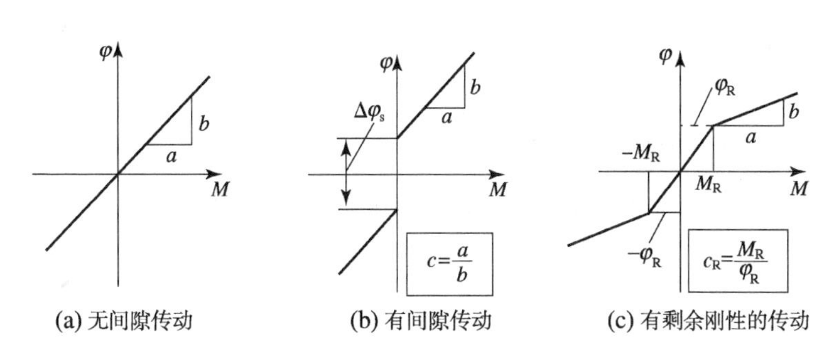

图 6-59 传动曲线的基本类型

c-名义刚性；c_R-剩余刚性；M-转矩；M_R-极限转矩；φ-转角；$\Delta\varphi_s$-间隙；φ_R-间隙角

消除齿侧间隙通常有以下三种方法：

（1）把大齿轮分成两片，相互错开一个小的角度并用弹簧拉紧（图 6-60）。

（2）一对相互啮合的锥形齿轮，沿轴向相对推进微小的距离以达到几乎无间隙的啮合。

（3）用弹簧力把小齿轮压入大齿轮。这种方法只适合传递较小的圆周力。

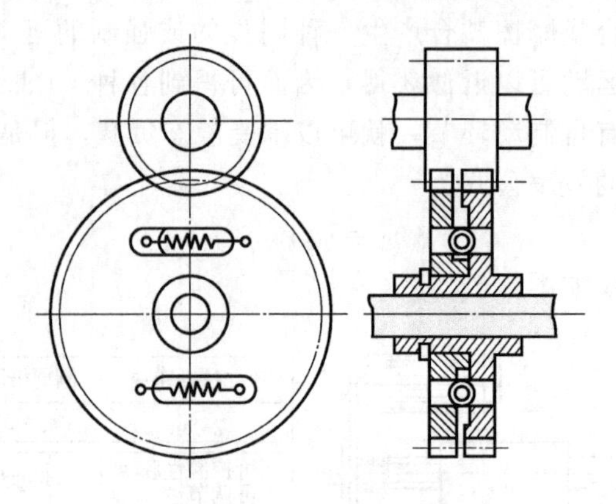

图 6-60　消除齿侧间隙的方法

3. 往复磁铁驱动

往复磁铁驱动只适应于相当短的运动距离，其典型特性如图 6-61 所示。

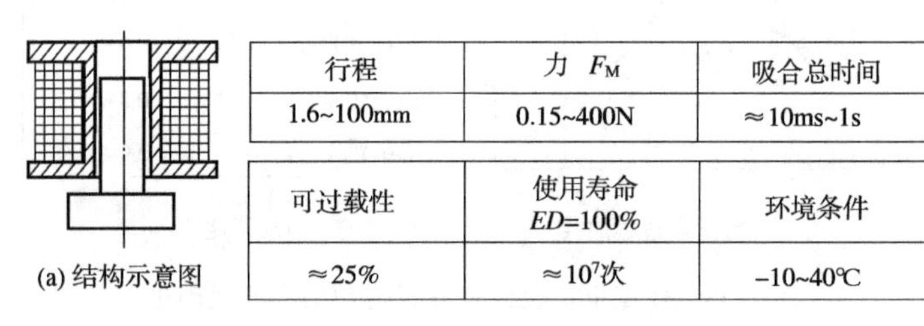

行程	力 F_M	吸合总时间
1.6~100mm	0.15~400N	≈10ms~1s

可过载性	使用寿命 ED=100%	环境条件
≈25%	≈10^7次	−10~40℃

(a) 结构示意图

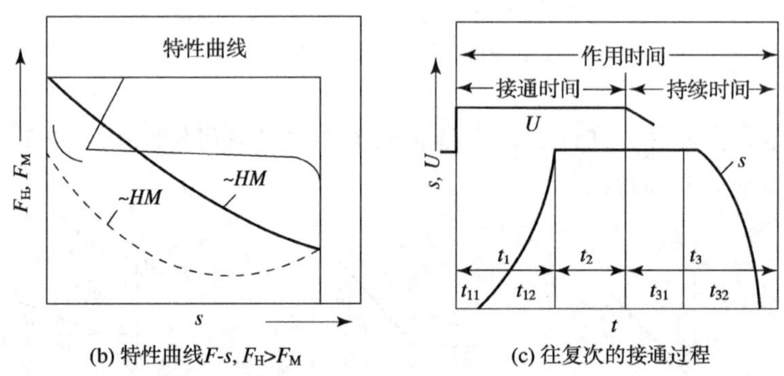

(b) 特性曲线F-s, $F_H>F_M$　　(c) 往复次的接通过程

图 6-61　往复磁铁驱动的典型运动过程

ED-接通时间；F_M-磁力（静态、最终位置）；

HM-直流往复磁铁；F_H-交流往复磁铁；U-电压；s-路程

磁铁的磁力是指 100%接通时间（ED）的磁力，如果 $ED \ll 100\%$，那么 $F_H > F_M$，与之相耦合的机械系统特性曲线 F-s 就会改变。特性曲线也随着 U（电压）和 δ（气隙）的改变而改变。

对于直流往复磁铁，$F_H \approx (1.5 \sim 4) F_M$；对于交流往复磁铁，$F_H \approx (1.5 \sim 3) F_M$。

往复磁铁本身的功率很小，一般情况下 $\eta = 0.8 \sim 0.95$。

往复磁铁的特性曲线受电压 U 和磁通 Φ 的影响；开关频度在 $120\sim5\times10^4$ 次/h 的范围。往复磁铁的效率重量比（磁铁质量和磁力之比）一般为 $m:F=1:1$。

4. 液压驱动

用液压驱动可以产生很大的力，静态负载特性很好。借助于一定的措施，例如压力存储器可以实现压力的无损失传递，可以达到的力取决于压力、活塞面积和效率。力的范围一般在 10～3000kN。获得更大的或更小的力都是可能的。其技术特性如图 6-62 所示。

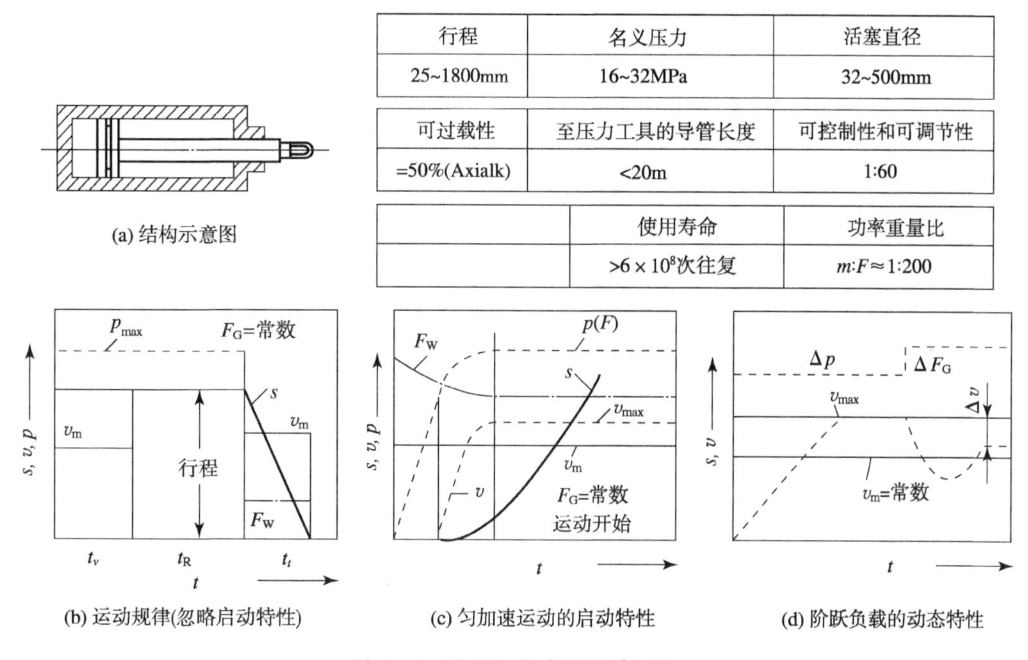

行程	名义压力	活塞直径
25~1800mm	16~32MPa	32~500mm

可过载性	至压力工具的导管长度	可控制性和可调节性
=50%(Axialk)	<20m	1:60

	使用寿命	功率重量比
	>6×10⁸次往复	m:F≈1:200

图 6-62　液压缸的典型运动过程

Δv-速度的变化；F-作用力；F_G-反作用力；F_W-阻力；m-质量；

p-工作油缸的内部压力；s-行程；t-时间；t_R-间歇时间；v_m-平均速度

液压驱动的活塞运动速度：无终端制动，其速度范围在 $v_{zuf}=0.016\sim0.12$m/s；有终端制动，其速度范围在 $v_{zuf}=0.1\sim0.5$m/s；活塞的极限速度 $v_{zuf}=0.7\sim1.0$m/s，活塞的极限速度受密封件磨损的限制。

液压缸驱动的效率：机械效率 $\eta_{机}=0.75\sim0.95$（当 $v\leqslant0.1$m/s 时），总效率 $\eta_{总}=0.7\sim0.8$（当 $v\leqslant0.1$m/s 时）。

5. 气动

气动可产生的力为 5～750N，气缸的速度范围为：无终端制动，其速度范围在 $v_{zuf}=1\sim1.5$m/s；有终端制动，其速度范围在 $v_{zuf}=3\sim5$m/s。

工作介质空气的可压缩性对过载来说是个优点，但正是由于这个原因，使得活塞杆不能准确定位，也带来一些问题。气动特性可以从图 6-63 中看出。

气缸的工作效率按状态可分为：

工作状态中的气缸的效率 $\eta_{机}=0.8\sim0.95$；

从静止状态启动的气缸的效率 $\eta=0.7$；

由系统的压力损失引起的效率 $\eta_{压}=0.75\sim0.9$。

可自由编程的气动轴在没有挡铁的情况下定位精度可以达到±0.2mm。

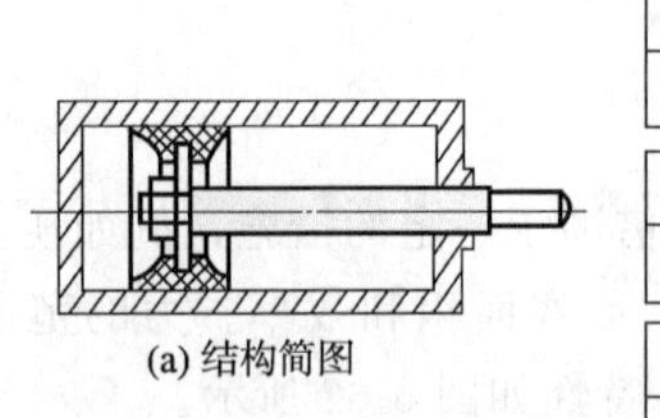
(a) 结构简图

行程	名义压力	活塞直径
8~1000mm	<10MPa	8~100mm

可过载性	至压力工具的导管长度	可控制性和可调节性
=50%	<100m	1∶60

	使用寿命	功率重量比
	>6×10^8次往复	m:F≈1:50(70)

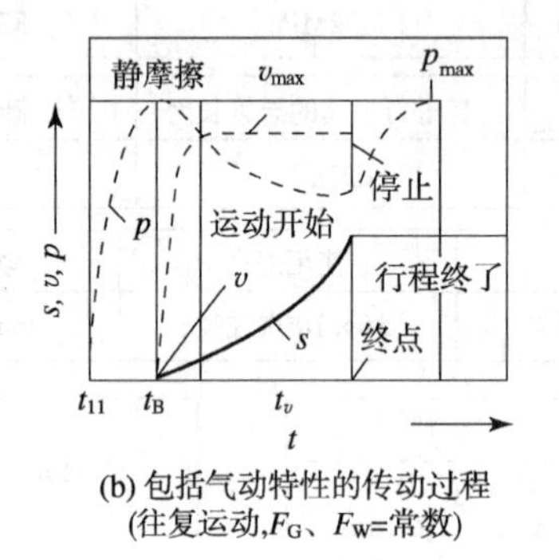

(b) 包括气动特性的传动过程
(往复运动,F_G、F_W=常数)

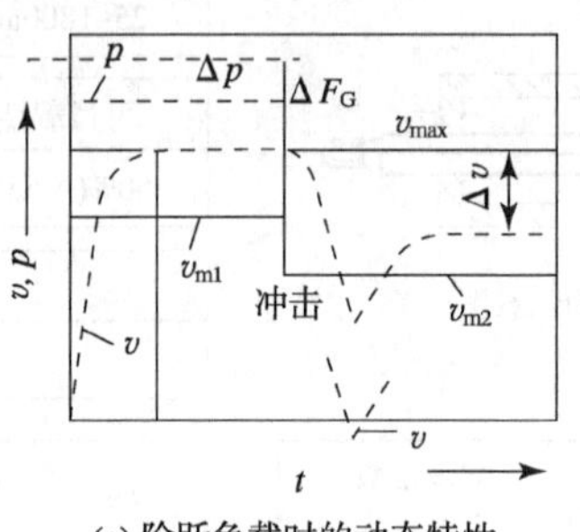

(c) 阶跃负载时的动态特性

图 6-63　气缸的典型运动过程

F_G-反作用力；p-气缸内压力；s-行程；t-时间；t_B-加速运动时间；t_v-匀速运动时间；t_{11}-延迟时间；v-速度；v_m-平均速度

图 6-64 表示，在将要达到预定位置时，通过节流阀控制运动由快速转向蠕动。

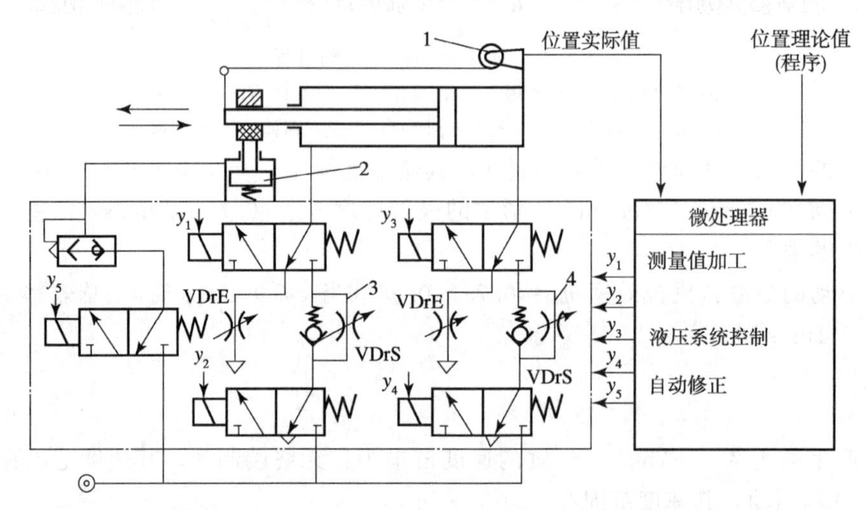

图 6-64　可以自由定位的气动直线运动单元

1-路程测量系统；2-制动器；3-VDrE 节流阀（快速运动时）；4-VDrS 节流阀（低速运动时）

其实，除了上述五种驱动方式外，实际生产系统的自动化装配机械的运动，更多的是包含几个直线运动、几个回转运动或摆动运动以及直线运动和回转运动的复合运动等方式。图 6-65 所示的就是一种组合运动方式。由于结构的原因往往需要运动方式的转化，例如：

（1）驱动运动是回转运动—执行运动是直线运动；

（2）驱动运动是直线运动—执行运动是回转运动。

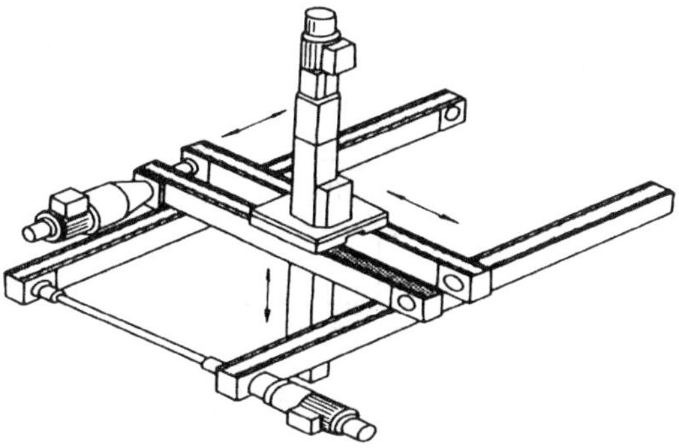

图 6-65　三轴直线运动的传送单元

6.4.3　夹紧和保持单元

在装配操作中，零件需要相对一个坐标系准确的定位和保持不变。所以，以下条件是必须的：

（1）用于配合件传递和安装操作的抓钳；

（2）用于基础件的承受和加紧的装置；

（3）用于零件和连接件的保持装置；

（4）在装配过程中，用夹具或保持具保证装配对象的位置和方向。

抓钳抓取被传送对象（配合件或连接工具）并在运动中保持一定的位置和方向。抓钳的结构形式取决于工件参数和工件特性、过程条件和工件装备的种类和方式。工件的准备状况可以分为以下四种：

（1）一个零件具有精确的定位和方向；

（2）几个零件按一定秩序分布在一个平面上；

（3）几个零件无序地分布在一个平面上；

（4）一堆零件。

从一堆零件或一筐零件中抓取一个零件的操作，从成本的原因出发应该尽量低。一个零件如何抓取，取决于抓紧力、被抓取零件的几何形状和表面特性。配合件最主要的保持原理是：

（1）机械的（托起、夹住、几面夹紧）；

（2）气动的（负压、正压和气流）；

（3）磁的（刚性的和柔性的形状适应）。

表 6-7 列出了保持原理的简图。

表 6-7　保持原理

保持力	举例
置入　嵌入 $F_G=mg$ $F_H=F_G\mu$ 附着力 $F_H=F_G+F_Z$ 包裹	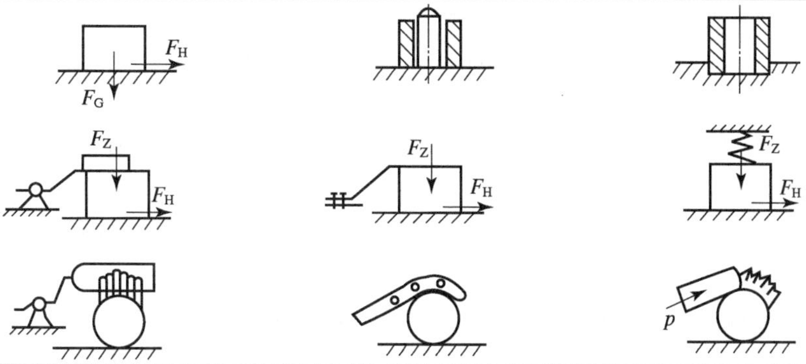

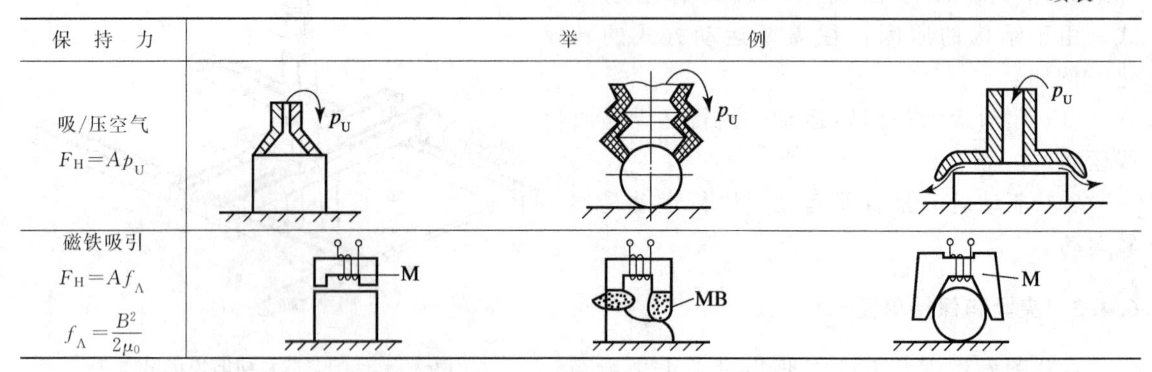

保持力	举例
吸/压空气 $F_H=Ap_U$	
磁铁吸引 $F_H=Af_A$ $f_A=\frac{B^2}{2\mu_0}$	

注：A-磁铁面积或吸附面积；B-磁流密度；F_G-重力；F_Z-保持力；F_Z-附加力；F_A-单位吸引力；P_U-负压空气；P-压缩空气；MB-柔性磁铁，铁磁性的颗粒装在套里；M-磁铁；μ_0-绝对磁导率

最经常使用的是机械式抓钳，其结构有平行式、弧形式、封闭式。选定抓钳时，首先要考虑其抓紧力 F_G 必须大于使工件从抓钳中拖出的所有力的合力。此合力取决于工件上作用力和工件的运动。

1．机器人夹持器

机器人的夹持器具有两方面的功能：夹持目标和移动目标。夹持最多可以有六个自由度，沿 x、y、z 轴的移动和绕 x、y、z 轴的转动。这六个运动自由度如图 6-66 所示。其中图 6-66（a）表示人手如何夹持目标并使之实现六个方向运动。图 6-66（b）表示如果夹持器夹持目标，为了实现六个运动，夹持器及其腕部应该具有什么样的结构。大多数夹持器只具有两个自由度，其他的运动由装配机器人的自由度来实现。即夹持器的开合运动只负责夹持和释放夹持目标，与夹持目标的运动轨迹无关。

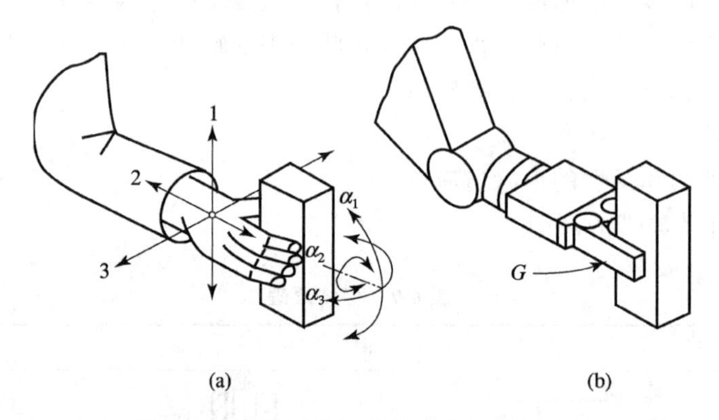

图 6-66　人手可以实现的六个自由度运动

在运动方向上，仅仅和抓钳接触的平面上没有摩擦力。必须有一对大小相同方向相反的力作用在工件上才能产生摩擦力。

如果让物体沿 x、z 坐标轴移动，绕 z 坐标轴转动，物体上作用的力如下：

（1）重力，$G_{ws}=mg$。

（2）惯性力，由于摆动产生的 x 方向的离心力，$F_w=mrw^2$。

（3）惯性力，由于 x 方向上的直线运动产生的 x 方向上的力，$F_{t(x)}=mx$。

(4) 惯性力，由于加速度摆动或由于科氏加速度产生的力，$F_{t(\omega)}=mr\varepsilon$。科氏加速度指的是绕 z 轴旋转的同时又沿 x 轴直线运动。

(5) 惯性力，沿 z 轴方向作垂直加速度运动时有 z 方向惯性力，$F_{t(z)}=mz$。

在图 6-67 中，工件的质心位于 TCP，以至于抓钳绕 x 轴的转动可以忽略。TCP（Tool Center Point）是一个想象的点（参考点）。可以想象物体的质量都集中在这一点上，整个物体可以作为一个点来处理。

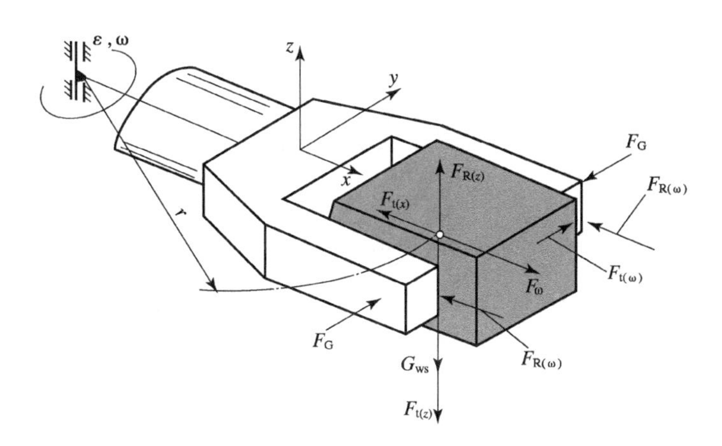

图 6-67　抓钳上作用的力

其抓紧力由式（6-20）得出

$$F_G=\frac{F_R}{\mu} \tag{6-20}$$

在绕 z 轴加速回转时出现惯性力：

$$F_W=\frac{F_R}{\mu}+F_{t(w)} \tag{6-21}$$

在大部分情况下抓取设备并不是沿所有的轴同时运动，以至于在确定抓紧力时可以以最大作用力、重力和离心力为基础。所以，摩擦力可以由式（6-22）确定：

$$F_R=0.5m\sqrt{(rw^2)^2+g^2} \tag{6-22}$$

所要求的抓紧力 F_G，可按式（6-23）计算：

$$F_G=\frac{m}{2\mu}\sqrt{(rw^2)^2+g^2} \tag{6-23}$$

式中，g 为重力加速度，m 为工件质量，r 为工件到回转中心的距离，x 为加速度，ε 为角加速度，ω 为角速度，μ 为摩擦因数。

因为在传送过程中作用力的方向和大小总是在变化的，所以抓紧力 F_G 必须大于运动过程所产生的合力。在物体上存在这样的介入点，从这一点抓取就只需要较小的抓紧力和较小的抓钳。

除了计算要求的抓紧力，还要求出必要的钳口行程 H，以便选择合适的抓钳。配合件的抓取可以从侧面抓取，也可以从端部抓取。图 6-68 所示的是径向抓取的方法。

钳口行程 H 计算如下：

$$H=R_2+\frac{\Delta S}{2}+S_1+S_3+(\frac{R_2}{\tan\alpha}+S_2)\cos\alpha-\frac{R_1}{\sin\alpha} \tag{6-24}$$

位置误差 ΔS 由各个环节可能出现的误差组成：

$$\Delta S = k\sqrt{\Delta S_4^2 + \Delta S_5^2 + \Delta S_6^2} \tag{6-25}$$

式中，R_1、R_2 为零件内外径，S_1 为夹紧时的行程储备量，S_2 为保证夹持最大直径零件时的接触点的延长量，S_3 为抓钳打开时的附加行程长度，S_4 为抓取设备的最大位置误差，S_5 为工件在预备位置的最大位置误差，S_6 为钳口的最大位置误差，k 为安全系数（如 $k=1.5$）。

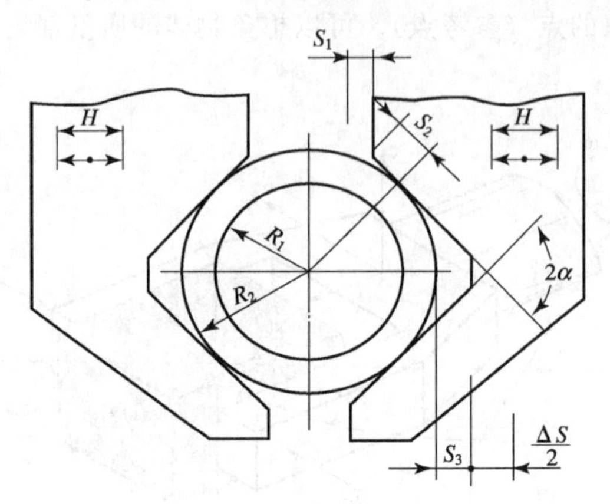

图 6-68　钳口行程的确定

在轴向抓取时只需较小的钳口行程。如果钳口的形状是一对菱形，那么钳口行程 H 的计算可按照式（6-26）：

$$H = \frac{0.5\Delta S + S_3 + R_2 - R_1}{\sin\alpha} + S_1 \tag{6-26}$$

还有一种抓钳是专门为特定的装配而开发的。砖塔式抓钳（图 6-69）是一种复合抓钳，是由几个抓钳共同安装在一个回转分度盘上组成的。它的工作过程是这样的：首先按照一定的顺序从外部设备上抓取一系列的零件，然后一个接一个地把这些零件安放到装配工位上。全部运动都是由一台工业机器人完成的，复合抓钳的优点是节省时间、提高效率。

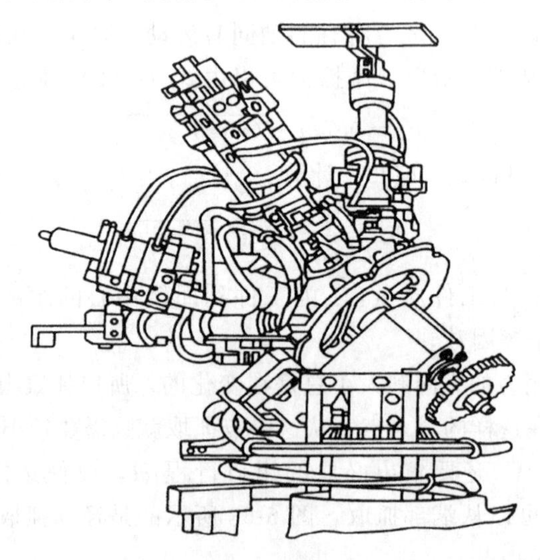

图 6-69　带有六个抓钳或连接工具的转塔式抓钳

转塔的转动一般不设一个单独的回转单元，机械手的回转轴系统可以同时兼顾转塔的回转。当转塔需要回转时，转塔轴沿轴向提起与中心锥齿轮啮合，由中心锥齿轮带动转塔回转。

组合式抓钳也被广泛地使用，它可以由标准组件快速组合在一起。但这种抓钳可能使用于特定的工件，缺乏柔性。图 6-70 所示的抓钳既可以抓取电气开关轴，还可以抓取直角片和销子。

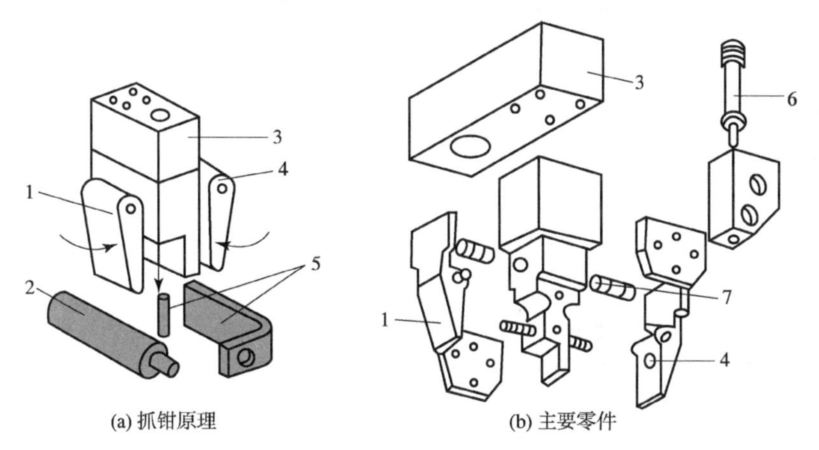

图 6-70　装配抓钳

1-抓取基础件的钳口；2-基础件；3-基体；4-抓取配合件的钳口；
5-配合件；6-锁紧销；7-产生抓紧力的活塞

为了让基础件稳定准确的定位，需要基础件的定位、夹紧装置。这种装置可以保持基础件在装配过程中稳定不动。对于柔性自动化装配来说，这种装置要能适应同类工件的变种。这种保持夹具可以通过更换钳口改变形状。

有一种组合式的、便于调节的保持夹具。组成这种保持夹具的垫块、导轨是可调的，成形模块是可更换的。这些组成部分通过孔、螺孔或 T 形槽被固定在工件托盘上。

2. 真空夹持器

真空夹持器是利用在吸杯中形成的负压吸住夹持对象，其夹持对象主要是薄板零件。当采用真空夹持器垂直向上吸引零件时，吸杯与零件的受力关系如图 6-71 所示。

$$F=(p_0-p_u)An_3\eta z\frac{1}{S} \tag{6-27}$$

式中，A 为吸杯的名义面积；F 为工作负载，被夹持对象的重力；n_3 为变形系数，材料越柔软变形越大，变形系数越大，$n_3=0.6\sim0.9$；p_0 为大气压力；p_u 为吸杯内部压力；S 为安全系数，$S=2\sim3$；z 为吸杯数目；η 为系统有效系数，系统密封性越好，有效系数越接近于 1。

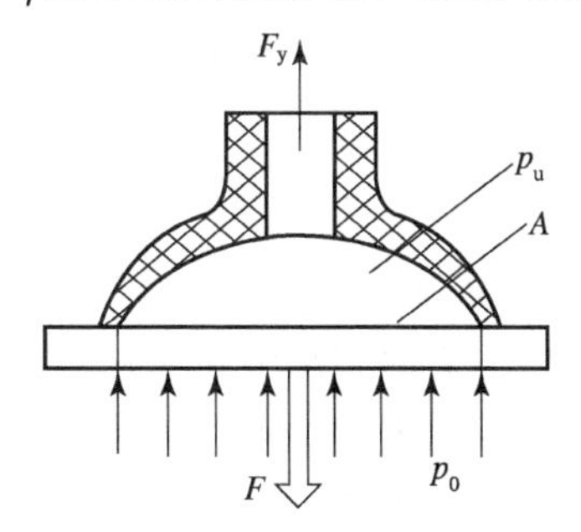

图 6-71　吸杯与夹持对象的受力关系

高速运动时不仅要考虑重力，还要考虑惯性力和惯性矩。夹持位置和运动方向不同受力状态也不同，如表 6-8 所示。

表 6-8　吸杯与夹持对象的几种典型力学关系

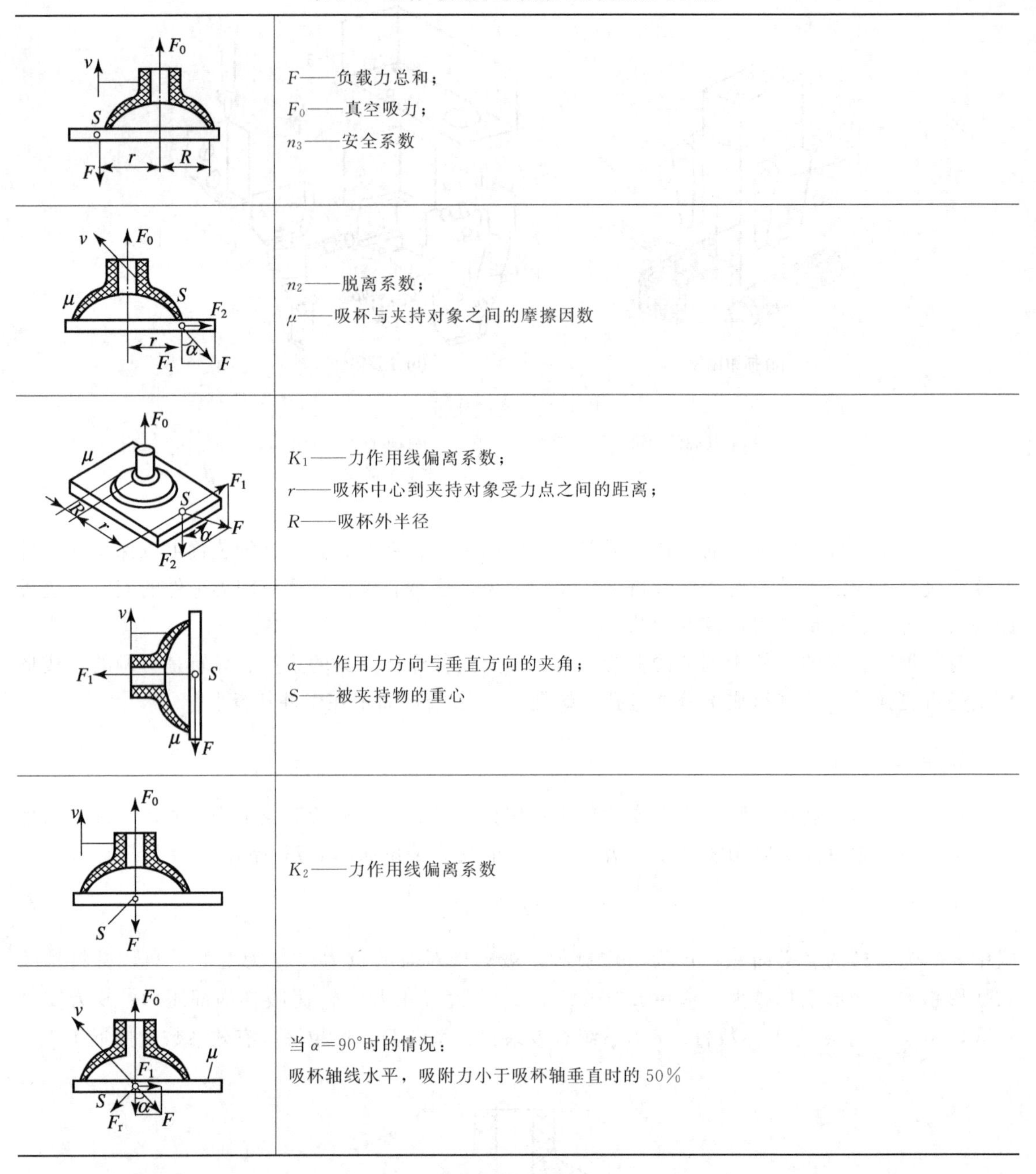

	F——负载力总和； F_0——真空吸力； n_3——安全系数
	n_2——脱离系数； μ——吸杯与夹持对象之间的摩擦因数
	K_1——力作用线偏离系数； r——吸杯中心到夹持对象受力点之间的距离； R——吸杯外半径
	α——作用力方向与垂直方向的夹角； S——被夹持物的重心
	K_2——力作用线偏离系数
	当 $\alpha=90°$时的情况： 吸杯轴线水平，吸附力小于吸杯轴垂直时的 50%

当吸杯轴线水平时，要考虑到摩擦因数是变化的。当被夹持物（例如玻璃、石头、塑料）清洁、干燥时，摩擦因数可取 0.5；当表面有灰尘和油腻时，摩擦因数可取 0.1～0.4。

在板材成型加工中，被夹持的材料，例如钢板等一般涂有一层润滑油，这时的摩擦状态应按流体摩擦来考虑，选择吸杯时要考虑到这种情况。

6.4.4 定位机构

由于各种技术方面的原因（如惯性、摩擦力、质量改变、轴承的润滑状态），运动的物体不能精确地停止，在装配中工件托盘和回转工作台经常遇到这种情况。这两者都需要一种特殊的止动机构，以保证其停止在精确的位置。图 6-72 示出了这些止动机构。

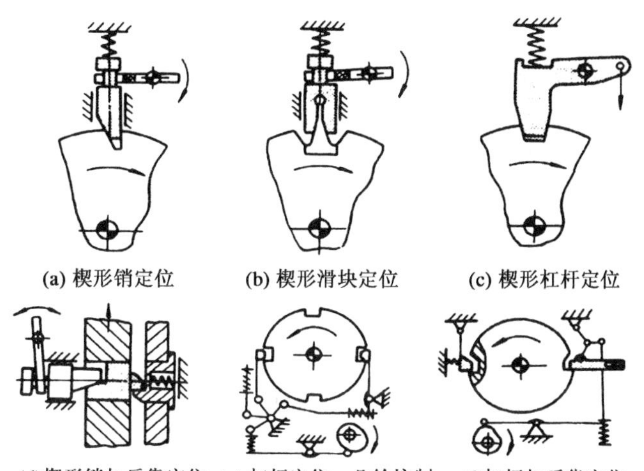

图 7-72　定位机构的原理

自动装配系统对定位机构的要求非常高，它既能承受很大的力又能精确地工作。下面以图 6-73所示的定位机构为例说明其计算方法。

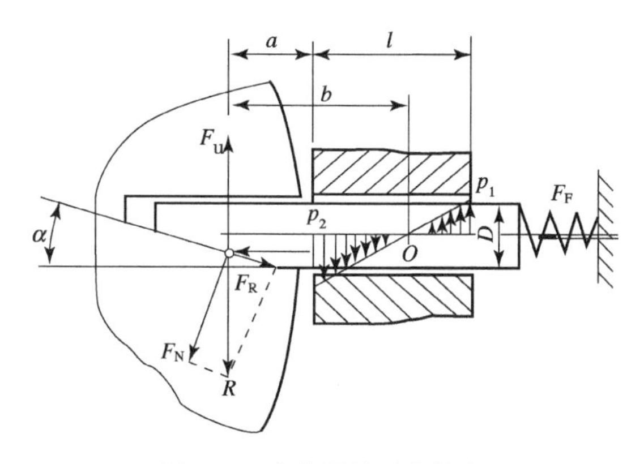

图 6-73　定位销的受力状态

例 6.1　直径 760mm 的回转台，由一套 $n=8$ 槽的马尔它结构（没有闭锁圆柱）来推动，重力$G=1200\text{N}$，分度次数 $n_T=40\text{min}^{-1}$，定位销尺寸：$D=25\text{mm}$，$l=100\text{mm}$，$a=25\text{mm}$，$\alpha=5°$。一套马尔它机构作分度运动，圆工作台的初速度为 $\omega=0$，则工作台每次分度的回转时间：

$$t_D=\frac{n-2}{2n}\times\frac{60}{n_T}\text{s}=0.56\text{s}$$

定位时间 $t_x=0.1$，$t_D=0.1\times0.56\text{s}=0.056\text{s}$。

为了把工作台停留在一个准确的位置，所需要的力矩（是由弹簧产生的）计算如下：

静摩擦属非线性问题，目前没有理论公式计算静摩擦力矩，工程上常用的近似公式为

$$M_{st}=\frac{\mu_z d_0 P_0}{2}$$

式中，d_0 为球轴承的平均直径，P_0 为当量静载荷，μ_z 为轴颈摩擦因数。

式中，$P_0=\frac{2\sum_{i=1}^{N}Q_i}{d_m}$（$d_m$ 为滚珠直径，在求当量静载荷的过程中，已经把滚珠直径作为量纲为 1 的常数），把 P_0 代入上式中，则有

$$M_{st}=\frac{\mu_z d_0}{d_m}\sum_{i=1}^{N}Q_i$$

式中，Q_i 为轴承内力。对于静摩擦有 $\sum_{i=1}=Q_i=G$（G 为被支撑零部件的重力），因而有

$$M_{st}=\mu_z\frac{d_0}{d_m}G$$

静态力矩 M_{st}（摩擦力矩）由工作台内部的轴颈摩擦产生。轴颈摩擦因数 μ_z 对滚动轴承来说是 0.001～0.005，与一般的滑动摩擦因数是不能比拟的。例如，当 $d_0=12$，$d_m=1.27$ 时有

$$M_{st}=\mu_z\frac{d_0}{d_m}G=0.005\times\frac{12}{1.27}\times1200\text{N}\cdot\text{cm}=57\text{N}\cdot\text{cm}$$

由于动态力矩 $M_{dyn}=J\varepsilon$，首先计算惯性矩 J，对于半径 r 的圆盘：

$$J=\frac{r^2G}{2g}=\frac{0.38^2\times1200}{2\times9.81}\text{N}\cdot\text{m}\cdot\text{s}^2=8.83\text{N}\cdot\text{m}\cdot\text{s}^2$$

式中，g 为重力加速度。考虑定位时间，角加速度 ε 由下式确定

$$\varepsilon=\frac{\varphi}{t^2}$$

$$\varphi=\frac{s}{r}$$

所以，有

$$\varepsilon=\frac{l_1\tan\alpha}{rt_x^2}=\frac{30\tan5^\circ}{380\times0.056^2}\text{rad/s}^2=2.2\text{rad/s}^2$$

式中，l_1 为定位销推入工作台的距离（a＋越程），s 为与转角 φ 对应的圆工作台外周的弧长，φ 为定位过程中工作台的转角。

代入动态力矩公式，有

$$M_{dyn}=883\times2.2\text{N}\cdot\text{cm}=1943\text{N}\cdot\text{cm}$$

代入总的力矩公式，有

$$M=(57+1943)\text{N}\cdot\text{cm}=2000\text{N}\cdot\text{cm}$$

为了把定位销推入最终位置所需要的力为

$$F_u=\frac{M}{r}=\frac{2000}{38}\text{N}=52.6\text{N}$$

这个力是通过弹簧提供一个力 F_F 来实现的，它还必须克服自身运动的摩擦力。另外，定位销上还作用着由于侧向负载形成的对轴颈的面压力 p_1 和 p_2。受力表面可以看作半圆柱表面，作用于其上的力呈分布状态。在某一点上作用在销子上的横向力为零（即图 6-73 中的 O 点）：

$$b=l+a-\frac{1}{\sqrt{3}}=(100+25+\frac{100}{\sqrt{3}})\text{mm}=67.3\text{mm}$$

表面压力 p_1 和 p_2 可按下式计算：

$$p_1=\frac{F_u a}{l(l+a-b)D}=\frac{52.6\times 25}{100\times(100+25-67.3)\times 25}\text{N/mm}^2=0.009\text{N/mm}^2$$

$$p_2=\frac{F_u a(a+l)}{l(b-a)D}=\frac{52.6\times(25+100)}{100\times(67.3-25)\times 25}\text{N/mm}^2=0.06\text{N/mm}^2$$

对于软材料还要根据其极限考虑 2～4 的安全系数。

另外一种定位方法如图 6-74 所示。定位过程分为三个阶段：第一阶段，圆柱销由弹簧推动向上，影响这一过程的因素有弹簧力、工作台角速度和倒角大小；第二阶段，圆柱销进一步插入定位套，由于受的运动惯性，定位销和定位套只在一个侧面接触；第三阶段，锥销插入定位套，迫使工作台翻转一个小角度，距离间隙为 Δs。工作台由此实现准确定位。当然这一原理也可以应用于直线运动的工件托盘。

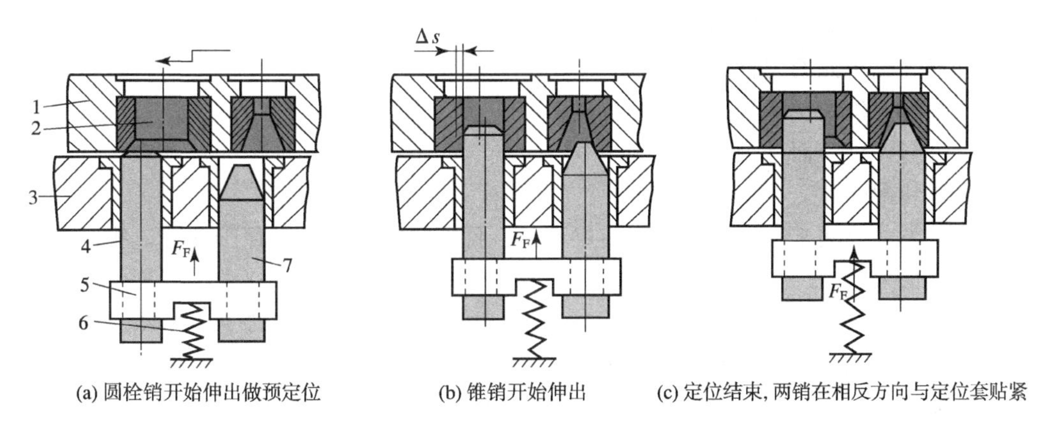

图 6-74　定位销的定位过程

1-工作台；2-定位套（经淬火处理）；3-支架；4-预定位销；5-连接板；6-弹簧（弹性力为 F_F）；7-定位销

6.4.5　连接控制单元

对装配对象之间是否正确配合进行检查时，一台装配机的内部调整环节十分重要。之所以这样重要，有两个方面的原因：

（1）当在一个工位上出现了干扰，例如供料出现差错、节拍误差等，都会使整个部件的装配不能进行下去。所以，所有装配操作都必须准确无误，才能实现一个部件的自动装配。

（2）出于生产组织方面的要求，要不断地采集连接质量的信息并记入档案。

连接控制就是要检查和确认在连接以及后续的操作中事先规定的物理量是否得到满足。要检查某一个被装配件是否存在，可以采用直接法或间接法。采用直接法时，可以采用接触或不接触两种检查方法。采用间接法时，可以比较特征传动参数，包括把连接路径、连接力和电动机电流等与参考值相比较。

检查某个零件是否存在可以采用接触法或非接触法。图 6-75 示出了几种常用的方法。其中用弹性杠杆触摸的方法逐渐被非接触的信号发生器取代，后者可以做到检查过程无磨损，而且可以在高频率情况下可靠地工作。

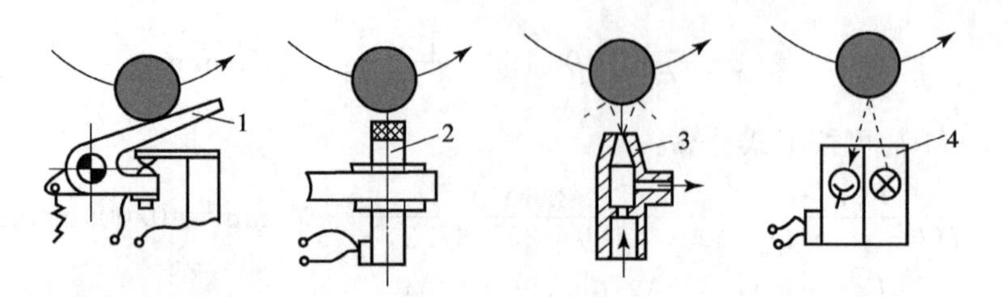

图 6-75　零件的存在性检查

1-接触杠杆；2-感应信号发生器；3-风滞压力喷嘴；4-光纤反射信号发生器

为了在装配过程中检查差错，光谱方法越来越广泛地被采用。其原因是许多的配合件或部件要求一种可见性的检查方法作为其检测手段。有些设置需要使用偏振光，因为高光洁度的表面如果受到意外损伤在偏振光照射下就有相同的反射。

使用光谱方法可以进行以下几种测试：

（1）确定配合件的一致性和数量；

（2）检查装配单元的完整性；

（3）检查配合件的位置和方向是否正确；

（4）检查与评价表面是否正确；

（5）检查装配间隙。

首先光谱方法检测某一零件是否存在就不是一件容易的事。为了便于理解，我们可以从如何产生光学图像入手。

在一个光学系统里，图像是这样产生的：当从物体上的一点发出的一束光经过透镜的折射（在某种情况下还要经过反射）在镜子上形成一个真实的、可以接收的像点。所有像点的聚集就成为一个物体的像。像的大小与物体大小之比称为比例尺。对于折射的规律有一个楞次公式：

$$\frac{1}{f}=\frac{1}{a}+\frac{1}{a'} \tag{6-28}$$

式中，a 为物距，a'为像距，f 为焦距。

在投影面上有一架行扫描摄像机或矩阵摄像机，它按照图像的大小和形状曝光，每一个像点都对应着一定的电压值。图 6-76 示出了如何以上述方式形成物体局部的图像，并且与另一测量单元配合确定物体的直径。这种装置可以安装在装配机器人上，首先检查配合件的直径是否符合要求，然后进行连接操作。

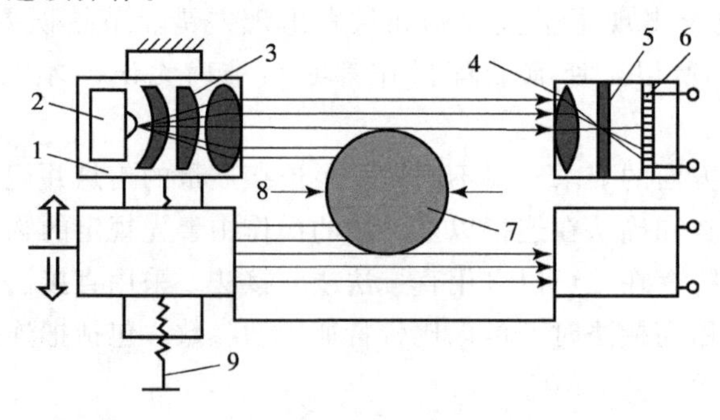

图 6-76　使用光敏二极管排列检测工件直径

1-发光器；2-红外灯；3-平行光管；4-聚光镜；5-滤光器；6-CCD 阵列；7-配合件；8-钳口；9-距离调节机构

在某些情况下不允许光线直线传到物体，这时可以采用光导纤维。光导纤维是一种塑料纤维或玻璃纤维，光在光导纤维传递过程中可以做到损失极小。当一束光导纤维的入口排列坐标位置与出口排列坐标位置精确的一致，光导纤维可以传递图像。光导纤维性能优良，应用于反射传感器非常合适。

一部分光导纤维发射光线，另一部分光导纤维接收反射光。在接收光纤所在平面的视角发射的光越强，光纤接收到的光亮也就越多，最好的方案是采用同轴光导纤维（图 6-77（a））。按传感器所占体积来比较，光导纤维比其他传感器所占的体积更小，这一点对于装配自动化非常重要。

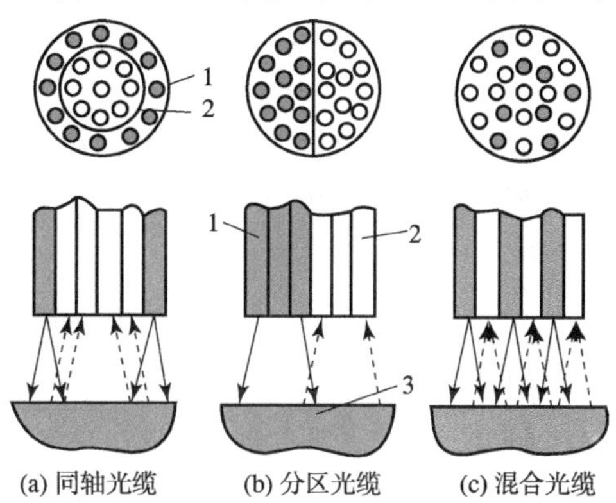

图 6-77　反射传感器的光导纤维

1-放光纤维；2-受光纤维；3-基础件

另一个应用例子是，在检查工件是否存在的同时还要检查工件的质量。被检查的工件是一个有内螺纹的衬套（图 6-78）。当一束光纤照射到螺纹表面时，光被反射到光敏二极管 1，通过工件时，被反射的光是明暗相间的，光敏二极管内产生同样变化的信号。从信号变化的规律就可以辨别螺纹的精度和表面粗糙度缺陷。当然，这种方法所允许的螺孔深度与直径的比值是有限的，螺孔深度越深越难测量。

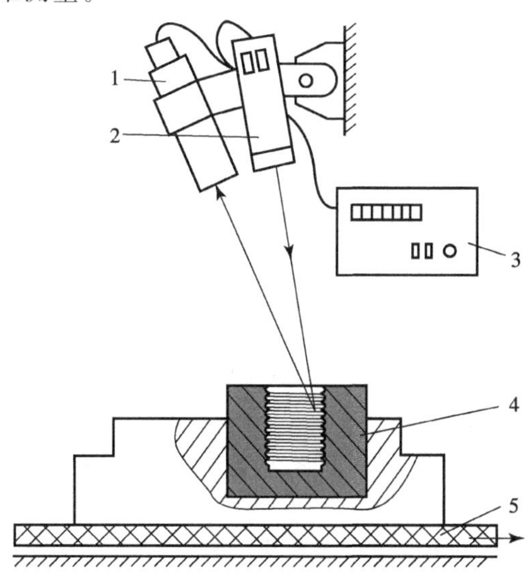

图 6-78　工件参数的检查

1-光敏二极管；2-光源；3-信号加工和指示；4-基础件；5-传送带

6.4.6 校准单元

校准的作用是修正小范围的误差和加工过程的不足，例如间隙调整、接触点调整以及为调整锥齿轮齿侧间隙而加入垫片。

校准是在产品组装之后所进行的计划中的工作。其目的是为了达到产品的使用性能，通过调整，消除在此之前由于技术原因产生的不可避免的误差。

间隙的调整可以采用下面的方法来实现：首先把一个螺母以一定的力矩拧紧，然后退回一个确定的小角度 $\Delta\varphi$。当然这种校准如果通过本身的合力结构或者通过磨合来实现就更好。

图 6-79 所示的是一种简化了的原理图。目的是通过继电器的变形，精确地校准接触元件距离和连杆距离。这样支撑弹簧和转换弹簧就可以自动地“准确弯曲”。

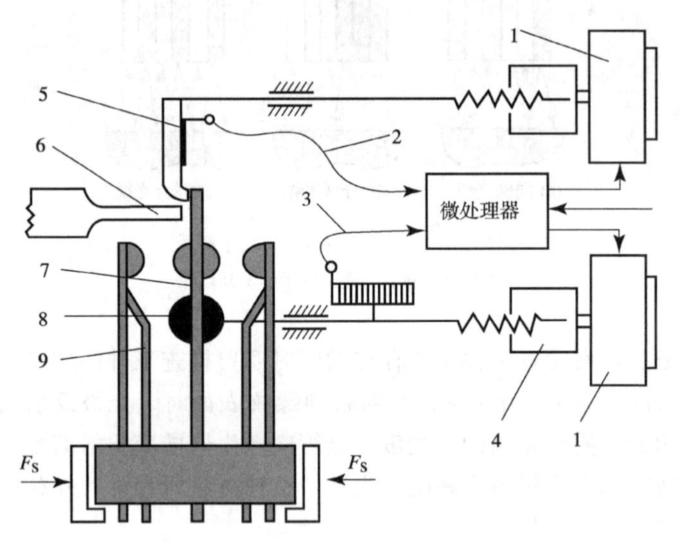

图 6-79　一种校准方法的工艺原理

1-步进电动机；2-力值；3-位置值；4-位置调整机构；5-测量元件；6-连杆；7-开关弹簧；8 校准元件；9-支撑弹簧片；F_S-夹紧力

6.4.7 组合部件系统

今天的装配机绝大多数是由组合部件组成的。组合部件可以重复利用，降低了装配机的制造成本。使用这种组合部件系统，当装配对象改变时，装配机械可以通过调整和改装以适应新的装配对象。

组合部件系统就是按照组合原则设计的所有通用部件的综合。所谓组合原则就是各种功能部件可以按照各种不同的关系连接在一起。

按照分析和综合的观点来开发组合部件，并且要满足经济型的要求并不是一件容易的事情（图 6-80）。

首先组合部件系统可以按照各自的尺寸和质量分为以下几个档次。

0 级：装配单元的尺寸不大于 80mm×80mm。

1 级：装配单元的尺寸大于 80mm×80mm 且不大于 800mm×600mm，质量 60kg。

2 级：装配单元的尺寸大于 800mm×600mm，质量不大于 120kg。

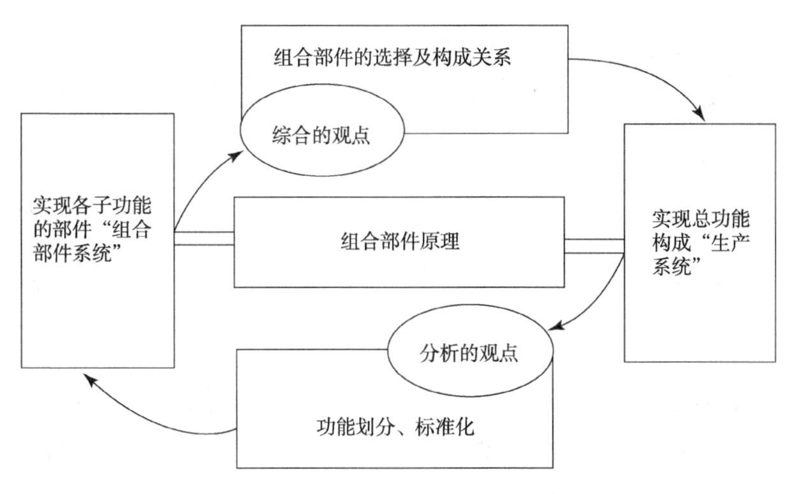

图 6-80　组合部件的分析与综合

装配工作头作为柔性自动化装配的执行单元，也可以分解成若干个组合单元。它们是按几种典型的装配任务来划分的：

（1）回转对称件的连接 SE＋UMF＋MG；

（2）非回转对称件的连接 SE＋GLE＋GFM＋MG；

（3）花键轴和齿轮的连接 SE＋DE＋GLE＋UFM＋MG；

（4）螺纹连接 SE＋DE＋UFM＋ULE＋MG；

（5）多个零件连接成一个部件 SE＋DE＋GLE＋UFM＋WS＋MG/MW。

以上所有的字母组合表示一个个结构单元，这些结构单元组合在一起构成实现一定装配功能的装配工作头。它们的含义如下：

DE——回转单元；

GFM——受控连接机构；

GLE——受控直线运动单元（用于抓钳的精密运动）；

MG——装配抓钳；

MW——装配工具；

SE——传感器单元（测量力和力矩）；

UFM——非控连接机构（RCC 环节）；

ULE——非控直线运动单元；

WS——变换系统（手动、自动）。

几年前人们首先开发了运动单元作为组合部件，目前出现了各种功能单元，例如传送系统、装配单元、抓钳、给料系统、自动编码系统、传感器和软件。图 6-81 所示的各种单元可以给出一个定性的概念。每一种运动单元又按照尺寸、行程、复合能力和重复精度进一步划分。

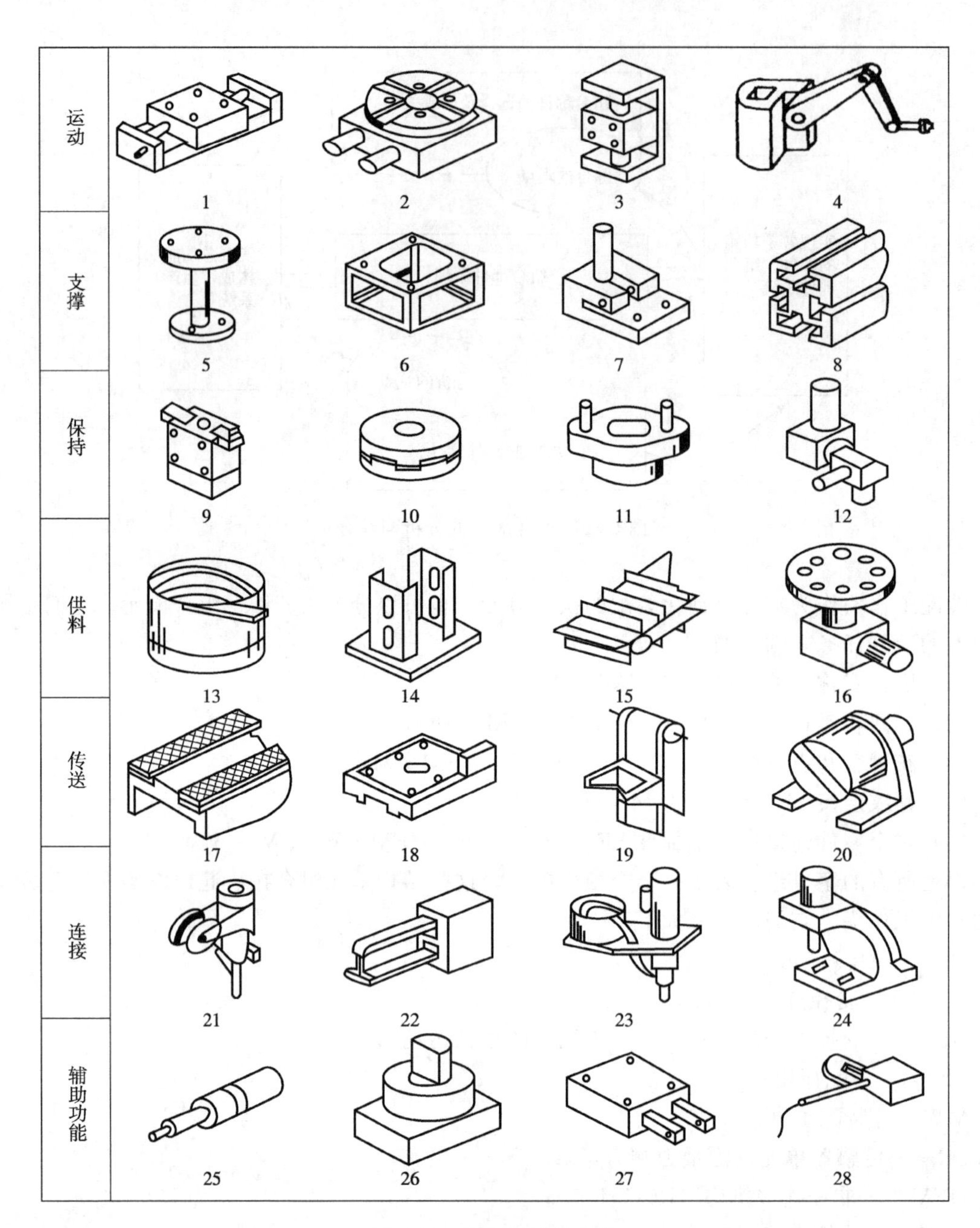

图 6-81　组合部件的分类

1-直线运动单元；2-回转运动单元；3-短行程往复运动单元；4-摆杆；5-立柱；6-工作台；7-连接块；8-成形轨；9-抓钳体（无钳口）；10-接合机构；11-抓钳更换系统；12-多级抓钳；13-振动给料器；14-箱式料仓；15-节拍链式存储器；16-盘形存储器；17-双带输送器；18-工件托盘；19-往复单元；20-回转鼓；21-焊接组合；22-点焊钳；23-旋紧单元；24-压入单元；25-减振器；26-止动器；27-给料器；28-遥控传感器

思　考　题

一、基本概念

1. 什么是装配工艺性？判断装配工艺性好坏的标准是什么？

2. 试述圆形回转台式装配机的特点及其驱动方式、定位方式。

3. 什么是环台式装配机？与圆形回转台式装配机相比有何不同？

4. 什么是松弛连接、弹性连接和刚性连接？说明它们的特点。

5. 什么是组合部件系统？为什么要发展组合部件系统？装配机的组合部件系统包括哪几种类型？

二、应用题

1. 参考图 6-82 计算在给定条件下所要求的机械手的抓紧力。

条件：$g=9.81\text{m/s}$，$m=1\text{kg}$，$r=500\text{mm}$，$\varepsilon=3\text{rad/s}^2$，$\mu=0.05$。

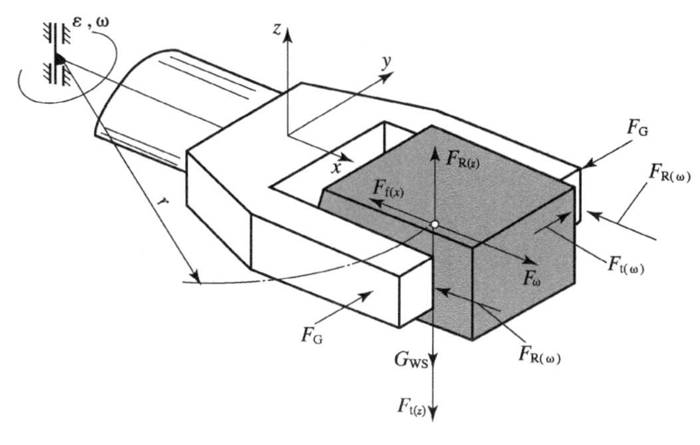

图 6-82

2. 参考图 6-83 计算在给定条件下所需要的钳口行程。

条件：$R_1=80\text{mm}$，$R_2=100\text{mm}$，$\alpha=45°$，$S_1=2\text{mm}$，$S_2=5\text{mm}$，$S_3=5\text{mm}$，$S_4=0.05\text{mm}$，$S_5=0.5\text{mm}$，$S_6=0.3\text{mm}$，$k=1.5$。

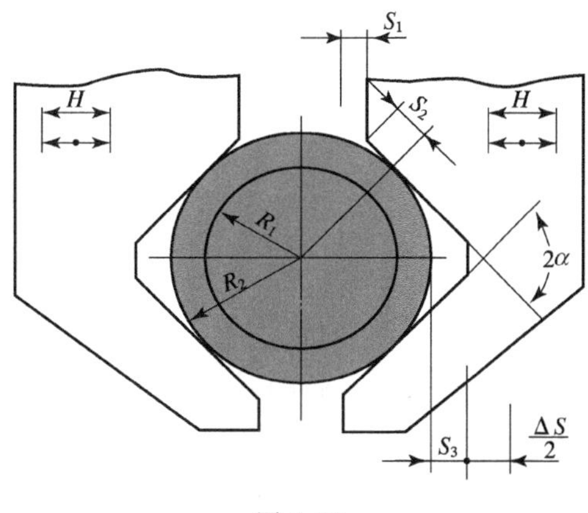

图 6-83

参考文献

杰弗里·布斯罗伊德（Geoffrey Boothroyd）. 2009. 装配自动化与产品设计. 2 版. 熊永家，山传文，娄文忠译. 北京：机械工业出版社

刘德忠，费仁元，Stefan Hesse. 2007. 装配自动化. 2 版. 北京：机械工业出版社

周骥平，林岗. 2009. 机械制造技术自动化技术. 2 版. 北京：机械工业出版社

第7章　生产自动化检测技术

现代自动化生产所追求的是提高生产效率、保障产品质量、降低生产成本。要实现上述目标，先进的检测技术和手段是一个关键环节。在整个生产自动化系统中，检测、检验随处可见，大体上可分为生产设备的检测、生产过程的检测/监测和产品质量的检测等三个方面的内容。从生产自动化系统的总体角度看，检测技术涵盖了序前（对生产设备的静态检测）、序中（生产过程的实时检测和监测）以及序后（对所生产产品的质量及各项技术指标的检测）三个主要阶段。

7.1　生产自动化的设备检测技术

在生产自动化系统中，技术含量最高的典型加工设备是被称为“工作母机”的机床。无论是普通机床还是数控机床，安装完成后必须经现场调试后才能达到其技术指标。另外，机床在使用过程中，有可能处在非正常的超性能工作状态，甚至超出其潜在承受能力，因此，通常新机床在使用半年后需要再次进行检定，之后可每年检定一次。定期检测机床误差并及时校正螺距、反向间隙等，可切实改善机床精度，保证零件加工质量。

随着数控技术在自动化系统中的进一步推广应用，越来越多的数控机床利用自身带有的测头系统来进行工件尺寸检测、刀具尺寸检测及进行仿形数字化。而这些功能的实现与机床自身的精度密切相关，如果不对机床精度作定期检测、校准，上述功能就根本无法完成。

由此可见，数控机床精度的定期检测是保证机床正常工作、生产自动化过程顺利进行及高档机床先进功能充分发挥的基础保证。

7.1.1　数控机床的精度要求及检测方法

归纳起来，数控机床的精度要求及常规检测方法有以下几种。

1. 几何精度的检测

项目：几何精度包括直线度、垂直度、俯仰与扭摆、平面度、平行度等。

工具：传统方法采用大理石或金属平尺、角规、百分表、水平仪、准直仪等。

特点：传统采用人工操作，手工记录数据与计算，精度低，多用于小型机床。

2. 位置精度的检测

项目：位置精度包括定位精度、重复定位精度、微量位移精度、反向间隙等。

工具：传统方法采用金属线纹尺或步距规、电子测微计、准直仪等。

特点：当机床规格稍大一点时，传统方法所采用的标准器件很重，且精度较低，受环境温度的影响大；检验方法冗长乏味，且检验重复性也很差，难以反映受检机床的真正精度；数据处理必须手工进行，烦琐、易出错。

3．工作精度的检测

项目：按照美国 NAS979（国家宇航标准）制定的标准化“圆形—菱形—方形”试验进行。

工具：准备铸铁或铝合金试件、铣刀及编制数控切削程序、高精度圆度仪及高精度三坐标测量机作试件精度检验。

特点：该方法需要仔细定义试件的切削方法和测量切削结果，工作量大，测试时间可能长达几天时间。

然而即使是上述美国宇航标准制定的检测方法也无法评估机床的所有性能，“圆形—菱形—方形”试验的大多数切削运动是在 *X-Y* 平面上进行的，因此沿 *X-Z* 和 *Y-Z* 平面上的精度大部分没有测定。

7.1.2 数控机床的精度检测及设备介绍

如前所述，传统的数控机床精度检测方法大多由人工完成，检测精度不高，效率较低，而且检测结果与检测人员技术水平、熟练程度有关，检测结果的重复性不高。目前较先进的数控机床精度检测设备主要有三坐标测量机及数控机床专用测头、激光干涉仪、球杆仪等，这类设备大多基于激光测量，由计算机控制检测过程并完成数据采集和处理，检测精度和效率较高。这类设备一般包括三个子类：即序前检测设备，如激光干涉仪和球杆仪；序中检测设备，如数控机床用工件测头及对刀测头；序后检测设备，如三坐标测量机用测头及配置部件。

本节以英国雷尼绍公司的系列检测设备为例进行简要介绍。雷尼绍公司是专门从事设计、制造高精度检测仪器与设备的全球跨国公司。雷尼绍公司的全部技术与产品都旨在保证数控机床精度，改善数控机床性能，提高数控机床效率。

1．激光干涉仪

由于激光波长极其稳定，激光干涉测量具有极高的精度，因此激光干涉仪是国际标准认定的进行数控机床精度检定的仪器。激光干涉仪可以测量长达几十米的各种几何尺寸的机床，并诊断和测量各种几何误差，其测量精度比传统技术大大提高（可提高 10 倍以上）。激光干涉仪配有数据采集、处理计算机，可进行自动数据采集，既节省时间又避免操作者误差，根据需要，可增加相应处理软件，按国际标准或我国国家标准对测量数据进行统计分析。

雷尼绍公司生产的 ML10 型激光干涉仪精度高，达到$\pm 1.1\times 10^{-6}$（在 0～40℃下），测量范围大（线性测长 40m，最长达 80m），测量速度快（60m/min），分辨率高（0.001μm），便携性好，并具备自动线性误差补偿能力，可方便恢复机床精度。下面具体介绍雷尼绍公司生产的 ML10 型激光干涉仪在精度检测中的应用。

1）几何精度检测

项目：几何精度包括直线度、垂直度、俯仰与扭摆、平面度、平行度等。

工具：ML10 型激光干涉仪、直线度光学镜、垂直度光学镜、平面度光学镜、角度镜组件等。

特点：可采用自动数据采集及分析，精度高，测量范围大。特别是雷尼绍公司生产的直线度光学镜具有独特的专利设计，大大降低了调光的复杂程度。

2）位置精度的检测及其自动补偿

项目：位置精度包括定位精度、重复定位精度、微量位移精度等。

工具：ML10 型激光干涉仪、线性光学镜等。

特点：利用 ML10 型激光干涉仪不仅能自动测量机器的误差，而且能通过 RS232 接口，自动对其线性误差进行补偿。上述过程是自动进行的，比通常的补偿方法节省了大量时间，并且避免了手工计算和手动数据输入而引起的误差，同时可最大限度地选用被测轴上的补偿点数，使机床达到最佳精度。另外，操作者无须具有机床参数及补偿方法的知识。

3）数控转台分度精度的检测及其自动补偿

项目：数控转台分度精度包括分度定位精度、重复分度定位精度等。

工具：ML10 型激光干涉仪、角度光学镜、RX10 型转台基准等。

特点：利用 ML10 型激光干涉仪加上 RX10 型转台基准还能进行回转轴的自动测量。它可对任意角度位置，以任意角度间隔进行全自动测量，其精度达±1 弧秒。新的国际标准已推荐使用该项新技术。它不仅节约了大量的测量时间，而且还得到完整的回转轴精度曲线，并给出按相关标准处理的统计结果。

4）双轴定位精度的检测及其自动补偿

项目：双轴定位精度是指大型龙门移动式数控机床，由双伺服驱动某一轴向运动的定位精度。

工具：由一台 PC 同步控制两套 ML10 型激光干涉仪及线性光学镜。

特点：雷尼绍双激光干涉仪系统不仅可同步测量该类机床的定位精度，还能通过 RS232 接口，自动对两轴线性误差分别进行补偿。

5）数控机床动态性能的检测

项目：动态性能评定等。

工具：ML10 型激光干涉仪、线性光学镜等。

特点：利用 RENISHAW 动态特性测量与评估软件，可用激光干涉仪进行机床振动测试与分析（FFT）、滚珠丝杠的动态特性分析、伺服驱动系统的响应特性分析、导轨的动态特性（低速爬行）分析等。

2. 球杆仪

在数控机床精度检测中，球杆仪和激光干涉仪是两种互为相辅的仪器，缺一不可。激光干涉仪着重检测机床的各项精度；而球杆仪主要用来确定机床失去精度的原因及诊断机床的故障。但与激光干涉仪相比，球杆仪目前应用还不广泛。本节将简要介绍球杆仪原理、功能及在检测中的应用。

1）球杆仪原理

球杆仪是用于数控机床两轴联动精度快速检测与机床故障分析的一种工具。它由一安装在可伸缩的纤维杆内的高精度位移传感器构成，该传感器包括两个线圈和一个可移动的内杆，当其长度变化时，内杆移入线圈，感应系数发生变化，检测电路将电感信号转变成分辨率为 0.1μm 位移信号，通过接口传入 PC。

当机床按以球杆仪长度为半径走圆时，传感器检测到机床运动时半径方向的变化，分析软件可迅速将机床的直线度、垂直度、重复性、反向间隙、各轴的比例匹配及伺服性能等从半径的变化中分离出来。

2）球杆仪在数控机床精度检测中的作用

数控加工过程中可能会遇到检验失败、出现废品、浪费时间、生产效率降低、出现质量危机等问题。在出现上述问题时，除了应检测加工刀具、图样、程序、检验仪器出错及操作者误操作等，更应该先检查机床是否有故障，因为数控机床加工精度在很大程度上取决于机器自身性能好坏，机床故障不可避免地带来检验失败、出现废品及难以预计的停机时间。上述问题可以通过质量控制及对已加工完成的零件进行检验发现，但不能避免出现废品及停机所带来的损失。因此，在零件加工之前检测机床性能好坏是最基本方针。

3）球杆仪主要功能

（1）机床精度等级的快速标定。在不同进给量的条件下用球杆仪检测机床，标定出机床加工精度与进给量的关系，实际加工时就可采用满足工件精度要求的进给量进行加工，从而避免了废品的产生。

（2）机床故障及问题的快速诊断与分析。球杆仪可以快速找出并分析机床问题所在，主要可检查反向差、丝杠背隙差、伺服增益不匹配、垂直度误差、丝杠周期误差等性能，比如机床撞车事故发生后，可用球杆仪检测并快速测定机床精度状况，判断是否可继续使用。在 ISO 标准中已规定了用球杆仪检测机床精度的方法。

（3）方便机床的保养与维护。球杆仪可以检测机床精度变化情况，可进行预防性维护，不致酿成大故障。另外，维修工程师可根据计算机显示的图形，分析机床问题原因，快速找到机床故障所在，然后集中精力解决机床问题与故障。

（4）缩短新机床开发研制周期。用球杆仪检测可分析出机床润滑系统、伺服系统、轴承副等的选用对机床精度性能的影响。这样可根据测试情况更改原设计，因而缩短了新机床研制周期。

（5）方便机床验收试验。对机床制造厂来说，可用球杆仪快速进行机床出厂检验，检查其精度是否达到设计要求。球杆仪现已被国际机床检验标准所推荐采用，如 ISO230、ANSI B5.54。对机床使用厂来说，可用球杆仪来进行机床验收试验，以取代 NAS 试件切削，或在用球杆仪检测好机床后再切试件即可。

4）工作精度检测

项目：两轴联动误差评定等。

工具：QC10 型球杆仪。

特点：QC10 型球杆仪是一种快速（10～15min）、方便、经济地检测数控机床两轴联动性能的仪器，可用于取代工作精度的 NAS 试件切削。

7.2 加工过程检测技术

在生产自动化过程中，加工过程的实时检测是保证生产正常进行的最直接手段，这一环节的检测技术强调的是在线性和实时性，即在尽量不中断加工过程的前提下，完成检测。这一环节的实时检测一般包括两方面的内容：一是对加工的零件进行实时在线检测（On-line Measurement），二是对所使用的设备进行实时动态检测和监测，保证生产过程正常进行。

7.2.1 零件加工尺寸在线检测

零件加工尺寸在线检测可及时发现误差，有针对性地调整加工参数、检测有关设备，避免废品的产生。传统的尺寸检测方法是在零件加工完成以后进行，加工和测量分别在不同的设备进行，这种方式不仅生产效率低，难以及时调整加工参数，不能阻止不合格品的产生，而且由于存在重复定位误差，工件根据坐标测量机的测量结果再进行加工时往往难以保证零件加工精度，甚至会出现加工后零件报废的情况。为了避免产生这一问题，在线测量显得尤为重要，成为生产自动化领域的一个尚未彻底解决的重要难题，国内外有很多学者致力于这方面的研究。

按检测时是否停机，尺寸在线检测可分为加工过程中进行检测的在线检测和停机后不卸下工件进行检测的在机检测两类。到目前为止，对机械加工过程中工件尺寸直接在线测量技术研究最多且技术相对成熟的是车削过程和磨削过程的在线检测，而且主要是对工件直径的在线测量。其他加工方式更多的是采用在机检测的办法完成在线检测。

1. *在刀库中加装测头的加工中心在线检测技术*

加工中心作为一种能完成多种切削加工、自动化程度更高的数控机床，其加工精度主要由数控伺服精度、机床精度保证，但在实际生产中，影响零件加工精度还有多种随机因素，如加工刀具的磨损程度的不同、主轴转速的波动、毛坯材质的一致性等，而且数控系统的伺服精度、机床精度随着时间的推移也会下降，因此，零件加工尺寸精度的检测是加工中心加工过程中不可缺少的环节。为了适应加工中心自动化、高效率的特点，零件尺寸的在线检测是目前重点发展的方向。

加工中心在线检测系统一般由加工中心、测头和计算机三部分组成，如图 7-1 所示。通过把测头和刀具同时安装在刀库中，统一编号，通过程序可随时进行自动测量，方便工件的安装调整，大大缩短辅助时间，提高生产效率。在整个在线检测系统中测头是整个检测系统的关键，一般分为机械接触式和光学非接触式两种。常用的有机械触发式测头、激光扫描式测头和显微镜式测头。

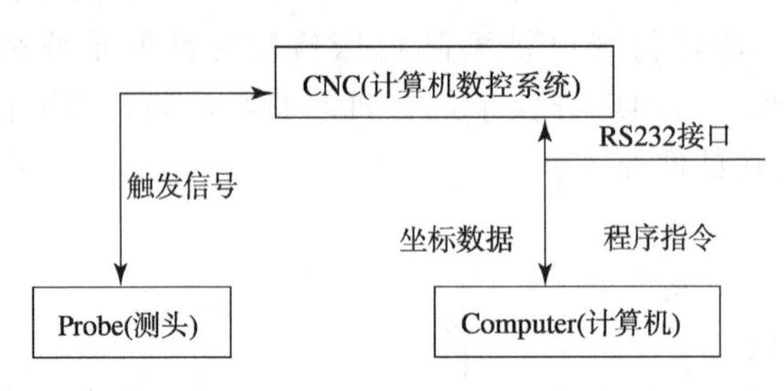

图 7-1 加工中心在线检测系统组成

激光扫描式测头可对工件表面连续采样，尤其适用于复杂表面工件、齿形和齿向误差的测量，而显微镜式测头是利用光学仪器测量各种复杂零件。但是，这两种测头价格昂贵，受工件表面状况（如工件表面的油膜、黏附的金属屑等）的影响较大。

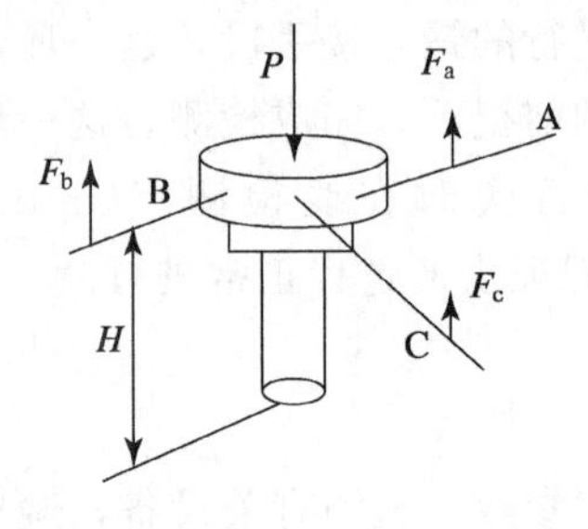

图 7-2 机械触发式测头布局方式

机械触发式测头结果简单，价格相对较低，一般通过触发力启动机械结构产生信号，基本不受油膜干扰，具有较高可靠性。不足之处在于对于复杂形状的零件难以测到所有轮廓点。常用的机械触发式测头采用符合运动学静定原理三点布局的结构设计，其结构如图 7-2 所示。

加工中心加装在线检测系统后，可完成以下功能：

（1）精确测量、找正工件位置，自动修正工件坐标系；

（2）快捷找正夹具位置，减少手工调整时间，简化夹具设计，降低夹具费用；

（3）进行首件在机测量检查，不需脱机；

（4）提高生产率及批量加工尺寸的一致性；

（5）进行在线测量，监控工件的尺寸和位置，自动修正偏置量；

（6）缩短机床的辅助时间，提高生产率；

（7）奠定无人化加工的基础。

2. 利用加工中心自带测头的在线检测技术

前节所述加工中心在线检测系统是采用在刀库中加装测头，通过通信接口将测量数据传至后台计算机，经计算机实时处理后实现在线检测功能的。而当前先进的数控铣削加工中心大多配有红外测头，主要用于测量零件的加工原点和零件相关部位的坐标值。合理利用机床上的测量仪器，借助精密机床高精度导轨的联动功能，以机床作为测量装置的载体，对机床测量系统进行必要的开发，就能实现加工过程零件几何尺寸和形位误差的检测，即零件尺寸在线测量，并能给出零件尺寸误差统计数据，如能对误差统计数据加以进一步利用，可通过数控程序实现加工尺寸误差补偿，修正加工工艺参数，可大大提高精密零件的加工质量和加工效率。

近年来，研究人员对配有 BLUM 红外测量装置、采用 FANUC 16i 数控操作系统的 DHP50 数控镗铣加工中心，进行了加工过程零件尺寸在线检测系统的开发研究，实现了长度、直径、圆度、平面度、圆柱度、平行度、垂直度、同轴度等尺寸公差和形位公差的在线检测，其系统原理如图 7-3 所示。

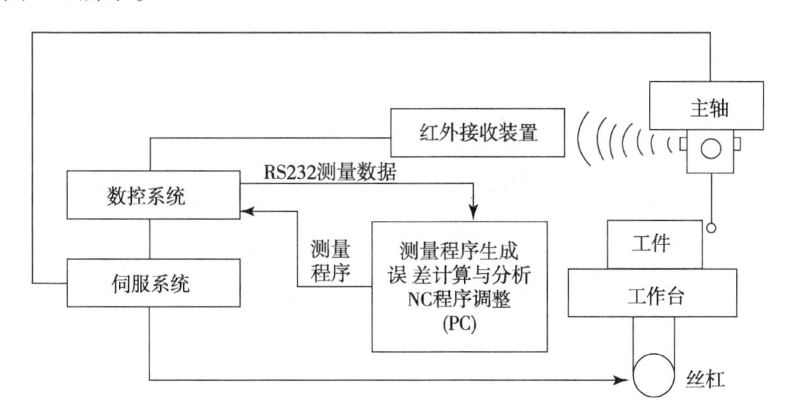

图 7-3　利用加工中心自带测头的在线检测系统原理图

对零件进行检测时，机床停止切削加工，工件保持装夹状态，机床上的测头在测量程序的控制下对工件进行检测（测量方式类似于三坐标测量机），再将检测数据传到外部计算机进行尺寸计算和误差分析。对超差尺寸进行报警，确定误差补偿策略，调整零件加工参数。

高档数控机床的运动部件具有较高的精度，甚至比许多测量仪器或测量机的运动精度还高。这种在线测量系统实际上是将机床既作为加工设备，又作为测量设备，从而实现了在机测量。

3. 加工测量/测量加工一体化技术

在传统的机械制造过程中，加工与测量一般是完全独立的两个过程。随着现代工业的快速发展，特别是数控技术、计算机技术及测量技术的发展，将测量与加工有机统一的理念得以提出并应用于实际生产。现在对加工测量一体化技术的研究大致分为两个方向，一个方向是对机床上进行技术改造或在设计过程中增加测量系统，从而实现工件加工完成后的快速检测，这类系统可称为加工测量一体化系统；另一个方向是在测量设备上增加加工功能，同样实现加工测量一体化的目的，这种技术在国外一些设备已有成功的应用，相应地，这类系统可称为测量切削一体化系统。

加工测量一体化系统一般是在原有机床基础上加装测量装置实现一体化功能，由于测量装置和机床公用导轨、传动链，测量精度和机床本身精度在一个数量级，一般用于零部件的尺寸和形位公差在线测量，避免工件多次装夹，提高生产效率。而测量切削一体化系统一般是在原有的测量装置上加装切削刀具来实现一体化功能，这类系统的原基础是测量装置，因此测量精度高，但其刚度一般较低、切削力矩不大，多用于加工软质材料，特别适合造型工业的需求。

图 7-4 是爱佩仪中测（成都）精密仪器有限公司生产的 CQY 系列三维测量切削机。该切削机是一种高效率多功能的空间三坐标测量兼数控加工的设备，它特别适合于汽车、摩托车造型过程中对油泥类软质造芯材料的加工和测量，有效替代传统的模型制作过程中人工模板反复比对、修正的刮削过程，能快速、有效地完成复杂曲面的加工、检测，最终完成模型的反求任务。CQY 系列三维测量切削机由机械主机系统、电控系统、软件系统三大部分组成。

图 7-4　爱佩仪中测（成都）精密仪器有限公司生产的
CQY 系列三维测量切削机

（1）机械主机系统：大型部件采用整体铸造成型和型钢材料，并用刚性撑杆机构进行加强；各轴采用精密线轨和精密轴承导向；水平臂内置钢质芯杆，有效消除水平臂的挠性变形，即使水平臂伸出较长距离，也能保证其精度。

（2）电控系统：采用 FPGA 控制平台作为运动控制和位置测量的核心；该平台能完成两套系统多个功能模块的信号处理，各模块采用独立供电，模块之间的信号采用光耦进行隔离传输，避免了伺服电动机等强干扰源对系统产生影响。

（3）软件系统：能完成三维测量、切削机工作模式切换和加工过程控制。

CQY 系列三维测量切削机主要技术指标（标准型）如表 7-1 所示。

表 7-1　CQY 系列三维测量切削机主要技术指标（标准型）

测量切削高度/mm	800	1000	1200	1500	2000	2200	2500
测量切削宽度/mm	800	1000		1200	1400		
测量切削长度/mm	1000～9000						
单轴定位精度/mm	±（0.05+0.05L）　　L 单位：m						
切削精度/mm	±0.2（切 ϕ180mm 油泥球）						
运行特性/（mm/min）	最大空载运行速度：12000 最大切削走刀速度：6000						
适用材质	泡沫、油泥及其他造芯用软材料						
切削头	功率：400W　　转速：0～3000r/min 额定转矩：1.3N·m　　最大转矩：3.8N·m A 轴旋转角度：360°　　B 轴旋转角度：360° 分度角度：90°　　刀具直径：ϕ1.5～ϕ16mm						
电　　源	AC 220V（±15%）/50Hz						
整机功耗/kW	4						

7.2.2　加工设备在线监测技术

对所使用的设备进行实时动态检测和监测是保证生产过程正常进行，保证生产的零部件合格的必要手段。在机械加工中，生产过程的监测一般集中在对刀具的监测上。因为刀具作为切削过程的直接执行者，在切削加工过程中不可避免地要受到切削力的作用，可能因受力而发生磨损或破损，如果不对磨钝的刀具采取措施，将可能导致工件报废，甚至损坏机床。在传统的机械加工过程中，一般通过人工辨别切屑及加工过程中的噪声来判断刀具的磨损、破损状态。这种方法既缺乏实时性和连续性，准确度又直接受个人经验的影响，随着加工自动化程度的日益提高，由人工判断刀具状态已经成为加工自动化过程中的薄弱环节。因此机床切削力信号的在线监测是保证生产自动化的重要环节。本节介绍几种目前较为先进的加工设备在线监测技术。

1. 磨削过程中砂轮状态在线监测技术

磨削过程中砂轮状态直接影响到加工质量和效率，同时关系到设备与人身安全，其在线监测技术一直备受关注。近几年声发射（AE）技术日益成熟，在磨削过程中砂轮状态监测广泛采用声发射技术。许多研究结果表明，通过监测 AE 信号的幅值变化，即可评价砂轮的锋利程度和确定砂轮的工作寿命。

AE 信号的检测原理如图 7-5 所示。声发射传感器安装在砂轮的金属毂上，便于实时地检测出砂轮磨损状态。传感器检测出的 AE 信号经内置前置放大器放大后借助集电环向砂轮外部传递至全波整流器进行包络滤波。为了监测 AE 信号不同的特征成分，将检波后的信号分别送至有效值电路、微分电路和加权、振零、计数电路进行进一步处理，最后由计算机对这些信号进行实时处理，对砂轮磨损状态进行实时监控。在工件材料和加工参数不变时，声发射信号的幅值和砂轮表面的状态有很好对应关系。如果声发射信号的幅值增大到一定的程度，就可认为砂轮已经钝化，因此通过设定合适的幅值阈值，作为控制砂轮钝化的条件。

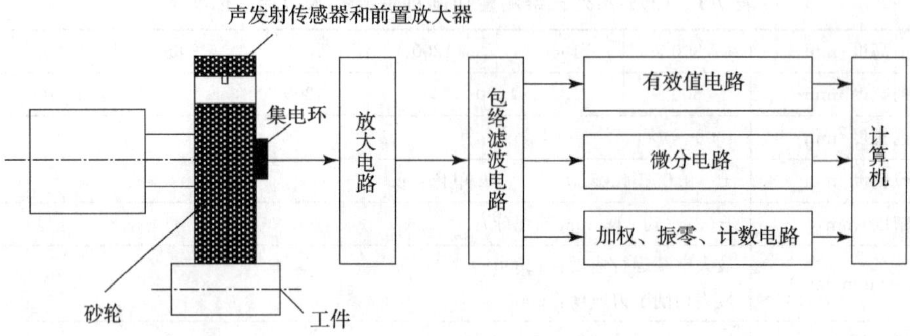

声发射传感器和前置放大器

集电环

放大电路

包络滤波电路

有效值电路

微分电路

加权、振零、计数电路

计算机

砂轮

工件

图 7-5　AE 信号检测原理图

如果加工条件特别是加工参数变化时，声发射信号会发生变化，声发射信号的幅值也会随之发生剧烈变化，这种情况下不能简单地通过检测声发射信号的幅值来监测砂轮的钝化程度。为此山东轻工业学院刘贵杰、巩亚东和王宛山等人提出了声发射信号的归原处理法。即在每种加工条件下，以各阶段声发射信号的增加值之和 ΔT 来对应砂轮的钝化情况，并把 ΔT 与设定阈值相比较，如果超过阈值，则表示砂轮已经钝化，需要修整。

2. 铣削加工刀具寿命在线监测

由于机床主电动机的功率随刀具磨损程度的加重而增大，邢德秋等研究者提出了通过采集加工过程的功率信号，利用主轴功率、功率波动量与刀具寿命之间的关系，实现铣刀状态在线监测与刀具剩余寿命实时预测的新方法。

刀具寿命在线监测与管理系统由信号检测与处理模块、数据库模块和刀具磨损识别模块三部分组成。系统结构如图 7-6 所示。

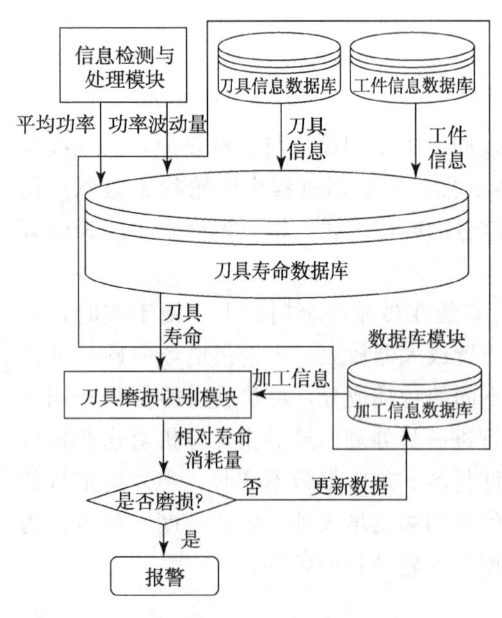

图 7-6　铣刀寿命在线监测系统模型

(1) 信号检测与处理模块：实时采集功率信号并进行 FFT 和均值差分处理，将信号处理成平均功率信号和功率波动量。

(2) 数据库模块：由四个数据库组成，分别是用于存储刀具类型、刀具材料、刀具几何参数等的刀具信息数据库；存储被加工工件材料、尺寸等的工件信息数据库；存储刀具已加工时间、相对寿命总消耗量等的加工信息数据库；存储磨损监控参数与刀具寿命对应关系的刀具寿命数据库。

(3) 刀具磨损识别模块：用来判断刀具是否失效。

监控与管理过程为：从刀具信息数据库和工件信息数据库中提取刀具与工件信息，在加工信息数据库查询该刀具的加工信息，从机床电气柜中引出相应的电流和电压信号，获取电动机功率信号，经信号检测与处理模块处理后得到平均功率值和功率波动量，以此为条件在刀具寿命数据库中查询出该切削条件下的寿命，用刀具磨损识别模块计算出寿命相对总消耗量，进行判断并存储到加工信息表中，一旦监测到刀具磨损超过标准，立即向系统报警，提示换刀。

所谓刀具寿命相对消耗量，是指在一定的切削条件下，刀具已切削时间与此条件下的刀具理论磨损寿命的比值，即

$$\delta=t/T \tag{7-1}$$

铣削条件不同，刀具磨损寿命也不同，刀具寿命相对总消耗量 δ 是各个铣削条件下的消耗量之和，即

$$\delta=\sum \delta i=\sum t_i/T_i \tag{7-2}$$

当 $\delta=1$ 时，刀具达到磨损极限，需要换刀或重新刃磨。

根据式（7-2）可知，在加工过程中只要预测出各个铣削条件下的刀具寿命，通过刀具已切削时间即可计算出刀具相对寿命消耗量，从而实现刀具寿命在线监控。

7.2.3 加工过程的物理量检测

1. 位移的测量

位移传感器又称为线性传感器，它分为电感式位移传感器、电容式位移传感器、光电式位移传感器、超声波式位移传感器和霍尔式位移传感器。

位移是和物体的位置在运动过程中移动有关的量，位移的测量方式所涉及的范围是相当广泛的。小位移通常用应变式、电感式、差动变压器式、涡流式、霍尔式传感器来检测，大位移常用感应同步器、光栅、容栅、磁栅等传感技术来测量。其中光栅位移传感器因具有易实现数字化、精度高（目前分辨率最高的可达到纳米级）、抗干扰能力强、没有人为读数误差、安装方便、使用可靠等优点，在机床加工、检测仪表等行业中得到日益广泛的应用。

光栅位移传感器的最新发展主要体现在以下三个方面：

（1）绝对式光栅尺在控制系统中逐步取代增量式光栅尺，并广泛应用于数控机床位置反馈系统。采用绝对式光栅尺的测量系统在设备通电的同时后续电路就可以获得绝对位置，不需要在开机后寻找参考零位，提高了系统的可靠性和工作效率。

（2）单场扫描光栅尺逐步取代四场扫描光栅尺，可大幅度提高光栅尺的精度、分辨力、速度和抗污染的能力。这是光栅位移传感器最重要的发展，使光栅测量系统达到了一个新的技术高度。

（3）容栅量具将会被防水型绝对式电磁感应式测量系统所取代，尤其是数显卡尺。因为容栅是变电容栅式测量系统，作为介质的空气要受到湿度的影响，在不改变数显卡尺的栅式结构条件下采用变电感测量系统，实现防水功能。

1）电感式位移传感器

电感式传感器利用电磁感应原理将被测非电量如位移、压力、流量、振动等转换成线圈自感量 L 或互感量 M 的变化，再由测量电路转换为电压或电流的变化量输出。电感式位移传感器种类很多，常见的有自感式传感器、互感式传感器和电涡流式传感器三种。电感式位移传感器主要用于测量微位移，凡是能转换成位移量变化的参数，如压力、力、压差、加速度、振动、应变、流量、厚度、液位等都可以进行测量。电感式位移传感器应用范围主要包括：可测量弯曲和偏移；可测量振荡的振幅高度；可控制尺寸的稳定性；可控制定位；可控制对中心率

或偏心率。

电感式位移传感器的主要优点是：①结构简单，可靠；②灵敏度高，最高分辨力达 0.1μm；③测量精确度高，输出线性度可达±0.1%；④输出功率较大，在某些情况下可不经放大，直接接二次仪表。

电感式位移传感器的主要缺点是：①传感器本身的频率响应不高，不适合用于快速动态测量；②对励磁电源的频率和幅度的稳定度要求较高；③传感器分辨力与测量范围有关，测量范围大，分辨力低，反之则高。

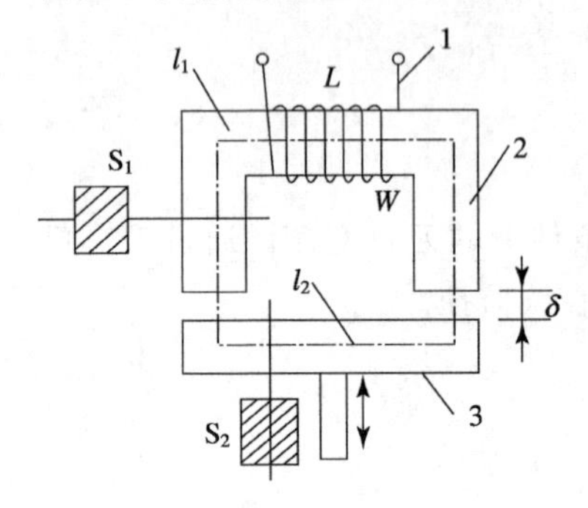

图 7-7　自感式传感器结构示意图

(1) 自感式传感器。根据电磁感应定律可知：当一个线圈中电流 i 变化时，该电流产生的磁通 Φ 也随之变化，因而在线圈本身产生感应电动势 e，这种现象称之为自感，产生的感应电动势称为自感电动势。自感式传感器的结构如图 7-7所示。它由线圈、铁芯和衔铁三部分组成。铁芯和衔铁由导磁材料如硅钢片或坡莫合金制成，在铁芯和衔铁之间有气隙，气隙厚度为 δ，传感器的运动部分与衔铁相连。当衔铁移动时，气隙厚度 δ 发生改变，引起磁路中磁阻变化，从而导致电感线圈的电感值变化，因此只要能测出这种电感量的变化，就能确定衔铁位移量的大小和方向。自感式传感器具有很高的灵敏度，对待测信号的放大倍数要求低，但是受气隙厚度 δ 的影响，该类传感器的测量范围很小。

(2) 互感式传感器。互感式传感器把被测的非电量变化转换为线圈互感变化。这种传感器是根据变压器的基本原理制成的，并且二次绕组用差动形式连接，故也称差动变压器式传感器。

互感式传感器结构形式较多，有变隙式、变面积式和螺线管式等。变隙式传感器的结构原理如图 7-8 所示。

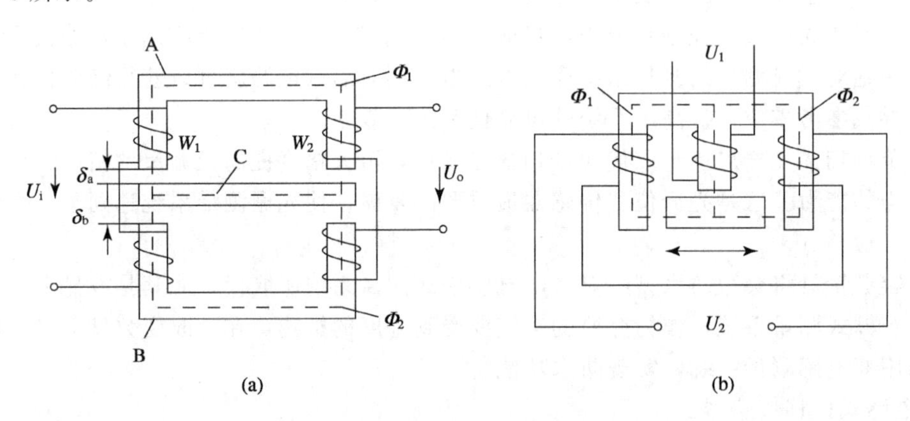

图 7-8　互感式传感器的结构示意图

(3) 电涡流式传感器。金属导体置于变化的磁场中时，导体内就会产生感应电流，这种电流像水中旋涡一样在导体转圈，这种现象称为涡流效应。当给线圈通以交变电流并使之接近金属导体时，线圈产生的磁场就会被导体电涡流产生的磁场部分抵消，使线圈的电感量、阻抗和品质因数发生变化。这种变化与导体的几何尺寸、电导率、磁导率有关，也与线圈的几何参量、电流的频率和线圈到被测导体间的距离有关。如果使上述参量中的某一个变动，其余皆不变，就可制成各种用途的传感器，能对表面为金属导体的物体进行多种物理量的非接触测量。电涡流式传感器结构示意图如图 7-9 所示。

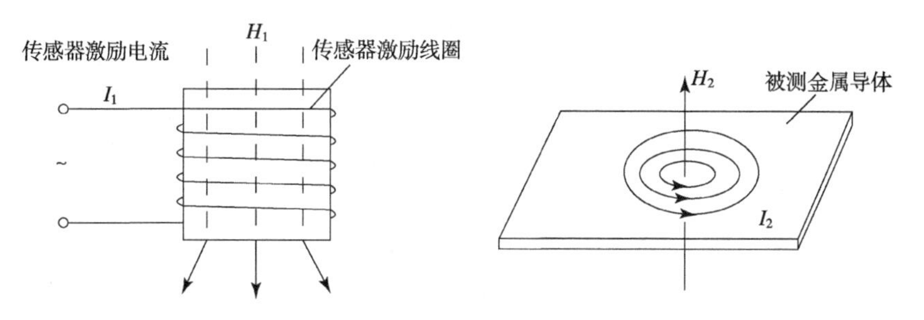

图 7-9　电涡流式传感器结构示意图

电涡流式传感器的优点是结构简单、频率响应宽、灵敏度高、测量线性范围大、抗干扰能力强、体积小等。它是一种很有发展前途的传感器。电涡流式传感器按用途可分为测量位移、接近度和厚度的传感器；按结构可分为变间隙型、变面积型、螺管型和低频透射型四类。

2）霍尔式位移传感器

半导体薄片置于磁场中，当它的电流方向与磁场方向不一致时，半导体薄片上平行于电流和磁场方向的两个面之间产生电动势，这种现象称为霍尔效应，产生的电动势称为霍尔电动势，其中的半导体薄片称为霍尔元件。

霍尔电动势与磁感应强度成正比，若磁感应强度是位置的函数，则霍尔电动势的大小就可以用来反映霍尔元件的位置。根据这一原理霍尔式位移传感器可用于位移测量以及力、压力、应变、机械振动和加速度等物理量的测量。

3）光纤式位移传感器

光导纤维是利用光的完全内反射原理传输光波的一种介质。如图 7-10 所示，它由高折射率的纤芯和包层组成。包层的折射率小于纤芯的折射率，直径大致为 0.1～0.2mm。当光线通过端面透入纤芯，在到达与包层的交界面时，由于光线的完全内反射，光线反射回纤芯层。这样经过不断的反射，光线就能沿着纤芯向前传播。

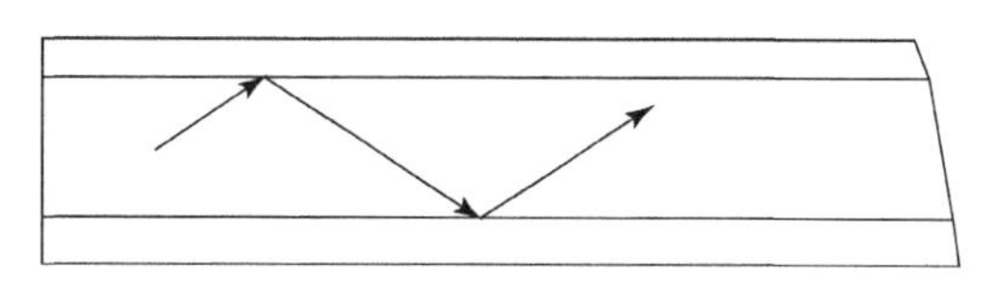

图 7-10　光纤的基本结构

如果外界因素（如温度、压力、电场、磁场、振动等）变化，将引起光波振幅、相位、偏振态等特性参量的变化。因此可以通过光特性参量的变化来检测外界因素的变化，这就是光纤传感器的基本工作原理。

反射式光纤位移传感器原理：反射式光纤位移传感器是一种传输型光纤传感器。其原理如图 7-11 所示：光纤采用 Y 形结构，两束光纤一端合并在一起组成光纤探头，另一端分为两支，分别作为光源光纤和接收光纤。光从光源耦合到光源光纤，通过光纤传输，射向反射片，再被反射到接收光纤，最后由光电转换器接收，转换器接收到的光源与反射体表面性质、反射体到光纤探头距离有关。当反

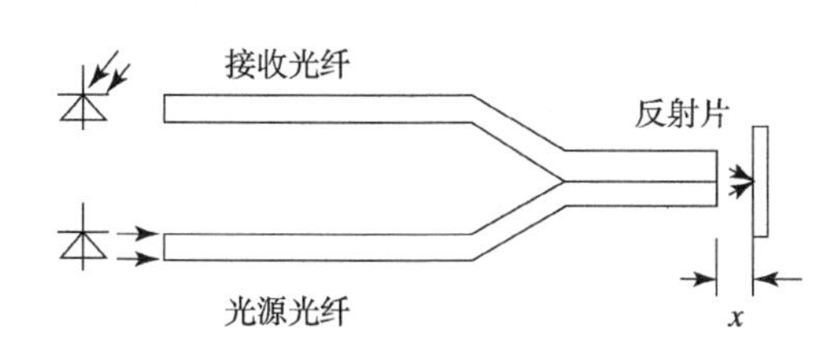

图 7-11　反射式光纤位移传感器原理图

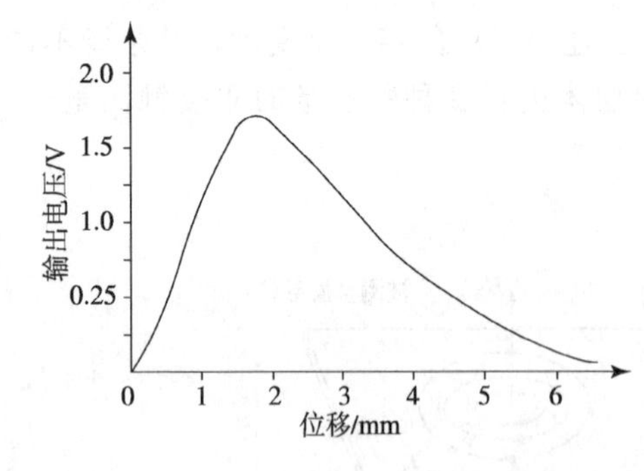

图 7-12 反射式光纤位移传感器的输出特性

射表面位置确定后，接收到的反射光发光强度随光纤探头到反射体的距离的变化而变化。显然，当光纤探头紧贴反射片时，光电转换器接收到的发光强度为零。随着光纤探头离反射面距离的增加，接收到的发光强度逐渐增加，到达最大值点后又随两者的距离增加而减小。

图 7-12 所示就是反射式光纤位移传感器的输出特性曲线，利用这条特性曲线可以通过对发光强度的检测得到位移量。反射式光纤位移传感器是一种非接触式测量，具有探头小、响应速度快、测量线性化（在小位移范围内）等优点，可在小位移范围内进行高速位移检测。

4）计量光栅

计量光栅是利用两块光栅叠合产生的莫尔条纹原理来工作的。两块光栅中一块作为计量标准器，称为主光栅；另一块光栅随工作台运动，并传出运动信息，称为指示光栅。两块光栅叠合时，使两者栅线有很小的夹角，就可以得到横向莫尔条纹，如图 7-13 所示。

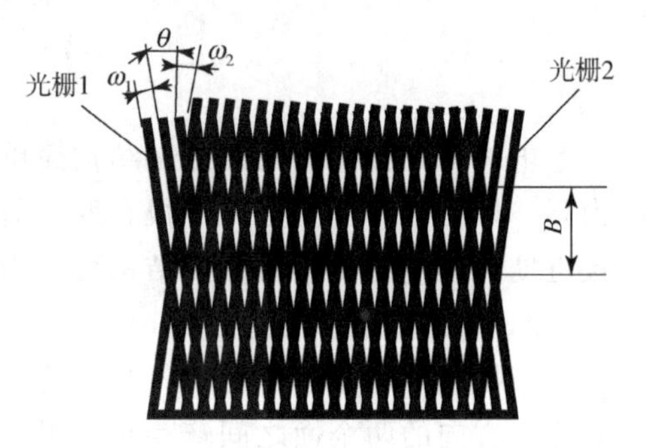

图 7-13 莫尔条纹的几何光学解释

图 7-13 中，ω_1、ω_2 为两块光栅的栅距（通常 $\omega_1=\omega_2=\omega$），θ 为两块光栅栅线间夹角。从图中可以看出，两块光栅叠合的结果产生了与栅线方向垂直横向莫尔条纹，且透过莫尔条纹的发光强度分布近似于余弦函数。当指示光栅沿光方向移动时，莫尔条纹便沿垂直方向移动，而且指示光栅移动一个栅距 ω，莫尔条纹移动一个条纹宽度 B，因而可采用光电器件探测莫尔条纹的移动，并测出指示光栅的移动量。

若用 B 表示莫尔条纹的宽度，则 B 与 ω、θ 之间的几何关系为 $B=\omega/\sin\theta$；当 θ 角很小时，上式可近似写为 $B=\omega/\theta$。若取 $\omega=0.01\text{mm}$，$\theta=0.01\text{rad}$，则 $B=1\text{mm}$。这说明，无须复杂的光学系统和电子系统，利用光的干涉现象，就能把光栅的栅距转换成放大 100 倍的莫尔条纹的宽度。这种放大作用是光栅的一个重要特点。

5）常用位移传感器及其特性

（1）导电塑料位移传感器。用特殊工艺将 DAP（邻苯二甲酸二烯丙脂）电阻浆料覆在绝缘基体上，加热聚合成电阻膜，或将 DAP 电阻粉热塑压在绝缘基体的凹槽内形成的实心体作为电阻体。导电塑料位移传感器特点是：平滑性好、分辨力高、耐磨性好、寿命长、动噪声小、可靠性极高、耐化学腐蚀，用于宇宙装置、导弹、飞机雷达天线的伺服系统等。

（2）绕线位移传感器。以康铜丝或镍铬合金丝作为电阻体，并使之绕在绝缘骨架上制成。绕线位移传感器特点是接触电阻小、精度高、温度系数小；其缺点是分辨力差、阻值偏低、高频特性差。绕线位移传感器主要用作分压器、变阻器、仪器中调零和工作点等。

（3）金属玻璃釉位移传感器。用丝网印刷法按照一定图形，将金属玻璃釉电阻浆料涂覆在陶瓷基体上，经高温烧结而成。金属玻璃釉位移传感器特点是阻值范围宽、耐热性好、过载能力强、耐潮、耐磨，缺点是接触电阻和电流噪声大。

（4）金属膜位移传感器。金属膜位移传感器的电阻体可由合金膜、金属氧化膜、金属箔等分别组成。金属膜位移传感器特点是分辨力高、耐高温、温度系数小、动态噪声小、平滑性好。

（5）磁敏式位移传感器。优点是消除了机械接触，寿命长、可靠性高，缺点是对工作环境要求较高。

（6）光电式位移传感器。优点是消除了机械接触，寿命长、可靠性高，缺点是数字信号输出、处理烦琐。

2. 转速的测量

转速测量一般由转速传感器完成。转速传感器属于间接式测量装置，可用机械、电气、磁、光和混合式等方法制造。按信号形式的不同，转速传感器可分为模拟式和数字式两种。前者的输出信号值是转速的线性函数，后者的输出信号频率与转速成正比，或其信号峰值间隔与转速成反比。转速传感器的种类繁多、应用极广，其原因是在自动控制系统和自动化仪表中大量使用各种电机，在不少场合下对低速（如转速低于 1r/h）、高速（如每分钟数十万转）、稳速（如误差仅为万分之几）和瞬时速度的精确测量有严格的要求。常用的转速传感器有光电式、电容式、变磁阻式以及测速发电机等。常用转速测量方法及特点如表 7-2 所示。

表 7-2　转速测量方法及特点

结构形式		转速表	测量方法	应用范围/(r/min)	准确度/%	特　　点
模拟型	机械式	离心式	利用重块的离心力与转速的平方成正比	30～24000	1～2	简单、价廉、应用较广，但准确度较低
			利用容器中液体的离心力产生的压力或液面变化	中、低速	2	
		黏液式	利用旋转体在黏液中旋转时传递的转矩变化测速	中、低速	2	简单，但易受温度的影响
	电气式	发电机式	利用直流或交流发电机的电压与转速成正比关系	～1000	1～2	可远距离指示，应用广，但易受温度影响
		电容式	利用电容充放电回路产生与转速成正比的电流	中、高速	2	简单、可远距离指示
		电涡流式	利用旋转圆盘在磁场内使电涡流产生变化测转速	中、高速	1	简单、价廉，多用于机动车中
计数型	机械式	齿轮式	通过齿轮转动数字轮	中、低速	1	简单、价低，与秒表并用
		钟表式	通过齿轮转动加入计时器	～10000	0.5	
	光电式	光电式	利用来的旋转体上光线，使光电管产生电脉冲	中、高速 30～48000	1～2	简单、没有转矩损失
	电气式	电磁式	利用磁、电等转换器将转速变化转换成电脉冲	中、高速	0.5～2	简单、数字传输
同步型	机械式	目测式	转动带槽圆盘，目测与旋转体同步的转速	中、高速	1	简单、价廉
	频闪式	闪光式	利用频闪光测旋转体频率	中、高速	0.5～2	简单、可远距离传输、数字测量

下面介绍几种在机械加工过程中常用的测速传感器和测速方法。

1）光电式转速传感器

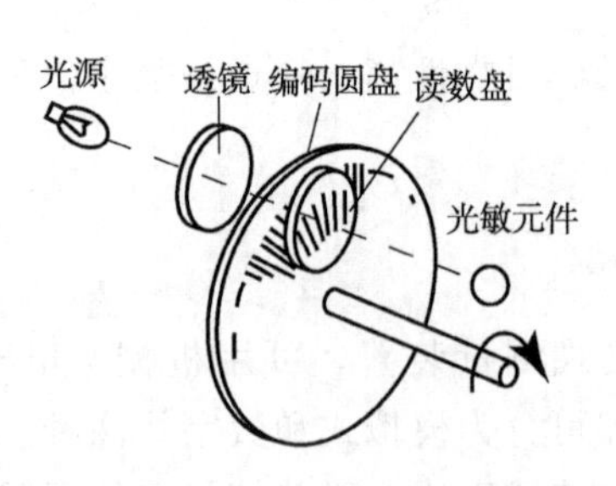

图 7-14　投射式光电转速传感器原理图

光电式转速传感器分为投射式和反射式两类。投射式光电转速传感器主要由安装在旋转轴上的编码圆盘（码盘）、读数盘以及安装在码盘两边的光源和光敏元件等组成，读数盘和码盘有间隔相同的缝隙，如图 7-14 所示。码盘随被测物体转动，每转过一条缝隙，从光源投射到光敏元件上的光线产生一次明暗变化，光敏元件即输出电流脉冲信号。反射式光电转速传感器在被测转轴上设有反射记号，由光源发出的光线通过透镜和半透膜入射到被测转轴上。转轴转动时，反射记号对投射光点的反射率发生变化。反射率变大时，反射光线经透镜投射到光敏元件上使其发出一个电信号；反射率变小时，光敏元件无信号。在一定时间内对光敏元件发出的脉冲信号计数便可测出转轴的转速值。

2）变磁阻式转速传感器

变磁阻式转速传感器属于变磁阻式传感器，它有三种基本类型，即电感式传感器、变压器式传感器和电涡流式传感器都可制成转速传感器。基本原理如 7.2.3 小节所述。这类传感器按结构不同又分为开磁路式和闭磁路式两种。开磁路式转速传感器结构比较简单，输出信号较小，不宜在振动剧烈的场合使用。闭磁路式转速传感器由装在转轴上的外齿轮、内齿轮、线圈和永久磁铁构成，内、外齿轮有相同的齿数。当转轴连接到被测轴上一起转动时，由于内、外齿轮的相对运动，产生磁阻变化，在线圈中产生交流感应电动势。测出电动势的大小便可测出相应转速值。

3）激光式测速法

激光测速是对被测物体进行两次有特定时间间隔的激光测距，取得在该时段内被测物体的移动距离，从而得到该被测物体的移动速度。因此，激光测速具有以下几个特点：

（1）激光光束具有方向性好的特点，可实现远距离测速且测速精度高；

（2）激光测速为非接触测量，只要激光光束能瞄准与激光光束垂直的平面反射点就可实现测量，因此安装方便，无须改动原有设备。

3. 力和力矩的测量

1）磁电式力平衡测力系统

力是一个重要的物理量，力施加于某物体后，将使物体的运动状态发生改变，也可使物体产生变形，因此，可以利用这些变化来实现对力的检测。

力的测量方法可以归纳为：①测弹性变形法；②利用某些物理效应测量法；③力平衡法。前两种方法是利用被测力使弹性元件变形，通过测量变形程度而获知被测力的大小，多采用压电式、压阻式传感器，这些内容在《传感器》中有详细介绍，本节主要介绍磁电式平衡测力系统。

图 7-15 所示为一种磁电式平衡测力系统。它由光源、光电式零位检测器、放大器和一个力矩线圈组成。无外力作用时，系统处于初始平衡位置，光线全部被遮住，光敏元件无电流输出，力矩线圈不产生力矩。当被测力 F 作用在杠杆上时，杠杆发生偏转，光线通过窗门打开相应的缝隙，照射到光敏元件上，光敏元件输出与光照成比例的电信号，经放大后加到力矩线

圈上与磁场相互作用而产生电磁力矩，用来平衡被测力 F 与标准质量 m 的重力力矩之差，使杠杆重新处于平衡。此时，杠杆转角与被测力 F 成正比，而放大器输出的电信号在负载电阻 R_L 上的电压降 U_0 与被测力 F 成比例，从而可测出力 F。

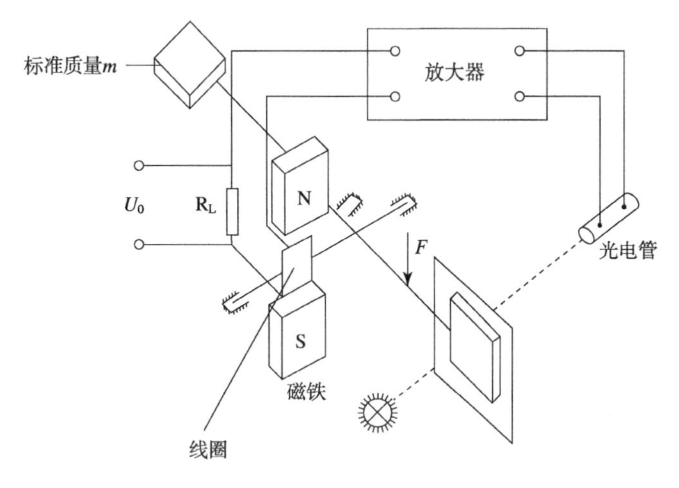

图 7-15　磁电式平衡测力系统

与机械杠杆式测力系统相比，磁电式平衡测力系统使用方便，受环境条件影响较小，响应快，输出的电信号易于记录且便于远距离测量与控制。

2）转矩测量

使机械元件转动的力矩或力偶称为转动力矩，简称转矩。在转矩的作用下机械元件会产生一定程度的扭转变性，故转矩有时又称为转矩。转矩是各种工作机械传动轴的基本载荷形式，与动力机械的工作能力、能源耗散、效率、运转寿命及安全性能等因素紧密联系。转矩的测量对传动轴载荷的确定与控制、传动系统工作零件的强度设计及原动机容量的选择等具有重要的意义。

本节介绍常用的转矩测量方法和仪表。

（1）振弦式转矩传感器。振弦式转矩传感器原理如图7-16所示。在被测轴上相隔间距 l 的两个面上固定安装两个测量环，两根振弦分别被夹紧在测量环的支架上。当被测轴受转矩作用时，两个测量环之间产生一相对转角，并使两根振弦中的一根张力增大，另一根张力减小，张力的改变将引起振弦自振频率的变化。自振频率与所受外力的平方根成正比，因此测出两根振弦的振动频率差，就可测得转矩大小。为保证测量准确性，振弦式转矩传感器在安装时，应保证振弦有一定的预紧力。

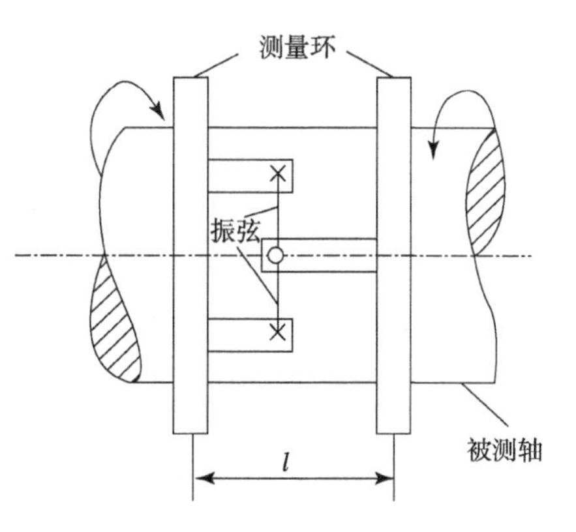

图 7-16　振弦式转矩传感器原理图

（2）光电式转矩传感器。光电式转矩传感器原理如图7-17所示。在转轴上安装两个光栅盘，两个光栅盘外侧设有光源和光敏元件。无转矩作用时，两光栅盘的明暗条纹相互错开，完全挡住光路，因此放置于光栅盘一侧的光敏元件接收不到来自光栅盘另一侧的光源的光信号，无电信号输出。当有转矩作用在转轴上时，由于转轴的扭转变形，安装光栅盘处的两个截面产生相对转角，两光栅盘的暗条纹逐渐重合，部分光透过两光栅盘而照射到光敏元件上，从而输出电信号。转矩越大，扭转角越大，照射到光敏元件上的发光强度越大，因而输出电信号也越大。

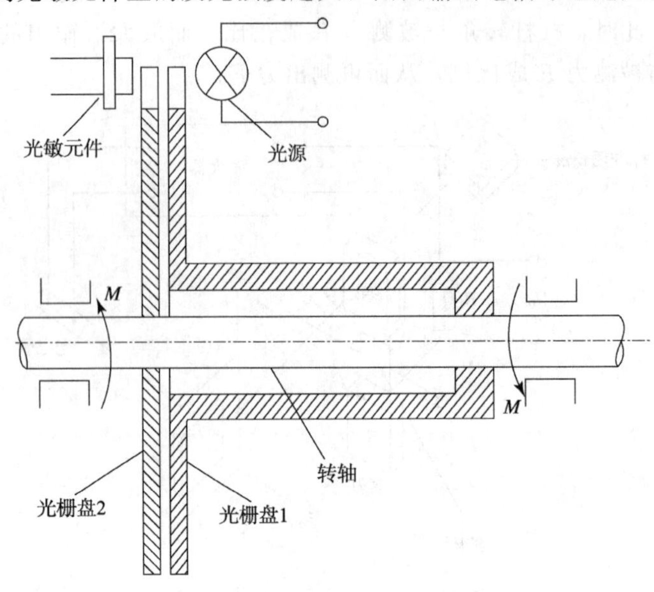

图 7-17　光电式转矩传感器原理图

光电式转矩传感器是一种非接触式测量传感器，其结构简单，显著优点是测量精度不受转速变化的影响。

（3）相位差式转矩传感器。基于磁感应原理的磁电相位差式转矩传感器原理如图 7-18 所示。它在被测转轴上相距 L 的两端处各安装一个齿形转轮，靠近转轮沿径向各放置一个感应式脉冲发生器（在永久磁铁上绕一固定线圈而成）。当转轮的齿顶对准永久磁铁的磁极时，磁路气隙减小，磁阻减小，磁通增大；当转轮转过半个齿距时，齿底对准磁极，气隙增大，磁通减小，变化的磁通在感应线圈中产生感应电动势。无转矩作用时，转轴上安装转轮的两处无相对角位移，两个脉冲发生器的输出信号相位相同。当有转矩作用时，两转轮之间就产生相对角位移，两个脉冲发生器的输出感应电动势出现与转矩成比例的相位差，只要测量相位差，就可测得转矩。

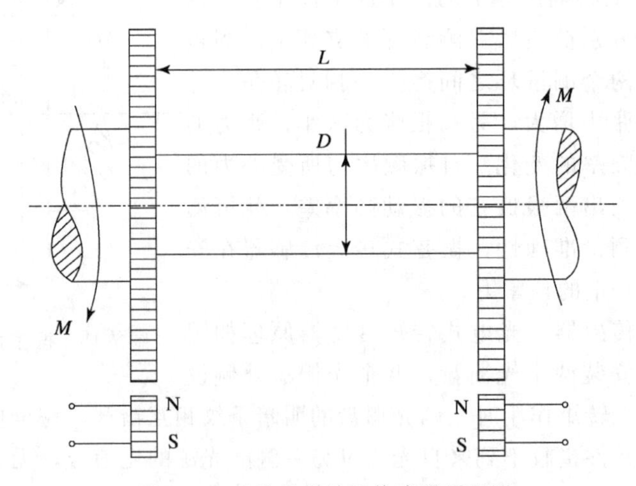

图 7-18　相位差式转矩传感器原理图

与光电式转矩传感器一样，相位差式转矩传感器也是非接触测量，结构简单，工作可靠，对环境条件要求不高，精度一般可达 0.2 级。

4. 加速度的测量

加速度测量一般由利用各种物理效应制成的加速度传感器和相应的处理、显示模块构成的测量系统完成，也可采用速度传感器或位移传感器通过微分预算实现。按照原理分类，加速度传感器有压电式、电感式、电阻式、电容式、光纤式、谐振式、力平衡式和微机电式多种，大致种类如表 7-3 所示。

表 7-3 加速度传感器的分类

测量方法	传感器	尺寸	质量	频率范围/Hz	测量范围	优点	缺点	适用性能
压电法	压电式加速度传感器	小	小	1～50000	$10^{-5}g$～$10^{5}g$	1. 频响高，灵敏度高； 2. 坚固，耐振动和冲击，性能稳定； 3. 自发电式，无须电源，可内装放大器	1. 无静态响应； 2. 低频响应差； 3. 输出信号低	适宜宽带随机振动、瞬态冲击及快变的振动测量
电阻法	应变式加速度传感器	小～大	小～大	0～2000	$3g$～$150g$	1. 下限频率为 0，有静态响应； 2. 线性度好，灵敏度高； 3. 输出阻抗小，对测量电路无特殊要求	1. 要求可调电源； 2. 输出信号低； 3. 固有频率低	不适宜高频、冲击、带宽随机振动测量
	压阻式加速度传感器	小	小	0～300×10^{3}	$\pm25g$～$\pm2500g$（最大至 $10^{5}g$）	1. 有静态响应； 2. 性能稳定可靠； 3. 灵敏度到零频都为常数，精度高	1. 要求可调电源； 2. 易受温度影响； 3. 易受损害	特别适宜恒定加速度、冲击及小构件的精密测量
	电位器式加速度传感器	大	大	0～10	$\pm0.5g$～$\pm30g$	1. 有静态响应； 2. 线性度好，输出信号大； 3. 价格低廉，结构简单	1. 频率范围窄； 2. 分辨率低； 3. 精度不高	适宜测量精度要求不高、频率低的加速度
电感法	电感式加速度传感器	小～大	小～大	<200	$\pm10g$～$\pm200g$	1. 结构简单； 2. 性能可靠； 3. 灵敏度高	1. 频率范围窄； 2. 灵敏度非线性	适宜频率较低的振动加速度测量
电容法	电容式加速度传感器	小	小	50～5000	$1g$～$10000g$	1. 温度系数小； 2. 精度高，频响宽，量程大	1. 输出非线性； 2. 输出阻抗高； 3. 寄生电容影响大	适宜频响宽、精度高的加速度测量
谐振法	振弦式加速度传感器	小	小	700～1200	$10^{-6}g$～$\pm15g$	1. 灵敏度高； 2. 测量范围大； 3. 耐冲击	1. 为正常工作需要调节振弦的初始张力； 2. 精度较低	适合用于惯性导航系统，以及地基振动、航空重力测量等
电磁感应法	电磁感应式加速度传感器	大	大	20～1000	$\pm0.01g$～$\pm10g$	1. 电路结构简单； 2. 性能稳定； 3. 频率响应范围不大	1. 动态响应范围有限； 2. 尺寸大，质量大	代替加速度计进行低加速度测量

续表

测量方法	传感器	尺寸	质量	频率范围/Hz	测量范围	优　点	缺　点	适用性能
力平衡法	伺服式加速度传感器	中	中	0～500	0～±50g（最小至$10^{-5}g$～$10^{-4}g$）	1. 精度高，稳定性及线性度好，大信号输出； 2. 有静态响应； 3. 等效阻尼和固有频率易调； 4. 横向灵敏度低	1. 频率范围窄； 2. 结构较复杂； 3. 价格昂贵	用于超低频、低g值的加速度测量，适合用于惯性导航系统
光纤法	光纤式加速度传感器	小	小	几百	最小可测$10^{-6}g$	1. 灵敏度高，电绝缘性能好，线性响应好； 2. 抗电磁干扰、耐高温、耐腐蚀性能好； 3. 可进行遥控	频率响应范围不太高	适合用于微小振动的测量和进行遥控

下面介绍几种常用的加速度传感器。

1）线加速度传感器

线加速度传感器采用的原理是惯性原理，也就是力的平衡原理，根据公式：

$$A(\text{加速度})=F(\text{惯性力})/M(\text{质量}) \tag{7-3}$$

可知只需要测量惯性力 F 就可以间接测出加速度。至于惯性力 F 的测量，一般采用前节所述的磁电式力平衡法测量，另外需要根据质量 M 标定来测量系统的比例系数。

2）压电式加速度传感器

压电效应可以描述为“对于不存在对称中心的异极晶体加在晶体上的外力除了使晶体发生形变以外，还将改变晶体的极化状态，在晶体内部建立电场，这种由于机械力作用使介质发生极化的现象称为正压电效应”。

压电式加速度传感器是利用其内部的压电晶体在加速度影响下产生晶体变形这一特性工作的。由于这个变形会产生电压，因此只要准确测量出晶体的变形电压就可以间接测量出加速度，只要计算出产生电压和所施加的加速度之间的关系，就可以将加速度转化成电压输出。

与压电式加速度传感器原理相类似，还有很多其他方法制作的加速度传感器，如压阻技术、电容效应、热气泡效应和光效应等，但是最基本的原理都是由于加速度的影响，使某种介质产生变形，通过相关电路将变形量转化成电压输出从而实现测量。每种技术都有各自的特点和应用场合。

压阻式加速度传感器由于在汽车工业中的广泛应用而发展最快，主要用于汽车安全气囊、防抱死系统、牵引控制系统等安全性能方面。

压电式加速度传感器在工业上主要用来防止机器故障，使用这种传感器可以检测机器潜在的故障以达到自保护以及避免对工人产生意外伤害。

电容式加速度传感器在汽车行业使用较为广泛，主要用于安全系统、轮胎磨损监测、惯性刹车灯、前照灯水准测量、安全带伸缩、自动门锁和安全气囊等。无须接触待测物是电容式加速度传感器的一个重要优点，使得这类传感器在设计、安装上不必挤进狭窄的空间中而更方便灵活。

3）光纤式加速度传感器

光纤式加速度传感器原理如图 7-19 所示。绷紧的上下光纤分别固定于壳体上、下端盖和质量块之间，并且两根光纤分别熔接在干涉仪的两条干涉臂上。当被薄膜片支撑的质量块受到垂直方向上的加速度作用时，两根光纤中一根轴向应变增强，另一根减弱，从而使传播的光束相位发生变化。光相位的变化与被测加速度成正比，即

$$\Delta\phi=\frac{4n_1 lm}{E\lambda d^2}a \tag{7-4}$$

式中，$\Delta\phi$ 为光相位的变化，n_1 为光纤芯折射率，l 为光纤臂长度，m 为质量块的质量，E 为光纤材料的弹性模量，λ 为光波波长，d 为光纤直径，a 为被测加速度。

由于光相位的变化会使干涉条纹发生变化，因此利用干涉测量技术就可以测量出加速度。光纤式加速度传感器的最大特点是信号传输采用光纤，不受电磁感应的影响，具有优越的安全防爆性能。

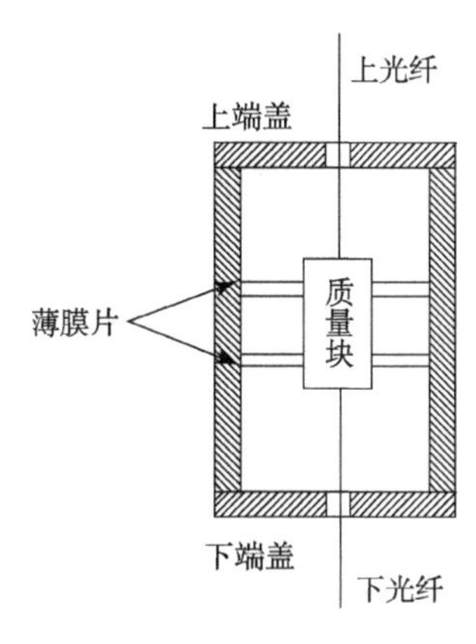

图 7-19 光纤式加速度传感器

5. 振动的测量

1) 振动测试方法

在工程振动测试领域中，有多种测试手段与方法，按各种参数的测量方法及测量过程的物理性质来分，可以分成以下三类：

(1) 机械式测量方法。将工程振动的参量转换成机械信号，再经机械系统放大后，进行测量、记录。常用的仪器有杠杆式测振仪和盖格尔测振仪，它能测量的频率较低，精度也较低。但在现场测试时较为简单方便。

(2) 光学测量方法。将工程振动的参量转换为光学信号，经光学系统放大后显示和记录，如读数显微镜和激光测振仪等。

(3) 电测方法。将工程振动的参量转换成电信号，经电子线路放大后显示和记录。电测法的关键在于先将机械振动量转换为电量（电动势、电荷及其他电量），然后再对电量进行测量，从而得到所要测量的机械量。电测方法是目前应用得最广泛的测量方法。

上述三种测量方法的物理性质虽然各不相同，但是，组成的测量系统基本相同，它们都包含拾振、测量放大和显示记录三个环节。

(1) 拾振环节。把被测的机械振动量转换为机械的、光学的或电的信号，完成这项转换工作的器件称为传感器。

(2) 测量线路。测量线路的种类甚多，它们都是针对各种传感器的变换原理而设计的。比如，专配压电式传感器的测量线路有电压放大器、电荷放大器等；此外，还有积分线路、微分线路、滤波线路、归一化装置等等。

(3) 信号分析及显示、记录环节。从测量线路输出的电压信号，可按测量的要求输入给信号分析仪或输送给显示仪器（如电子电压表、示波器、相位计等）、记录设备（如光线示波器、磁带记录仪、X-Y 记录仪等）等。也可在必要时记录在磁带或磁盘中，然后再输入到信号分析仪或计算机中进行各种分析处理，从而得到最终结果。

2) 振动传感器的机械接收原理

振动传感器的作用是接收机械量，并转换为与之成比例的电量。由于振动传感器也是一种机电转换装置，所以有时也称为换能器、拾振器等。与一般传感器不同，振动传感器并不是直接将原始要测的机械量转变为电量，而是将要测的机械量作为振动传感器的输入量，然后由机械接收部分接收，形成另一个适合于变换的机械量，最后由机电变换部分进一步变换为电量。

因此振动传感器的性能由机械接收部分和机电变换部分的性能共同决定。

（1）相对式机械接收原理。相对式测振仪的工作接收原理是在测量时，把仪器固定在不动的支架上，使触杆与被测物体的振动方向一致，并借弹簧的弹性力与被测物体表面相接触。当物体振动时，触杆就跟随它一起运动，并推动记录笔在移动的纸带上描绘出振动物体的位移随时间的变化曲线。根据这个记录曲线可以计算出位移的大小及频率等参数。

根据测量原理可知，这种仪器测得的结果是被测物体相对于参考体的相对振动，只有当参考体绝对不动时，才能测得被测物体的绝对振动。如果找不到不动的参考点，这类仪器就无法测量对象的绝对振动。例如：在行驶的内燃机车上测试内燃机车的振动；在地震时测量地面及楼房的振动等。这种情况下，必须用另一种测量方式即利用惯性式测振仪进行测量。

（2）惯性式机械接收原理。惯性式测振仪测振时，是将测振仪直接固定在被测振动物体的测点上，当测振仪外壳随被测振动物体运动时，由弹性支撑的惯性质量块将与外壳发生相对运动，则装在质量块上的记录笔就可记录下质量块与外壳的相对振动位移幅值，然后利用惯性质量块与外壳的相对振动位移的关系式，即可求出被测物体的绝对振动位移波形。

3）振动传感器的机电变换原理

一般来说，振动传感器在机械接收原理方面，只有相对式、惯性式两种，但在机电变换方面，由于变换方法和性质不同，其种类繁多，应用范围也极其广泛。

在现代振动测量中所用的传感器，已不是传统概念上独立的机械测量装置，它仅是整个测量系统中的一个环节，且与后续的电子线路紧密相关。

由于传感器内部机电变换原理的不同，输出的电量也各不相同。有的是将机械量的变化变换为电动势、电荷的变化，有的是将机械振动量的变化变换为电阻、电感等电参量的变化。一般说来，这些电量并不能直接被后续的显示、记录、分析仪器所接收。因此针对不同机电变换原理的传感器，必须附以专配的测量线路。测量线路的作用是将传感器的输出电量最后变为后续显示、分析仪器所能接收的一般电压信号。因此，振动传感器按其功能可有以下几种分类方法。

（1）按机械接收原理分：相对式、惯性式。

（2）按机电变换原理分：电动式、压电式、电涡流式、电感式、电容式、电阻式、光电式。

（3）按所测机械量分：位移传感器、速度传感器、加速度传感器、力传感器、应变传感器、扭振传感器、转矩传感器。

4）振动传感器的分类

（1）相对式电动传感器。电动式传感器基于电磁感应原理，即当运动的导体在固定的磁场里切割磁力线时，导体两端就感生出电动势，因此利用这一原理而生产的传感器称为电动式传感器。

相对式电动传感器从机械接收原理来说，是一个位移传感器。由于在机电变换原理中应用的是电磁感应定律，其产生的电动势与被测振动速度成正比，所以相对式电动传感器实际上是一个速度传感器。

（2）电涡流式传感器。电涡流式传感器是一种相对式非接触式传感器，它是通过传感器端部与被测物体之间的距离变化来测量物体的振动位移或幅值的。电涡流式传感器具有频率范围宽（0～10kHz）、线性工作范围大、灵敏度高以及非接触式测量等优点，主要应用于静位移的测量、振动位移的测量、旋转机械中监测转轴的振动测量。

（3）电感式传感器。依据传感器的相对式机械接收原理，电感式传感器能把被测的机械振动参数的变化转换成为电参量信号的变化。因此，电感传感器有可变间隙和可变导磁面积两种形式。

（4）电容式传感器。电容式传感器一般分为可变间隙式和可变面积式两种类型。可变间隙式可以测量直线振动的位移；可变面积式可以测量扭转振动的角位移。

（5）惯性式电动传感器。惯性式电动传感器由固定部分、可动部分以及支撑弹簧部分组成。为了使传感器工作在位移传感器状态，其可动部分的质量应该足够的大，而支撑弹簧的刚度应该足够的小，也就是让传感器具有足够低的固有频率。

根据电磁感应定律，感应电动势为

$$e=wBlv\cdot\sin\theta \tag{7-5}$$

式中，B 为磁场的磁感应强度，l 为单匝线圈有效长度，w 为线圈匝数，v 为线圈与磁场的相对运动速度，θ 为线圈运动方向与磁场方向的夹角。

从传感器结构来说，惯性式电动传感器是位移传感器，然而由于其输出的电信号是由电磁感应产生，根据电磁感应定律，当线圈在磁场中作相对运动时，所感生的电动势与线圈切割磁力线的速度成正比。因此就传感器的输出信号来说，感应电动势是与被测振动速度成正比的，所以惯性式电动传感器实际上是一个速度传感器。

（6）压电式加速度传感器。压电式加速度传感器的机械接收部分是惯性式加速度机械接收原理，机电部分利用的是压电晶体的正压电效应。其原理是某些晶体（如人工极化陶瓷、压电石英晶体等，不同的压电材料具有不同的压电系数，一般都可以在压电材料性能表中查到。）在一定方向的外力作用下或承受变形时，它的晶体面或极化面上将有电荷产生，这种从机械能（力，变形）到电能（电荷，电场）的变换称为正压电效应。而从电能（电场，电压）到机械能（变形，力）的变换称为逆压电效应。

利用晶体的压电效应，可以制成测力传感器。在振动测量中，由于压电晶体所受的力是惯性质量块的牵连惯性力，所产生的电荷数与加速度大小成正比，所以压电式传感器是加速度传感器。

（7）压电式力传感器。在振动试验中，除了测量振动，还经常需要测量对试件施加的动态激振力。压电式力传感器具有频率范围宽、动态范围大、体积小和质量小等优点，因而获得广泛应用。压电式力传感器的工作原理是利用压电晶体的压电效应，即压电式力传感器输出的电荷信号与外力成正比。

（8）阻抗头。阻抗头是一种综合性传感器。它集压电式力传感器和压电式加速度传感器于一体，其作用是在力传递点测量激振力的同时测量该点的运动响应。因此阻抗头由两部分组成，一部分是力传感器，另一部分是加速度传感器。阻抗头的优点是，保证测量点的响应就是激振点的响应。使用时将小头（测力端）连向结构，大头（测量加速度）与激振器的施力杆相连。从“力信号输出端”测量激振力的信号，从“加速度信号输出端”测量加速度的响应信号。

需要注意的是阻抗头一般只能承受轻载荷，因而只可以用于轻型的结构、机械部件以及材料试样的测量。无论是力传感器还是阻抗头，其信号转换元件都是压电晶体，因而其测量线路均应是电压放大器或电荷放大器。

（9）电阻应变式传感器。电阻应变式传感器是将被测的机械振动量转换成传感元件电阻的变化量。实现这种机电转换的传感元件有多种形式，其中最常见的是电阻应变式传感器。

电阻应变片的工作原理为：应变片粘贴在某试件上时，试件受力变形，应变片长度发生变化，从而应变片阻值变化。实验证明，在试件的弹性变化范围内，应变片电阻的相对变化和其长度的相对变化成正比。

7.3　产品质量检测技术

产品质量检测、检验是生产过程的重要环节，是保证产品质量的必要手段。对于自动化生产而言，产品质量检测除了是保证产品质量的手段外，还兼有反馈加工设备状态是否良好、工艺参数是否优化的作用。如果必要，还应根据产品质量检测结果维护设备、优化工艺参数，保证自动化过程顺利进行。但就检测方法而言，生产自动化过程的产品质量检测与常规生产过程的产品质量检测并无本质区别。本节主要介绍与机械加工关系较为密切的有关质量参数的测量。

7.3.1　厚度的测量

制造过程中厚度测量方法大体上可分为接触式和非接触式两种方法，具体测量方法有γ射线测量、X射线测量、涡流测量、超声波测量、激光测量等。相应地，目前国内外各种生产线上使用的测厚仪主要有γ射线测厚仪、X射线测厚仪、涡流测厚仪、激光测厚仪以及接触式测厚仪等几种，分类说明如表7-4所示。

表7-4　常用测厚仪一览表

<table>
<tr><th>分　类</th><th>测量原理</th><th>测量仪器</th><th>一般应用</th></tr>
<tr><td rowspan="3">接触式厚度测量</td><td rowspan="2">机械接触式测厚</td><td>光电码盘式测厚仪</td><td>冷轧生产线</td></tr>
<tr><td>位移传感器式测厚仪</td><td>冷轧生产线</td></tr>
<tr><td>超声波测厚</td><td>超声波测厚仪</td><td>离线测量</td></tr>
<tr><td rowspan="5">非接触式厚度测量</td><td rowspan="2">射线测厚</td><td>γ射线测厚仪</td><td>各种生产线</td></tr>
<tr><td>X射线测厚仪</td><td>各种生产线</td></tr>
<tr><td rowspan="2">涡流测厚</td><td>高频涡流测厚仪</td><td>冷轧生产线</td></tr>
<tr><td>电容测厚仪</td><td>冷轧生产线</td></tr>
<tr><td>激光测厚</td><td>激光测厚仪</td><td>各种生产线</td></tr>
</table>

1. *机械接触式测厚仪*

机械接触式测厚仪的工作原理是采用两个测量压头分别压在被测目标的上下两个表面上，然后通过测量压头的位移或者旋转角度来测量被测目标的厚度。机械接触式测厚仪主要用于测量速度不高或者运行平稳的被测目标，是冷轧生产线的常用测量方法。目前应用于生产的机械接触式测厚仪主要技术参数如下：

（1）测量厚度范围为1～5mm；

（2）测量精度为±0.001mm（最高）。

2. *超声波测厚仪*

超声波测厚仪是利用超声波在被测物体中的传播和反射的原理进行厚度测量，其工作原理如图7-20所示。超声波探头发出超声始波信号，通过耦合剂进入被测物体内部，传输过程中在被测物体上下表面各反射一个回声信号，利用终端处理器得到界面波和底面回波的相位差即可计算出被测物体的厚度：

$$H=VT/2 \tag{7-6}$$

式中，H 为被测物体厚度，V 为超声波在被测物体中的传播速度，T 为超声波在被测物体中的传播时间。

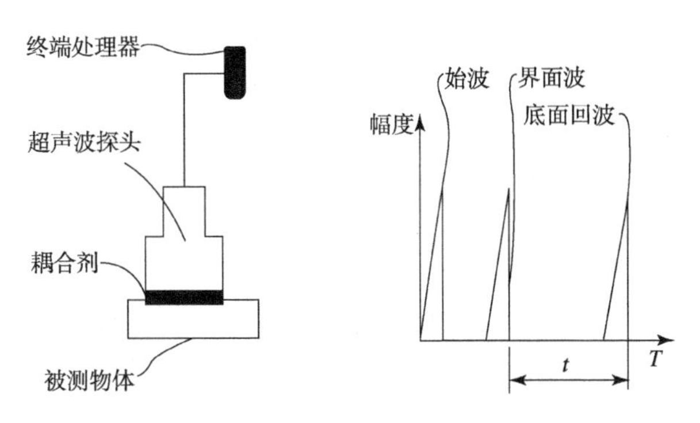

图 7-20　超声波测厚仪原理图

超声波测厚仪在测量中为了提高信号强度和减小界面波必须使用耦合剂，因此属于接触式测厚仪。另外，由于超声波在不同介质中传播的速度不同，必须修正由材质不同引起的测量误差。

1）超声波测厚的操作技巧

（1）一般测量方法如下：

①在一点处用探头进行两次测厚，在两次测量中探头的分割面要互为 90°，取较小值为被测工件厚度值。

②30mm 多点测量法：当测量值不稳定时，以一个测定点为中心，在直径约为 30mm 的圆内进行多次测量，取最小值为被测工件厚度值。

（2）精确测量法：在规定的测量点周围增加测量数目，厚度变化用等厚线表示。

（3）连续测量法：用单点测量法沿指定路线连续测量，间隔不大于 5mm。

（4）网格测量法：在指定区域划上网格，按点测厚记录。此方法在高压设备、不锈钢衬里腐蚀监测中广泛使用。

2）影响超声波测厚仪示值的因素

（1）工件表面粗糙度值过大，造成探头与接触面耦合效果差，反射回波低，甚至无法接收到回波信号。对于表面锈蚀、耦合效果极差的在役设备与管道等可通过砂、磨、锉等方法对表面进行处理，降低粗糙度，同时也可以将氧化物及油漆层去掉，露出金属光泽，使探头与被检物通过耦合剂能达到很好的耦合效果。

（2）工件曲率半径太小，尤其是小管径测厚时，因常用探头表面为平面，与曲面接触为点接触或线接触，声强透射率低（耦合不好）。可选用小管径专用探头，能较精确地测量管道等曲面材料。

（3）检测面与底面不平行，超声波遇到底面产生散射，探头无法接收到底波信号。

（4）铸件、奥氏体钢因组织不均匀或晶粒粗大，超声波在其中穿过时产生严重的散射衰减，被散射的超声波沿着复杂的路径传播，有可能使回波湮没，造成不显示。可选用频率较低（2.5MHz）的粗晶专用探头。

(5) 探头接触面有一定磨损。常用测厚探头表面为丙烯树脂，长期使用会使其表面粗糙度值增加，导致灵敏度下降，从而造成显示不正确。可选用500＃砂纸打磨，使其平滑并保证平行度。如仍不稳定，则考虑更换探头。

(6) 被测物背面有大量腐蚀坑。由于被测物另一面有锈斑、腐蚀凹坑，造成超声波衰减，导致读数无规则变化，在极端情况下甚至无读数。

(7) 被测物体（如管道）内有沉积物。当沉积物与工件声阻抗相差不大时，测厚仪显示值为壁厚加沉积物厚度。

(8) 当材料内部存在缺陷（如夹渣等）时，显示值约为公称厚度的70%，此时可用超声波探伤仪进一步进行缺陷检测。

(9) 温度的影响。一般固体材料中的声速随其温度升高而降低，有试验数据表明，热态材料每增加100℃，声速下降1%。对于高温在役设备常常碰到这种情况。应选用高温专用探头(300～600℃)，切勿使用普通探头。

(10) 层叠材料、复合（非均质）材料。要测量未经耦合的层叠材料是不可能的，因超声波无法穿透未经耦合的空间，而且不能在复合（非均质）材料中匀速传播。对于由多层材料包扎制成的设备（像尿素高压设备)，测厚时要特别注意，测厚仪的示值仅表示与探头接触的那层材料厚度。

(11) 耦合剂的影响。耦合剂是用来排除探头和被测物体之间的空气，使超声波能有效地穿入工件达到检测目的。如果选择种类或使用方法不当，将造成误差或耦合标志闪烁，无法测量。因根据使用情况选择合适的种类，当使用在光滑材料表面时，可以使用低黏度的耦合剂；当使用在粗糙表面、垂直表面及顶表面时，应使用黏度高的耦合剂。高温工件应选用高温耦合剂。其次，耦合剂应适量使用，涂抹均匀，一般应将耦合剂涂在被测材料的表面，但当测量温度较高时，耦合剂应涂在探头上。

(12) 声速选择错误。测量工件前，根据材料种类预置其声速或根据标准块反测出声速。当用一种材料校正仪器后（常用试块为钢）又去测量另一种材料时，将产生错误的结果。要求在测量前一定要正确识别材料，选择合适声速。

(13) 应力的影响。在役设备、管道大部分有应力存在，固体材料的应力状况对声速有一定的影响，当应力方向与波传播方向一致时，若应力为压应力，则应力作用使工件弹性增加，声速加快；反之，若应力为拉应力，则声速减慢。当应力与波的传播方向不一致时，波动过程中质点振动轨迹受应力干扰，波的传播方向产生偏离。根据资料表明，一般应力增加，声速缓慢增加。

(14) 金属表面氧化物或油漆覆盖层的影响。金属表面产生的致密氧化物或油漆防腐层虽与基体材料结合紧密，无明显界面，但超声波在两种物质中的传播速度是不同的，从而造成误差，且随覆盖物厚度不同，误差大小也不同。

目前，超声波测厚仪的主要技术参数如下：

(1) 测量厚度范围为6～500mm；

(2) 测量精度为±0.1mm（最高)；

(3) 被测物体温度为≤80℃。

3. γ射线测厚仪

γ射线是从原子核内部释放出的不带电的光子流，穿透力极强。如果放射线源的半衰期足够长，在单位时间内放射出的射线量是一定的，即射线的发射强度 I 恒定。当γ射线穿透被测目标时，被测目标本身吸收了一定的射线能量（被吸收能量的多少取决于被测目标的厚度和材质等因素）。通过测量被吸收后的射线强度，就可以知道被测目标的厚度。被测目标厚度与射线衰减强度的关系如下：

$$I = I_0 e^{-\mu\rho h} \tag{7-7}$$

式中，I、I_0 为射线通过被测目标前后的辐射强度，μ 为被测目标的吸收系数，h 为被测目标厚度，ρ 为被测目标密度。

γ射线测厚仪分为穿透式γ射线测厚仪和反射式γ射线测厚仪两种，后者很少应用于在线厚度测量，本节仅介绍穿透式测厚仪。穿透式γ射线测厚仪的检测器和放射源分别置于被测目标的上下方，如图 7-21 所示。γ射线测厚仪采用的放射源一般为 Cs137 或 Co60。当被测目标通过时检测器检测到射线强度的变化，数据处理计算机根据强度变化计算出被测目标的厚度。

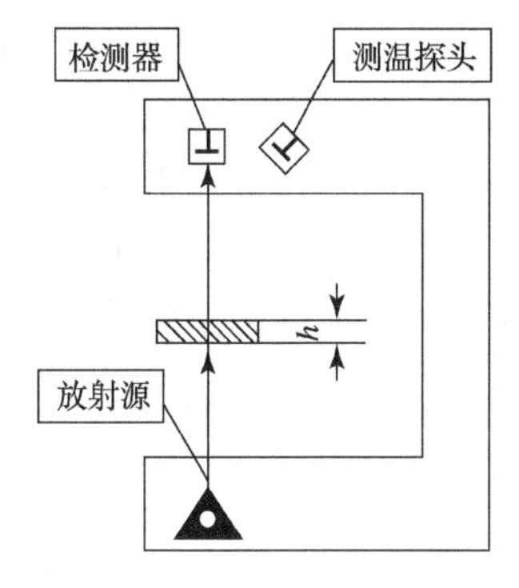

图 7-21　穿透式γ射线测厚仪原理图

穿透式γ射线测厚仪是最先出现的非接触式测厚仪，经过几十年的发展和应用比较完善。它的优点是稳定、寿命长、测量精度较高，不足之处在于吸收系数 μ 是被测目标的厚度、温度、材质等的函数，因此在测量过程中必须根据被测目标的温度、标准厚度、材质等因素对测量结果进行修正，否则会有较大的测量误差。另外，需特别注意的是γ射线穿透力极强，是一种对人体有害的射线，使用时应有相应的保障措施和操作规范，防止射线对人体造成危害。

现场使用的γ射线测厚仪主要技术参数如下：

（1）厚度测量范围为 2～100mm；

（2）最大厚度为 200mm；

（3）标定精度为±0.25%；

（4）测量精度为±0.2%（25ms 响应时间）、±0.13%（100ms 响应时间）；

（5）响应时间为 1ms（阶跃）；

（6）过滤时间常数为 25ms 或 100ms；

（7）头部响应时间为 300ms；

（8）被测物体温度为≤1300℃。

4. X 射线测厚仪

X 射线测厚仪的工作原理与γ射线测厚仪的工作原理基本相同，不同之处在于所采用的放射源不同。γ射线测厚仪采用天然放射性元素，X 射线测厚仪采用人造 X 射线管作为射线源。但是天然射线比人造射线稳定，因此γ射线测厚仪一般比 X 射线测厚仪稳定。

现场使用的 X 射线测厚仪主要技术参数如下：

（1）厚度测量范围为 0.2～19mm；

（2）最大厚度为 25mm；

（3）测量精度为±0.1%；

（4）响应时间为 30ms；

(5) 标定时间为 3～4s；

(6) 头部响应时间为 300ms；

(7) 被测物体温度为≤1300℃。

5. 高频涡流测厚仪

高频涡流测厚仪主要应用于测量金属板、带的厚度。传感器感受的是被测物表面到传感器间距离的变化。为克服被测物表面不平整或者上下振动对测量的影响，通常在被测物的两侧分别对称安装两个特性相同的传感器 L_1 和 L_2。预先通过厚度给定系统移动传感器的位置，使两个传感器与被测物两个表面的距离 X_1 和 X_2 相等，即 $X_1=X_2=X_0$。若板厚不变而板材上下移动，则恒有 $X_1+X_2=2X_0$，输出电压总和为 $2U_0$。若被测厚度变化了 Δh，则输出电压变为 $2U_0+\Delta U$。通过适当转换即可有偏差指示表指示出厚度的变化量。高频涡流测厚仪主要应用于被测目标厚度变化不大、环境好、被测目标运行平稳等场合，其缺点主要是测量环境要求高、测量精度受外界因素影响大、不能测量高温物体。

6. 激光测厚仪

激光测厚仪是 20 世纪 80 年代随着激光技术、CCD 技术的发展而研制的新一代在线、非接触式测厚仪。激光测厚仪原理图如图 7-22 所示。

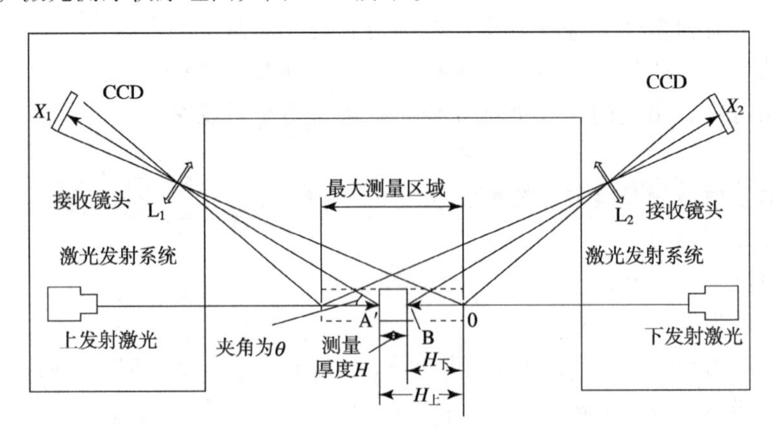

图 7-22 激光测厚仪原理图

上、下两激光器发射的激光束，经图中压缩器垂直投射到被测钢板两个表面的 A、B 两点，形成测量光斑。A、B 两点上的激光漫反射的能量，经接收光学系统的镜头 L_1 和 L_2 分别成像在 CCD 器件上。CCD 器件上的两个像点位置与原先位于零平面上 O 点的激光斑的成像位置进行比较，则可测出像点的位移量 X_1 和 X_2。通过几何换算，可根据像点的位移量 X_1 和 X_2 求出 A、B 两点与零平面上 O 点的间 $H_{上}$ 和 $H_{下}$。$H_{上}$ 和 $H_{下}$ 经简单计算即可得出被测钢板的厚度 H。因此，只要能精确地测出像点的位移量 X_1 和 X_2，即可精确测定被测钢板的厚度 H。

根据光学成像理论，设光学系统的参数为：接收镜头的焦距为 f；激光发射系统为垂直照射，发射系统与接收系统的夹角为 θ；物距为 l；系统的放大倍率为 β；接收系统光轴与 CCD 光敏面的夹角为 ϕ；被测钢板两个表面与测量零平面的相对位置分别为 $H_{上}$ 和 $H_{下}$；像点在 CCD 中的相对位置分别为 X_1、X_2，则上下两个光路的物像关系都满足如下关系式：

$$H=\frac{Lx}{f\sin\theta+x\cos\theta} \tag{7-8}$$

式（7-8）表明，被测钢板的表面位置 H 和像点在 CCD 中的位置 X 之间存在单调的和非线性的关系。

被测钢板的厚度为：$H=H_{上}-H_{下}$。

从测量原理可以看出，被测物的材质、温度和标准值等因素对测量精度均无影响；采用上下对称测量可以消除由于被测物弯曲和振动所引入的测量误差，从而大大提高了动态测量的准确度。与射线测厚仪相比，激光测厚仪具有无辐射危害、测量稳定、操作简单、全数字化信号处理等特点。

现场使用的激光测厚仪主要技术参数如下：

（1）厚度测量范围为 1～500mm；

（2）测量精度为±0.05%；

（3）响应时间为 2ms；

（4）被测物体温度为≤1300℃。

7.3.2 用于产品内部质量检测的无损检测方法

无损检测方法（Non-Destructive Testing，NDT）是利用声、光、磁和电等特性，在不损害或不影响被检对象使用性能的前提下，检测被检对象中是否存在缺陷或不均匀性，给出缺陷的大小、位置、性质和数量等信息，进而判定被检对象所处技术状态（如合格与否、剩余寿命等）的所有技术手段的总称。常用的无损检测方法包括射线照相检验（RT）、超声检测（UT）、磁粉检测（MT）和渗透检测（PT）四种。其他无损检测方法包括涡流检测（ET）、声发射检测（ET）、热像/红外（TIR）、泄漏试验（LT）、交流场测量技术（ACFMT）、漏磁检验（MFL）、远场测试检测方法（RFT）、工业窥镜等。

1. 渗透法

渗透法是一种简单而有效的工件表面无损检验方法。它主要用于检验工件表面肉眼不易识别的细小缺陷，如裂纹、缩松、针孔、冷隔、折叠及氧化夹渣等。渗透法包括荧光检查和着色检查两种常用方法。

1）荧光检测

常用荧光检测时，先将工件浸入一种附着力强、表面张力小的荧光液中，或将荧光液涂刷在工件的表面上，使液体渗入工件表面的细小缺陷中，然后把工件从荧火液中取出，并将工件表面荧光液洗净，接着在工件表面喷涂一层显示剂，目的是将渗入缺陷中的荧光液吸出，然后把工件置于紫外线的辐射作用下，使渗入缺陷的荧光液发光，从而发现缺陷。

2）着色检查

着色检查是利用液体在毛细管道中的渗透、吸附现象，利用显示剂呈现工件表面缺陷的方法。它是使用一种不含荧光物质而带色的渗透液（一般为深红色）。工件用渗透液浸润后，必须用去色剂将工件表面颜色除去，然后用白色显示剂喷涂在工件表面上，使其将缺陷中有色渗透液吸引渗出，从而明显地衬托出缺陷的形状。此法不需紫外线光源，可在明亮的可见光下进行。着色法能发现裂纹宽度为 0.01mm、深度为 0.03～0.04mm 的缺陷。

2. 工业窥镜

工业窥镜可以说是无损检测的一个分支，也可以说是一项专门的检测技术。工业窥镜由于它的特殊尺寸设计，可以在不破坏被检测物体的表面的情况下简便、准确地观察物体内部表面结构或工作状态。工业窥镜主要用在航天、建筑、农机、医疗等领域。

工业窥镜从成像形式分为光学镜、光纤镜和电子镜。光学镜将内部的物像通过光的传输，无失真地传到检测者的眼内，图像真实，也是工业窥镜中清晰度最高的。光纤镜原理和光学镜大同小异，采用光纤传输的目的是为了进入较细小的孔内，光纤镜的清晰度取决于光纤束的数量。电子镜是通过CCD相机将物体内表面的情况拍摄，然后通过视频终端显示。

光学镜、光纤镜都可以外接CCD，从而在计算机或电视机上显示工件内部图像。上述设备由于都是进入内表面，所以光源是十分重要的。光源的价格也占了整个产品价格的大部分份额。目前，光纤镜可以观察孔径为0.35mm的微小孔的内部情况。

与工业窥镜相关的技术参数，主要有视向角、视场角、像素、工作直径、工作长度等。工业窥镜主要类别有软杆式、直杆式以及视频内窥镜。视频内窥镜属于比较先进的类型，可以通过计算机及网络与远程工作人员共享现场信息，从而准确地找到问题，解决问题；一般还可用SD卡保存图像，通过提供的串行电缆以JPG格式播出图像或以AVI格式播出视频。

3. 声发射检测技术

材料中局域源快速释放能量所产生的瞬态弹性波的现象，称为声发射（Acoustic Emission，AE），有时也称为应力波发射。

声发射是一种常见的物理现象，各种材料声发射信号的频率范围很宽，从几赫的次声频、20Hz～20kHz的声频到数兆赫的超声频；声发射信号幅度的变化范围也很大，从纳米量级的微观位错运动到1m量级的地震波。大多数材料变形和断裂时有声发射发生，但许多材料的声发射信号强度很弱，人耳不能直接听见，需要借助灵敏的电子仪器才能检测出来。声发射源释放出的弹性波在结构中传播时携带有大量结构或材料缺陷处的信息，用仪器检测、记录、分析声发射信号和利用声发射信号推断声发射源的技术称为声发射检测技术。声发射检测法是一种动态无损检测方法，其信号来自缺陷本身，因此，用声发射检测法可以判断缺陷的活动性和严重性。

现代声发射技术始于20世纪50年代初，德国人Kaiser在研究过程中发现，铜、锌、铝、铅、锡、黄铜、铸铁和钢等金属和合金在形变过程中都有声发射现象。其中最有意义的发现是材料形变声发射的不可逆效应，即“材料被重新加载期间，在应力值达到上次加载最大应力之前不产生声发射信号”。现在人们称材料的这种不可逆现象为“Kaiser效应”。Kaiser同时提出了连续型和突发型声发射信号的概念。我国于20世纪70年代初首先开展了金属和复合材料的声发射特性研究，80年代中期声发射技术在压力容器和金属结构的检测方面得到应用。声发射检测仪已在制造、信号处理、金属材料、复合材料、磁声发射、岩石、过程监测、压力容器、飞机等领域得到广泛应用。在机械加工过程中，声发射技术可用于工具磨损和断裂的探测、打磨轮或整形装置与工件接触的探测、修理整形的验证、金属加工过程的质量控制、焊接过程监测、振动探测、锻压测试、加工过程的碰撞探测和预防等。

1）声发射检测的基本原理

声发射检测的原理如图 7-23 所示，从声发射源发射的弹性波最终传播到达材料表面，引起可以用声发射传感器探测的表面位移，这些探测器将材料的机械振动转换为电信号，然后再被放大、处理和记录。固体材料中内应力的变化产生声发射信号，在材料加工、处理和使用过程中有很多因素能引起内应力的变化，如位错运动、孪生、裂纹萌生与扩展、断裂、无扩散型相变、磁畴壁运动、热胀冷缩、外加负荷变化等等。

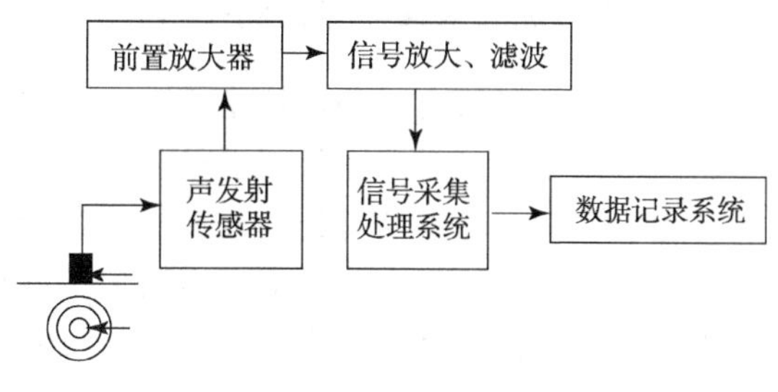

图 7-23　声发射检测的原理图

声发射检测的主要目的包括：

（1）确定声发射源的部位；

（2）分析声发射源的性质；

（3）确定声发射发生的时间或载荷；

（4）评定声发射源的严重性。

一般而言，对超标声发射源，要用其他无损检测方法进行局部复检，以精确确定缺陷的性质与大小。

2）声发射技术的优点

声发射检测方法在许多方面不同于其他常规的无损检测方法，其优点主要表现为：

（1）声发射是一种动态检验方法，声发射探测到的能量来自被测试物体本身，而不是像超声波或射线探伤方法一样由无损检测仪器提供；

（2）声发射检测方法对线性缺陷较为敏感，它能探测到在外加结构应力下这些缺陷的活动情况，稳定的缺陷不产生声发射信号；

（3）在一次试验过程中，声发射检测方法能够整体探测和评价整个结构中缺陷的状态；

（4）可提供缺陷随载荷、时间、温度等因素的变化而变化的实时或连续信息，因而适用于工业过程在线监控及早期或临近破坏预报；

（5）对被检件的接近环境要求不高，适用于其他方法难以或不能接近环境下的检测，如高低温、核辐射、易燃、易爆及剧毒等环境；

（6）对于在役压力容器的定期检验，声发射检测方法可以缩短检测的停产时间，甚至不需要停产；

（7）对于压力容器的耐压试验，声发射检测方法可以预防由未知不连续缺陷引起系统的灾难性失效和限定系统的最高工作压力；

（8）对构件的几何形状不敏感，适于检测其他方法难以完成或受限的形状复杂的构件。

3）声发射技术的局限

（1）声发射特性对材料甚为敏感，又易受到机电噪声的干扰，因而对数据的正确解释要有现场检测经验和丰富的历史数据作参考；

（2）声发射检测一般需要适当的加载程序，多数情况下可利用现成的加载条件，但有时需要专门制作加载设备；

（3）声发射检测目前只能给出声发射源的部位、活性和强度，不能给出声发射源内缺陷的性质和大小，仍需依赖于其他无损检测方法进行复验。

7.3.3 机械加工表面质量检测技术

评价零件是否合格的质量指标除了机械加工精度外，还有机械加工表面质量。机械加工表面质量是指零件经过机械加工后的表面层状态。机械加工表面质量又称为表面完整性，其含义包括表面层的几何形状特征和表面层的物理力学性能两个方面的内容，表面层的几何形状特征又包括表面粗糙度、表面波度、表面加工纹理和加工伤痕等内容。表面粗糙度是指零件在机械加工后被加工面的微观不平度，以 $Ra \setminus Rz \setminus Ry$ 三种代号加数字来表示，国家标准中规定表面粗糙度的参数由高度参数、间距参数和综合参数组成。表面粗糙度是关系到零件表面质量的最重要、对检测技术要求较高的指标之一。

零件的表面质量直接影响其物理、化学及力学性能，产品的工作性能、可靠性、寿命与主要零件的表面质量有很大的相关性。表面质量好的零件会在很大程度上提高其耐磨性、耐蚀性和抗疲劳破损能力，因此重要或关键零件的表面质量要求一般要比普通零件高。当 $Ra<0.8\mu m$ 时，金属表面能清晰倒影出物品影像，传统上称为镜面。但是无论用何种金属加工方法加工，零件表面在微观上总是凸凹不平的，出现交错起伏的峰谷现象，如图 7-24 所示。粗加工后的表面用肉眼就能看到，精加工后的表面用放大镜或显微镜才能观察到。

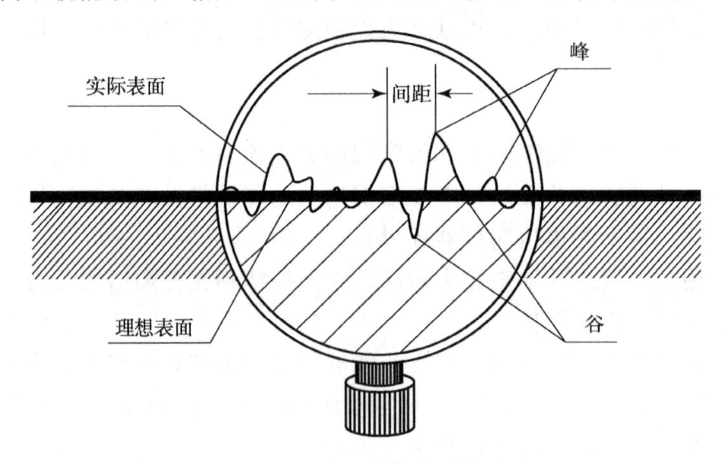

图 7-24　表面粗糙度示意图

表面粗糙度一般用粗糙度仪检测，粗糙度仪从测量原理上主要分为接触式和非接触式两大类，接触式粗糙度仪主要是主机和传感器的形式，非接触式粗糙度仪主要是运用光学原理如激光表面粗糙度仪。从测量使用的方便性上，粗糙度仪又可分为袖珍式表面粗糙度仪、手持式粗糙度仪、台式粗糙度仪等。粗糙度仪从功能上又可划分为表面粗糙度仪、粗糙度形状测量仪和表面粗糙度轮廓仪等。

1. 接触式表面粗糙度测试仪

这类测试仪可用于计量室或生产现场对工作表面粗糙度进行高精度的测量。仪器一般采用电感式探头，测量工件表面粗糙度时，将传感器放在工件被测表面上，由仪器内部的驱动机构带动传感器沿被测表面作等速滑行，被测表面的粗糙度引起触针产生位移，该位移使传感器电感线圈的电感量发生变化，从而在相敏整流器的输出端产生与被测表面粗糙度成比例的模拟信号，模拟信号经放大及电平转换之后进入数据采集系统，经内置微处理器处理和计算后，显示或经打印机输出测量结果，也可将测量结果传至PC进行后续处理。

图7-25是TR210型手持式粗糙度仪，测量范围 Ra 为 12.5～0.025μm，最高分辨力为0.01μm。图7-26是TR240便携式粗糙度测试仪，适用于生产现场测量多种机加工零件的表面粗糙度，根据选定的测量条件自动计算相应的参数，全部测量结果及图形可显示于液晶显示器，并可在打印机上输出，也可与PC进行通信，对测量结果进行进一步处理。测量范围 Ra 为 12.5～0.025μm；量程范围为±20μm、±40μm、±80μm；最高显示分辨率为0.001μm。

图7-25　手持式粗糙度仪

图7-26　便携式粗糙度测试仪

图7-27是马尔XC10粗糙度仪和轮廓仪测量评定系统，该系统采用机械式指针接触测量，操作方便，可测量和评定宏观轮廓，完成实际值和标称值的比对。测臂可以以程序设定的速度自动降低和抬升，测量力范围为2～120mN，测臂降低、抬升、定位和选择测量速度等均可以通过程序设定。测量量程：±25μm、±250μm、±2500μm；垂直方向分辨率：25μm量程为0.5nm，250μm量程为5nm，2500μm量程为50nm；水平方向分辨率：0.07～5μm。

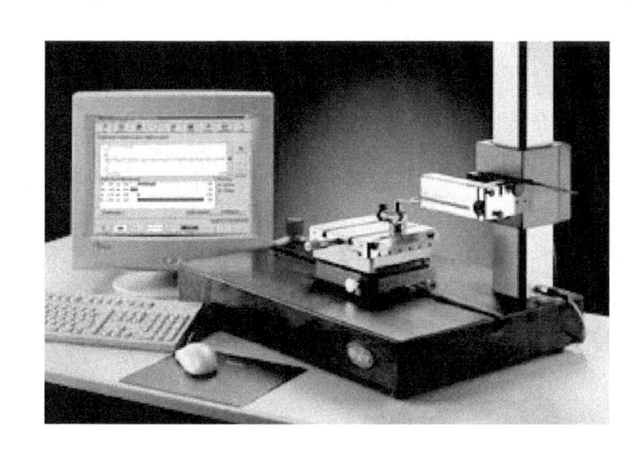

图7-27　马尔XC10粗糙度仪和轮廓仪测量评定系统

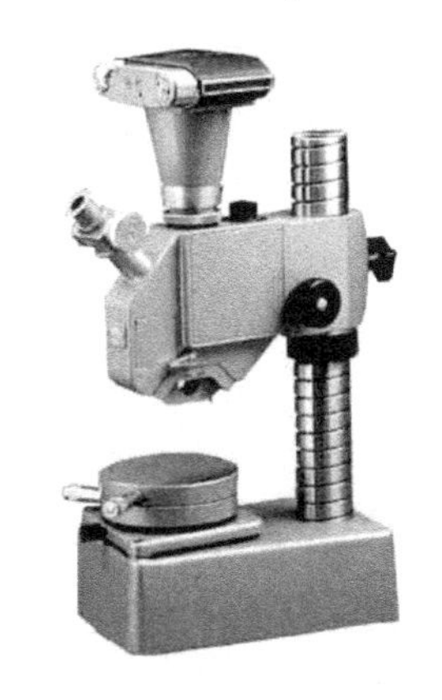

图7-28　光切法显微镜

2. 非接触式表面粗糙度测试方法

非接触测量法包括光切法、干涉法、激光反射法和激光全息法。

光切法显微镜利用“光切原理”完成表面粗糙度测量（图7-28）。干涉法利用光波干涉原理在被测表面上产生干涉条纹，通过测量表面干涉条纹的弯曲度，实现对表面粗糙度的测量。激光反射法测量时，激光束以一定的角度照射到被测表面，通过观测反射强弱测出表面粗糙度。激光全息法的基本原理是以激光照射被测表面，利用相干辐射，拍摄被测表面的全息照片获得一组表面轮廓的干涉图形，然后用硅光电池测量黑白条纹的强度分布，测出黑白条纹反差比，从而评定被测表面的粗糙度程度。

思考题

1. 自动化生产过程的检测技术涵盖了生产过程的哪些阶段？不同阶段的检测目的和手段各有什么特点？

2. 加工测量一体化技术有什么特点？是否可以完全代替离线测量？

3. 加工过程中，设备在线监测的目的是什么？有哪些常用方法？

4. 常用的位移传感器有哪些类型？各有什么特点及适用场合？

5. 简述常用的加速度测量方法的基本原理、特点和适用场合。

6. 简述各种厚度测量方法的特点及适用场合。

7. 影响超声波测厚仪检测精度的因素有哪些？提高检测精度，在使用超声波测厚仪进行测量时应注意哪些问题？

8. 声发射技术有哪些优点？使用中有哪些局限性？

参考文献

安海霞，张金环．2005．加工中心在线检测系统的研究，天津职业大学学报

薄永军，李骁．2008．自动化及仪表技术基础．北京：化学工业出版社

陈晓梅，叶文华．2006．数控加工尺寸在线检测技术的研究与应用，电子机械工程

金国藩，李景镇．1998．激光测量学．北京：科学出版社

施文康，余晓芬．2007．检测技术．2版．北京：机械工业出版社

孙祖宝．1982．量仪设计．北京：机械工业出版社

王建国，刘彦臣，仝卫国．2010．检测技术及仪表．北京：中国电力出版社

邢德秋．2004．铣削加工刀具寿命在线监测，机械工程师

许琦瑛．1994．生产过程自动化检测与控制技术．电子与仪表

张志君，于海晨，宋彤．2007．现代检测与控制技术．北京：化学工业出版社

周汉辉．1999．数控机床精度检测项目及常用工具，制造技术与机床